教育部高等学校化工类专业教学指导委员会推荐教材

化工设计

陈 砺　王红林　严宗诚　编著

U0217302

化学工业出版社

·北京·

《化工设计》是国家级精品资源共享课的配套教材，全面介绍了化工设计的原理、手段和方法，包括化工设计概述、化工项目建设的基本程序、主要设计任务、化工过程设计、计算机辅助设计、物料衡算与能量衡算、工艺流程设计、设备的选型与设计、工厂与车间布置设计、管道布置设计、工艺专业与非工艺专业的数据交换、安全与环保和项目概算等内容，全书共分 11 章。在编写过程中，作者注重培养读者的工程思维方式和工作习惯，注重发挥化工设计的纽带作用，全面提高读者综合运用所学知识解决复杂化工问题的能力。

《化工设计》可作为普通高等学校化工类及相近专业本科生化工设计课程的教学用书，也可供相关专业研究生、高职学生或化工设计从业人员参考。

图书在版编目（CIP）数据

化工设计/陈砺，王红林，严宗诚编著. —北京：化学
工业出版社，2017.3（2025.1 重印）
教育部高等学校化工类专业教学指导委员会推荐教材
ISBN 978-7-122-28944-5

Ⅰ.①化⋯　Ⅱ.①陈⋯ ②王⋯ ③严⋯　Ⅲ.①化工设
计-高等学校-教材　Ⅳ.①TQ02

中国版本图书馆 CIP 数据核字（2017）第 016213 号

责任编辑：徐雅妮　　　　　　　　　　　　文字编辑：丁建华
责任校对：宋　玮　　　　　　　　　　　　装帧设计：关　飞

出版发行：化学工业出版社（北京市东城区青年湖南街 13 号　邮政编码 100011）
印　　装：北京科印技术咨询服务有限公司数码印刷分部
787mm×1092mm　1/16　印张 18¼　插页 3　字数 457 千字　2025 年 1 月北京第 1 版第 5 次印刷

购书咨询：010-64518888　　售后服务：010-64518899
网　　址：http://www.cip.com.cn
凡购买本书，如有缺损质量问题，本社销售中心负责调换。

定　　价：42.00 元

序

化工是工程学科的一个分支，是研究如何运用化学、物理、数学和经济学原理，对化学品、材料、生物质、能源等资源进行有效利用、生产、转化和运输的学科。化学工业是美好生活的缔造者，是支撑国民经济发展的基础性产业，在全球经济中扮演着重要角色，处在制造业的前端，提供基础的制造业材料，是所有技术进步的"物质基础"，几乎所有的行业都依赖于化工行业提供的产品支撑。化学工业由于规模体量大、产业链条长、资本技术密集、带动作用广、与人民生活息息相关等特征，受到世界各国的高度重视。化学工业的发达程度已经成为衡量国家工业化和现代化的重要标志。

我国于 2010 年成为世界第一化工大国，主要基础大宗产品产量长期位居世界首位或前列。近些年，科技发生了深刻的变化，经济、社会、产业正在经历巨大的调整和变革，我国化工行业发展正面临高端化、智能化、绿色化等多方面的挑战，提升科技创新能力，推动高质量发展迫在眉睫。

党的二十大报告提出要坚持教育优先发展、科技自立自强、人才引领驱动，加快建设教育强国、科技强国、人才强国，坚持为党育人、为国育才。建设教育强国，龙头是高等教育。高等教育是社会可持续发展的强大动力。培养经济社会发展需要的拔尖创新人才是高等教育的使命和战略任务。建设教育强国，要加强教材建设和管理，牢牢把握正确政治方向和价值导向，用心打造培根铸魂、启智增慧的精品教材。教材建设是国家事权，是事关未来的战略工程、基础工程，是教育教学的关键要素、立德树人的基本载体，直接关系到党的教育方针的有效落实和教育目标的全面实现。为推动我国化学工业高质量发展，通过技术创新提升国际竞争力，化工高等教育必须进一步深化专业改革、全面提高课程和教材质量、提升人才自主培养能力。

教育部高等学校化工类专业教学指导委员会（简称"化工教指委"）主要职责是以人才培养为本，开展高等学校本科化工类专业教学的研究、咨询、指导、评估、服务等工作。高等学校本科化工类专业包括化学工程与工艺、资源循环科学与工程、能源化学工程、化学工程与工业生物工程、精细化工等，培养化工、能源、信息、材料、环保、生物、轻工、制药、食品、冶金和军工等领域从事科学研究、技术开发、工程设计和生产管理等方面的专业人才，对国民经济的发展具有重要的支撑作用。

2008 年起"化工教指委"与化学工业出版社共同组织编写出版面向应用型人才培养、突出工程特色的"教育部高等学校化学工程与工艺专业教学指导分委员会推荐教材"，包括国家级精品课程、省级精品课程的配套教材，出版后被全国高校广泛选用，并获得中国石油和化学工业优秀教材一等奖。

2018 年以来，新一届"化工教指委"组织学校与作者根据新时代学科发展与教学改革，持续对教材品种与内容进行完善、更新，全面准确阐述学科的基本理论、基础知识、基本方法和学术体系，全面反映化工学科领域最新发展与重大成果，有机融入课程思政元素，对接国家战略需求，厚植家国情怀，培养责任意识和工匠精神，并充分运用信息技术创新教材呈现形式，使教材更富有启发性、拓展性，激发学生学习兴趣与创新潜能。

希望"教育部高等学校化工类专业教学指导委员会推荐教材"能够为培养理论基础扎实、工程意识完备、综合素质高、创新能力强的化工类人才，发挥培根铸魂、启智增慧的作用。

教育部高等学校化工类专业教学指导委员会

2023 年

前言

  化学工业是国民经济的支柱产业，为改善人类的生产和生活作出了突出贡献，创造了巨大的经济效益。化学工业是以化学方法为主导，通过物质的分离和转化等方法制造大宗化学品的过程工业，包含石油化工、有机化工、无机化工、精细化工、生物化工、能源化工、材料化工、资源化工和环境化工等诸多领域。作为过程工业的核心，化学工业的许多技术、方法和装备可拓展至相关过程工业。化学工业是复杂的工业体系，随着资源、环境、安全等制约因素的增强，大量集成现代高新科技以改造传统工艺及设备，已经成为化工产业可持续发展的必然趋势，这对化工从业人员、特别是化学工程师提出了极高的要求。

  化工高等教育肩负着为化学工业培养高素质工程技术人才的重任。设计教育是工程教育的核心和精髓，化工设计课程是化工类本科生的专业主干课程。通过课程的学习，可使学生掌握将化工厂由设想变为现实的设计理论、方法、程序、手段和工具，养成科学严谨、实事求是、勇于创新和敢于担当的工程思维和工作态度。以化工设计课程为纽带，还可对大学四年所学各门课程的主要知识点进行梳理、串接和复习，使学生在走出校门时，成为具有解决复杂化工问题能力的化学工程师后备人才。

  本书在国家现行法律、法规和标准的框架下，系统介绍了化工设计的基本程序、内容和方法，所列举的均为工程实例，其中不乏作者三十余年工程设计的精华和体会。本书采用贴近工程实践的文字叙述和内容编排方式；注重介绍设计的新方法、新软件和新要求；强调工程图在设计中的作用，强化工程图绘制能力的训练；通过大量介绍和引用标准，培养学生养成检索、学习和执行标准的工作习惯。化工设计涉及的知识点量多面广，教材中每一章、甚至每一节都有可能是一门先修课程的内容。对此，作者从启发、回顾的角度进行简要叙述，读者如欲深入了解某方面的知识，还需查阅该领域的文献，这也为终身学习能力的养成提供了空间。本书为化工设计课程的配套教材，重点在于传授设计方法，所列的数据、图表和实例仅用于说明书中所述内容。当进行实际工程设计时，应以工程设计手册和设计软件为准，并密切注意资料的更新。

  本书由陈砺、王红林、严宗诚编著，共11章，其中第1、6~8、10章由陈砺编著，第2、5、9、11章由王红林编著，第3、4章由严宗诚编著，全书由陈砺统稿。胡丽华、韦美姣、吴明月、郭邦晨、吴朔、王利、余希文、秦红雷、杨凯业、梁剑斌、彭家志和成贝贝参与了本书的资料收集和数据处理工作。在本书的编写过程中，作者参考了大量文献资料，在此一并表示感谢。

  由于编者水平有限，时间仓促，错漏之处在所难免，恳请读者批评指正。

编　者

2017 年 1 月

目录

第5章 工艺流程设计 / 105

第6章 设备的选型与设计 / 125

第9章　工艺专业与非工艺专业的数据交换 / 250

第10章　安全与环保 / 255

第11章　项目概算 / 265

第1章

绪　论

1.1　化工设计概述

1.1.1　现代化学工程师的能力要求

工程科学技术的高速发展，为满足人类物质需求提供了强有力的支撑，同时，也对工程师提出了更加严苛的要求。高等工程教育肩负着培养未来工程师的重任，受到世界各国的高度重视。我国工程教育的体量已居世界第一位，近年来，国家采取了一系列强有力措施提高工程人才的培养质量。例如，我国从 2006 年起按国际实质等效标准实施工程教育专业认证，并于 2016 年成为"华盛顿协议"的正式成员国。在中国工程教育专业认证协会所制定的《工程教育认证标准》中，对工程专业本科毕业生提出了 12 条要求，比较全面地阐述了现代工程师应具备的综合能力。这 12 条毕业要求是：

① 工程知识：能够将数学、自然科学、工程基础和专业知识用于解决复杂工程问题。

② 问题分析：能够应用数学、自然科学和工程科学的基本原理，识别、表达、并通过文献研究分析复杂工程问题，以获得有效结论。

③ 设计/开发解决方案：能够设计针对复杂工程问题的解决方案，设计满足特定需求的系统、单元（部件）或工艺流程，并能够在设计环节中体现创新意识，考虑社会、健康、安全、法律、文化以及环境等因素。

④ 研究：能够基于科学原理并采用科学方法对复杂工程问题进行研究，包括设计实验、分析与解释数据，并通过信息综合得到合理有效的结论。

⑤ 使用现代工具：能够针对复杂工程问题，开发、选择与使用恰当的技术、资源、现代工程工具和信息技术工具，包括对复杂工程问题的预测与模拟，并能够理解其局限性。

⑥ 工程与社会：能够基于工程相关背景知识进行合理分析，评价专业工程实践和复杂工程问题解决方案对社会、健康、安全、法律以及文化的影响，并理解应承担的责任。

⑦ 环境和可持续发展：能够理解和评价针对复杂工程问题的专业工程实践对环境、社会可持续发展的影响。

⑧ 职业规范：具有人文社会科学素养、社会责任感，能够在工程实践中理解并遵守工程职业道德和规范，履行责任。

⑨ 个人和团队：能够在多学科背景下的团队中承担个体、团队成员以及负责人的角色。

⑩ 沟通：能够就复杂工程问题与业界同行及社会公众进行有效沟通和交流，包括撰写报告和设计文稿、陈述发言、清晰表达或回应指令。并具备一定的国际视野，能够在跨文化背景下进行沟通和交流。

⑪ 项目管理：理解并掌握工程管理原理与经济决策方法，并能在多学科环境中应用。

⑫ 终身学习：具有自主学习和终身学习的意识，有不断学习和适应发展的能力。

化学工业是国民经济的支柱产业，为解决人类的衣、食、住、行，为提高人类的生存质量做出了杰出贡献，产生了巨大的经济和社会效益。化学工业的特点决定了其必须直接对大宗原料进行加工，因此物料处理量、能量消耗量均相当大；化学工业所处理的物料不同程度地存在非温和性，一些化工过程需要在偏离常态下操作，因此在安全、环境等方面具有潜在的风险。工业生态学者认为，工业是人类与自然生态环境冲突最强的人造系统，而在工业系统中，化学工业又是冲突最强的子系统之一。现代化学工业是各种高新技术集成的复杂大系统，对数学模型、仿真和自动控制等有很高的要求。化学工业是大投入、高产出的行业，资金使用量非常大，合理经济地运行是企业盈利的基本保证。化工厂从立项、设计，到建设、运营，每一个过程均需要由化学工艺、化工设备、土建、自动控制、电气、安全、环保、采购、销售、经济等诸多专业英才组成强有力的团队联合完成。因此，对化学工程师而言，上述12条仅仅是本科的"毕业要求"，一个合格的化学工程师应具备远高于此的素质与能力，甚至应具备高于其他行业工程师的能力。

1.1.2　化工设计

设计，是指对事物的功能、结构、造型和审美等各个方面进行的综合规划的活动过程。通过设计，把设想、计划、规划和方案以文字、图样、计算机程序等视觉形式为载体表达出来，为讨论、研究、施工、建设和运营提供依据。对于工程项目而言，设计是项目建设的灵魂，起着主导和决定性的作用。

化工泛指以化学原理为基础，采用工业装置改变物质的结构、组成或合成新的物质，从而生产出工业量级的化学品，以满足人们生产生活的需求、提高人类生存质量的工业过程。"化工"是一个广义的简称，涵盖了化学工程（chemical engineering）、化学工艺（chemical technology）、化学工业（chemical industry）和化工过程（chemical process）等内容。化学工程与技术学科为过程工业（process industry）提供了重要的理论和实践基础，因此"化工"的概念也可以拓展至除传统化工外的轻工、食品加工、功能制品加工、制药工程、环保工程、生物工程、能源转换、冶金、城市燃气和给排水、暖通空调等整个过程工业，"化工设计"也可以拓展为"过程设计"。

由于化工系统的庞大与复杂，需要具有不同知识背景的人员在不同阶段从事不同的工作，才能保证化工装置的正常运行。按项目进行的阶段对化学工程师（chemical engineer）进行细分，可出现多种称谓，如在项目投产前期，有设计工程师、设备制造工程师、安装建设工程师等；在装置生产运行阶段，有工艺工程师、设备工程师、自动控制工程师和维修工程师等。设计工程师的职责，是在新建或改扩建项目实施前，在国家法律、法规、政策、标准和规范框架下，按最优化原则完成项目的工艺、设备、自动控制、总图与设备布置、土建及公用工程的设计，并进行合理的经济评价，提供规范的设计文件。通过设计，将科学研究的成果设计成装置，由装置转化为生产力。

1.1.3 化工设计课程

设计能力是化学工程师综合能力的重要体现。在《工程教育认证标准》《化工类专业本科教学质量国家标准》以及卓越工程师培养要求等各种文件中，均对化工专业本科毕业生的设计能力提出了很高的要求。化工产品成千上万，即使是同样的产品，由于采用不同的原料、不同的工艺，又可派生出更多可能的技术方案，因此，庞大的数量是化工设计工程师要面对的首要问题。规模上的差异是化工建设项目另一个突出的特点，大型化工联合企业，可拥有数十套装置，自成体系，形成一个相对封闭的原料综合利用循环，占地面积可达数十甚至上百平方公里，固定资产投资以亿元为单位。而小型的精细化工企业，一套装置可由几台小型设备组成，投资可由万元为单位。化工技术与其他科学技术一样在飞速发展，新材料、新工艺、新设备不断出现；随着资源、环境、安全问题的日益突出，在可持续发展、低碳经济的大背景下，化工建设项目的约束条件也不断增多；随着全球一体化趋势的加强，我国化工企业和技术大量走出国门，在境外的建设项目将面临所在国政治、经济、文化、宗教等条件的限制，技术标准、材料、零部件甚至工具都与我国有很大区别。所有这些，都是对化工设计工程师的极大挑战，设计人员必须调用其所有的知识储备、并且通过终生不懈的学习才能胜任工作。

设计教育是化工高等教育的核心和精髓，化工设计过程需要用到化工专业四年本科阶段所学过的几乎所有课程的知识。因此，在教学计划中，通常将"化工设计"作为压轴的专业主干课程。化工设计课程实际上承担着将本科四年各门课程零散的、各成体系的知识点串接起来，为学生进行"总复习"的纽带作用。除了理论知识，化工设计过程还需要大量工程经验积累，这是在校学生最为缺乏的。可以说，化工设计课程是理论联系实际重要通道，是课堂通往工程实际的桥梁，也是即将走出校门的本科生向化学工程师转变的彩排室。

本教材重点讲授化工设计的基本理论、设计手段和表示方法，对先修课程中已经学过的知识采用启发、复习而非重复的方式进行叙述。在教材中大量介绍和引用现行国家和行业标准及设计手册中的表述和内容，使学生养成查手册、学习标准、遵循标准的习惯。工程图是工程师的语言，是设计结果最直接的载体，本教材用了较大篇幅对管道及仪表流程图、工艺物料流程图、设备装配图及零部件图、设备布置图、全厂总平面布置图、管道布置图的绘制方法进行了介绍。本教材所举的例子均为工程实例，大部分已在工厂中实施。教材的编排和文字表述贴近工程实际，使读者通过阅读及课程的学习，养成工程师科学务实的精神、严谨和实事求是的工作态度、勇于创新的思维方式和敢于担当的责任感。

1.2 化工项目建设的基本程序

化工建设项目可细分为新建项目与改扩建项目。两类项目同样需要设计人员进行规划和设计，但约束条件略有不同。新建项目完全从零开始，而改扩建项目则需考虑新装置与原有设施的有机结合。无论是哪种类型，化工项目建设的基本程序和阶段划分是一致的，如图1-1所示。

图1-1中方框列出的是化工项目建设的基本程序，左右两侧分别是两种阶段划分方法。左侧为二阶段划分法，以项目完成施工图设计并开始施工为界，分为"项目前期"和"项目

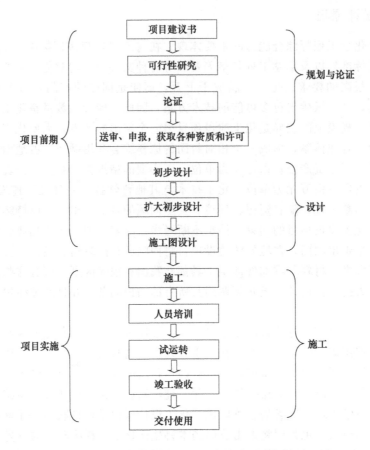

图1-1 化工项目建设的基本程序和阶段划分

实施"两个阶段。项目前期阶段可以形容为"纸上谈兵",在该阶段中进行的所有研究、论证和设计结果均停留在纸质或电子版文件中,尚可进行较大幅度的修正和更改,甚至中止项目执行,不会造成太大的经济损失。一旦进入实施阶段,"纸上"的文字图形将变成实物。如根据总图进行征地拆迁、三通一平,根据建筑图修建厂房,根据设备图加工设备,根据设备布置图进行设备就位,根据管道布置图连接管道等,每一项工程均涉及大量人员和资金的投入,社会影响也十分巨大,如果此时进行重大更改,将造成不可估量的损失。

右侧为三阶段划分法,分为"规划与论证""设计"和"施工"三个阶段。

① 在规划与论证阶段,通常由业主方(建设方、投资方)根据国民经济发展规划和市场的需求,提出建设项目的初步构想,这种构想往往是发散的,有多种产品、多种工艺路线、多种设想可供论证。由投标方(技术提供方、设计方)根据业主的要求编制项目建议书,作为论证和申报项目立项的依据。此后,业主方可委托有资质的设计单位进行项目的可行性研究,进行安全评价和环境影响评价,以进行更深入的论证。本阶段主要解决项目是否立项、采用哪种工艺(技术)、建设规模、厂区选址、提供技术和承担设计的单位、项目概算及资金筹措方案等关键问题。如果本阶段的论证结果为不立项或不可行,则项目终止;如通过论证,则进入下一阶段。

② 第二阶段主要由设计单位完成各类设计。

③ 第三阶段由业主方、设计方、各施工单位合作完成项目建设,通过竣工验收,完成

项目建设的全过程，交付业主转入工厂的正常生产和使用。

在项目的实施过程中，为了节约时间、提高效率，通常采取边设计、边施工的方式，各程序、各阶段间的界限变得模糊，交叉实施的现象非常普遍。图 1-1 给出的仅为化工建设项目的原则流程，对一些技术成熟或规模不大的项目，图中某些程序可省略。

1.3 主要设计任务

1.3.1 项目建议书

项目建议书又称立项报告，是化工建设项目初始文件之一，是业主方论证项目是否上马的依据，也是上报政府主管部门审批立项的文件。项目建议书撰写的目的，是通过具体的文字、数据和图表，从宏观上论述项目设立的必要性和可能性，把项目投资的设想变为概略的投资建议。项目建议书通常包含以下内容：

① 项目建设的目的和意义。

② 市场初步预测分析。

③ 产品方案和生产规模。包括产品和副产品的品种、规格、质量指标及拟建规模，产品方案与项目所在地的产业政策、行业发展规划、技术政策和产品结构的符合程度等。

④ 技术来源及可靠性。

⑤ 工艺技术初步方案。包括原料路线和生产方法文字简述与工艺流程简图，工艺技术选择与初步比较，主要设备清单等。

⑥ 原材料、燃料和动力的供应。包括主要原材料、辅助材料、燃料的种类、规格、用量，供应的可能性与可靠性；水、电、汽和其他动力需用量，供应方式和供应条件等。

⑦ 建厂条件和厂址初步方案，附厂址区域位置和厂址初步方案示意图。

⑧ 土建初步方案，建筑结构与建筑面积。

⑨ 公用工程和辅助设施初步方案。

⑩ 组织和定员。包括企业的组织架构，每个岗位的人员数量，学历、工作经历要求等。

⑪ 安全与环境保护。包括拟采用的原料路线、工艺路线、主要生产装备的初步方案是否符合安全与清洁生产的要求，危险化学品、危险工艺设备的位置、危险程度及所采取的防护措施，污染源的位置、污染物的种类数量、浓度、排放方式及处理措施，建设地区环境概况，如拟建厂址周围大气、地表水、地下水、噪声环境质量状况等。

⑫ 经济和社会效益评价。主要论述项目的投资、效益和风险，可按财务分析初步计算项目所需的费用和投产后的效益，阐述资金筹措方式，分析项目的盈利能力、清偿能力。建设投资估算误差宜控制在 ±20%。

⑬ 项目进度。

⑭ 结论与建议。

大、中型化工建设项目的项目建议书通常由业主方委托规划、设计或工程咨询单位编制，有时还需同时编制初步可行性研究报告，通过内部论证后，以业主单位的名义向政府有关部门报批。对于小型新建项目和旧厂改、扩建项目，建议书可根据具体情况进行适当简化。

随着民间资本投资实业热情的增高，化工行业大量出现的是中小规模的装置和企业；近年来，我国政府简政放权步伐不断加快，政府主要从安全和环保等方面对项目把关，其他审批手续不断简化，因此也导致项目建设程序的简化。在这种背景下，项目建议书往往变为技术提供单位或设计单位竞争项目的标书，业主成为了审查部门。这时，项目建议书就应该按标书的格式，以中标为目的并结合上述内容撰写。

1.3.2 可行性研究

可行性研究是在项目建议书获得批准后进行的一项重要的、深入的项目论证工作。可行性研究应依据国民经济发展规划、地区和行业发展规划及相关法律、法规、标准、规范和项目建议书的批准文书等，对拟建项目在技术、工程、经济、社会、安全、环境上是否科学、合理、可行进行深入研究、全面分析、系统论证和综合评价，决定项目是否建设、如何建设。可行性研究是项目前期规划与论证阶段中最重要也是最后一项程序，是投资决策的重要依据。如果通过，项目将进入实质性的设计和施工阶段。政府投资项目必须进行可行性研究，按程序编制和报批可行性研究报告，自行决策的投资项目根据需要也应进行可行性研究工作，编制可行性研究报告。可行性研究由业主委托有资质的规划、设计或工程咨询单位开展并撰写可行性研究报告。

目前，化工行业可行性研究主要按中国石油和化学工业协会发布的文件《化工投资项目可行性研究报告编制办法》（中石化协产发【2006】76号）执行。此外，一些大型企业也制定了相关规定，如中石化的《石油化工项目可行性研究报告编制规定》（中国石化咨【2005】154号，石化股份咨【2005】103号），中石油的《炼油化工建设项目可行性研究报告编制规定》（G2007-16）等。轻工类项目执行标准 QBJS 5《轻工业建设项目可行性研究报告编制内容深度规定》。

下面以中石化协产发【2006】76号文为例，介绍化工建设项目可行性研究报告应包括的内容和编制深度。

1. 总论
   1.1 概述
   1.2 研究结论
2. 市场预测分析
   2.1 产品市场分析
   2.2 产品的竞争力分析
   2.3 营销策略
   2.4 价格预测
   2.5 市场风险分析
3. 生产规模和产品方案
   3.1 生产规模和产品方案
   3.2 技术改造项目特点
4. 工艺技术方案
   4.1 工艺技术方案的选择
   4.2 工艺流程和消耗定额
   4.3 主要设备选择
   4.4 自动控制
   4.5 装置界区内公用工程设施

4.6 工艺装置"三废"排放与预处理

4.7 装置占地与建、构筑物面积及定员

4.8 工艺技术及设备风险分析

5. 原材料、辅助材料、燃料和动力供应

5.1 主要原材料、辅助材料、燃料的种类、规格、年需用量

5.2 主要原辅材料市场分析

5.3 矿产资源的品位、成分、储量等初步情况

5.4 水、电、汽和其他动力供应

5.5 供应方案选择

5.6 资源利用合理性分析

6. 建厂条件和厂址选择

6.1 建厂条件

6.2 厂（场）址选择

6.3 所在区域的土地利用规划情况和土地主管部门的意见

7. 总图运输、储运、土建、界区内外管网

7.1 总图运输

7.2 储运

7.3 厂区外管网

7.4 土建

8. 公用工程方案和辅助生产设施

8.1 公用工程方案

8.2 辅助生产设施

9. 服务性工程与生活福利设施以及厂外工程

9.1 服务性工程

9.2 生活福利设施

9.3 厂外工程

10. 节能、节水

10.1 节能

10.2 节水

11. 消防

11.1 编制依据

11.2 依托条件

11.3 工程概述

11.4 根据火灾类别所采用的防火措施及配置消防设施

12. 环境保护

12.1 环境质量现状

12.2 执行的环境标准与规范

12.3 投资项目污染物排放

12.4 环境保护治理措施及方案

12.5 环境管理及监测

12.6 环境保护主要工程量

1.3.3 初步设计

当建设项目完成可行性研究并通过论证和审批后，即完成了规划与论证阶段，可进入设计阶段。对于大型建设项目、大量采用新技术新工艺的项目以及工艺和装置复杂的项目，为了保证设计质量，应完成图 1-1 所述的初步设计、扩大初步设计和施工图设计三个设计程序。对于技术比较成熟的中小型项目，可将前两个程序合并，只进行扩大初步设计和施工图设计。一些技术成熟、工艺简单的小型新建项目或车间改扩建项目，可直接进行施工图设计。设计工作由业主单位委托有资质的设计单位执行。

大型化工建设项目是一个复杂的系统工程，设计工作需要由浅入深、由易及难、反复论证、多方协商才能圆满完成。初步设计是在批准的可行性研究报告的基础上，根据设计任务书的要求进行设计。设计结果供进一步论证，并作为下一步设计的基础和依据，不用于施工。初步设计执行标准 HG/T 20688《化工工厂初步设计文件内容深度规定》，应包括以下内容：

1. 总论

1.1 说明书

说明书应包含工厂筹建概况简述，设计依据，设计指导思想，设计范围与设计分工，建设规模及产品方案，主要原材料、燃料的规格、消耗量和来源，生产方法及全厂总流程，厂址概况，公用工程及辅助工程，环境保护及综合利用，工厂的机械化、自动化水平，劳动安全卫生，消防，工程、水文地质条件和气象资料，管理体制及定员，全厂综合技术经济指标，存在的问题及解决的意见等内容。

1.2 图纸

含全厂工艺总流程图和全厂物料平衡图，必要时还应附有工厂鸟瞰图。

2. 技术经济

初步设计财务（经济）评价的编制应说明与已批准的可行性研究报告的关系，财务评价的依据及资金筹措情况，列出主要经济数据，填写相关表格。

3. 总图运输

3.1 说明书

说明书应包含设计依据，设计范围与分工，厂址概况，总平面布置，竖向设计，工厂运输，工厂防护设施及其他，排渣场，总图运输主要工程表，存在的问题及解决的意见等内容。

3.2 表格

含设备一览表和材料估算表。

3.3 图纸

含厂区位置图、总平面布置图和土方估算图。

4. 化工工艺及系统

4.1 说明书

包括概述，原材料、产品（包括中间产品）及催化剂、吸附剂、化学品的主要技术规格，装置危险性物料主要物性，生产流程简述，主要设备的选定说明，原材料、动力（水、电、汽、气）、催化剂、吸附剂和化学品消耗定额及消耗量，定员表，三废排放量，主要节能措施，技术风险备忘录，存在的问题及解决的意见。

4.2 表格

含设备一览表、管道命名表和装置界区条件表。

4.3 图纸

含流程图图例符号、缩写字母和说明（或首页），工艺流程图和物料平衡表，工艺管道仪表流程图，公用物料分配图。

5. 布置与配管

5.1 说明书

说明书应包括设计依据、设计范围和设计分工，采用的法规和标准、规范，装置、设备布置原则，说明管道输送的介质及其分类、分期建设的装置及其管道和管架的设计能力和预留措施、管道的敷设原则、管道等级索引、管道等级表、绝热方式确定的原则、保温和保冷的材料和规格、涂漆的材料和规格、存在的问题及解决的意见。

5.2 表格

大宗管道材料和特殊元件（材料）估算表。

5.3 图纸

含装置平面布置图和设备布置图。

6. 空压站、氮氧站、冷冻站

6.1 空压站

含说明书、表格和图纸。

6.2 氮氧站

含说明书、表格和图纸。

6.3 冷冻站

含说明书、表格和图纸。

7. 厂区外管

7.1 说明书

含概述，管道的敷设，管道设计，厂区外管一览表，存在的问题及解决的意见。

7.2 表格

材料估算表。

7.3 图纸

含厂区外管系统图和管架（沟）平面布置图。

8. 分析化验

8.1 说明书

含中央化验室和装置（车间）化验室的关系和分工原则，分析仪器设备的选型原则、分析仪器设备总台数、从国外购买的仪器设备台数及理由，各分析化验室的组成、布置原则、规模和建筑面积，各分析化验室对采暖通风和空调的要求，各分析化验室对水、电、气的规格要求和消耗量，定员表。

8.2 表格

含分析项目表和分析仪器设备表。

8.3 图纸

含中央化验室平面布置图和装置（车间）分析化验室的平面布置图。

9. 设备（含机泵、工业炉）

9.1 说明书

说明书应包括设计依据，执行的法规和标准、规范，设备概况，设备、机泵、工业炉的设计原则、主要技术参数和特点，高温、高压、低温等设备的材料选择，引进设备的特点及引进理由的详细说明，存在问题及解决方案。

9.2 设计数据表

含非标设备设计数据表、机泵设计数据表和工业炉设计数据表。

9.3 工程图

应按初步设计阶段要求绘制主要设备工程图。

10. 自动控制及仪表

10.1 说明书

含设计依据，设计采用的标准、规范，设计范围及分工，引进特殊仪表的特点及引进理由的详细说明，全厂自动化水平，生产安全保护，环境特征及仪表选型，复杂控制系统，动力供应，存在的问题及解决的意见。

10.2 表格

仪表索引，仪表数据表，DCS 和 PLC-I/O 表，材料估算表。

10.3 图纸

包括联锁系统逻辑图，复杂控制系统图，仪表盘布置图，控制室布置图，DCS、PLC系统配置图，管道仪表流程图（与工艺系统专业合出此图），可燃气体和有毒气体检测报警器平面布置图。

11. 供配电

11.1 概述

含设计依据和设计采用的标准、规范，设计范围和分工，电源状况，用电负荷及全厂变电所，全厂供电系统，重要设备选择，总变电所形式，主要电力设备和线路的继电保护及自动装置，电力设备过电压保护，中压系统中性点接地方式的说明及系统电容电流情况及补偿措施，操作电源及直流系统，生产装置的环境特征及配电材料选择，动力用电的操作和保护，照明，配电线路，防静电、防雷及接地，主要节能措施，采用新技术、新材料、新设备情况，定员表，存在的问题及解决的意见。

11.2　表格

含主要设备表和主要材料表。

11.3　图纸

包括全厂高压系统图，全厂高低压供电总平面图，总变（配）电所平面布置图，爆炸危险区域划分图。

11.4　自备电站、整流所、电炉变电所

12. 电信

12.1　说明书

包括设计依据及采用的标准、规范，设计范围及设计分工，电信站，定员，存在的问题及解决的意见。

12.2　表格

含电信用户表、设备表和材料估算表。

12.3　图纸

含全厂电信组织系统图、电信站平面布置图、中继方式图、全厂电信网络总平面布置图和火灾报警系统图。

13. 土建

13.1　说明书

包括设计依据，设计采用的国家、行业、地方标准和规范，设计范围及分工，建筑设计，结构设计，对地区性特殊问题（如地震等）的说明及在设计中采用的措施，对施工的特殊要求，对建筑物内高、大、重的设备安装要求的说明，存在的问题和解决的意见。

13.2　表格

含建筑物和构筑物一览表，材料估算表。

13.3　图纸

全部建、构筑物平面图、剖面图、立面图。平面图应表示轴线柱网尺寸及建、构筑物的外形尺寸。建筑物应表示各层房间的位置和房间的名称、维护结构材料、厚度及门窗位置。需示出吊车、机组和设备基础的位置以及安装、检修孔和主要出入口的位置等。用指北针表示建、构筑物的朝向。剖面图应表示各楼层、吊车轨顶、檐口等的标高和建、构筑物总高度。对新型、重要的建筑物和构筑物，业主要求时，可增绘透视图。

14. 给水排水

14.1　说明书

包括概述，给水水源及输水线路，给水处理，厂区给水，全厂循环冷却水，化学水处理，厂区排水，污水处理场，主要节能措施，采用节能新技术、新工艺、新材料、新设备情况，定员表，存在的问题及解决的意见。

14.2　表格

包括设备一览表和管道材料估算表。

14.3　图纸

包括全厂水平衡图、给水水源取水管道仪表流程图、给水处理管道仪表流程图、循环冷却水及水质稳定处理管道仪表流程图、化学水处理管道仪表流程图、污水处理管道仪表流程图、水源地平面图、给水处理场平面布置图及高程图、循环冷却水场平面布置图及高程图，化学水处理平面布置图、污水处理场平面布置图及高程图、厂区给排水管道布置图、厂外给排水管道布置图。

15. 供热系统

15.1 说明书

包括概述，蒸汽系统，燃料系统，除灰、除渣、除尘系统，燃烧系统，定员表，管道等级表，主要技术经济指标，主要节能措施，采用节能新技术、新工艺、新材料、新设备情况，余热利用及热电结合情况，节能效益等，存在的问题及解决的意见。

15.2 表格

含设备一览表和材料估算表。

15.3 图纸

系统图（全厂蒸汽系统平衡图、锅炉本体热力系统图、燃烧系统图），主厂房区域平面布置图，主厂房底层平面图、运转层平面图及剖面图。

16. 采暖通风及空气调节

16.1 说明书

含气象资料，设计数据，设计采用的标准、规范，设计方案，主要节能措施，采用节能新技术、新工艺、新材料、新设备等情况，定员表，存在的问题及解决的意见。

16.2 表格

含设备一览表和材料估算表。

16.3 图纸

非整体式空调机的空气调节管道仪表流程图，较复杂的通风、空调系统在设计方案中难以叙述清楚时，要绘制平面布置图和系统图。

17. 维修

17.1 机修

含说明书、设备一览表和图纸。

17.2 仪表修理

含说明书、设备一览表和图纸。

17.3 电修

含说明书、表格和图纸。

17.4 建筑维修

含说明书、设备一览表和图纸。

18. 液体原料、产品储运

18.1 说明书

含设计任务及采用的标准、规范，设计范围及分工，概述，物料的主要性质及规格，装卸设施及槽车情况，工艺流程说明，消耗定额及消耗量，安全卫生措施，小包装，主要节能措施，定员表，存在的问题及解决的意见。

18.2 表格

设备一览表和材料估算表。

18.3 图纸

管道仪表流程图和设备布置图。

19. 固体原料、产品储运

19.1 说明书

含设计任务及采用的标准、规范，设计范围及分工，概述，工艺流程说明，主要生产设备的选定，大型设备的安装说明，工作制度，动力（水、电、汽、气）消耗，辅助材料的消耗，环境保护及三废处理，安全卫生措施，主要节能措施，定员表，存在的问题及解决的意见。

19.2 表格

设备一览表和材料估算表。

19.3 图纸

系统工艺流程图，系统总平面布置图，工艺设备布置平、剖面图。

20. 全厂设备、材料仓库

20.1 说明书

含全厂性储存物品、公用材料分类及数量估计，仓库设置原则、仓库组成及其确定依据，装卸方式及堆存设施，仓库建筑面积和露天堆场面积及其确定依据，对仓库的特殊要求，如对易燃、易爆、有毒物品采取的防护措施，定员表，设备一览表，存在的问题及解决的意见。

20.2 图纸

绘制仓库平面布置图。

21. 消防专篇

21.1 说明书

含设计依据，工程概况，火灾危险性及防火措施，消防系统，定员表，消防设施专项投资概算，存在的问题及解决的意见。

21.2 表格

消防设备一览表，材料估算表。

21.3 图纸

含消防水系统管道仪表流程图，消防水泵房平面布置图，消防设施平面布置图，爆炸危险区域划分图，可燃性气体浓度检测报警系统布置图，火灾报警系统图。

22. 环境保护专篇

22.1 说明书

含编制依据，设计所执行的环保法规和标准，工程概况，主要污染源及主要污染物，设计中采取的综合利用与处理措施及预计效果，绿化方案，污染物总量控制，环境监测及管理机构，环境保护机构及定员，环境保护投资估算，存在的问题及解决的意见。

22.2 表格

设备一览表，材料估算表。

22.3 图纸

"三废"治理管道仪表流程图，设备布置图。

23. 劳动安全卫生专篇

含设计依据，工程概况，建筑及场地布置，生产过程中职业危险、危害因素的分析，劳动安全卫生设计中采用的主要防范措施，劳动安全卫生机构设置及人员配备情况，专用投资概算，建设项目劳动安全卫生预评价的主要结论，设备一览表，预期效果及存在的问题与建议。

24. 节能

含主要耗能装置能耗状况，主要节能措施，节能效益，存在的问题及解决的意见。

25. 行政管理设施及居住区

25.1 说明书

包括设计依据，行政管理设施和居住区。

25.2 图纸

包括行政管理主要建筑物平、立、剖面图，居住区总平面规划图和居住建筑和公共建筑的平、立、剖面图。

26. 概算

含总概算、综合概算和单位工程概算。

1.3.4 扩大初步设计

扩大初步设计简称为扩初设计，是对初步设计进行细化的设计过程。扩初设计着重针对初步设计过程中暴露出来的技术问题，对设计方案进行修改完善，使之更加明确和具体，可实施性更强，为后续的施工图设计打下坚实基础。扩大初步设计应编制说明书，绘制相应的图纸，并组织专家对设计文件进行论证和评审。

1.3.5 施工图设计

施工图设计是整个建设项目设计阶段的最后程序，其结果直接用于施工。由于化工厂的复杂性，施工图设计的相关标准是分专业编制的。工艺设计是化工厂设计的核心，HG/T 20519《化工工艺设计施工图内容和深度统一规定》对工艺设计施工图阶段的设计内容和深度进行了明确和详细的规范。标准由六个部分组成，分别为：HG/T 20519.1《一般要求》，HG/T 20519.2《工艺系统》，HG/T 20519.3《设备布置》，HG/T 20519.4《管道布置》，HG/T 20519.5《管道机械》，HG/T 20519.6《管道材料》。此外，还有 HG/T 20560《化工机械化运输工艺设计施工图内容和深度规定》、HG/T 20561《化工工厂总图运输施工图设计文件编制深度规定》、HG/T 20572《化工企业给排水设计施工图内容深度统一规定》、HG/T 20588《化工建筑、结构施工图内容、深度统一规定》、HG/T 20692《化工企业热工设计施工图内容和深度统一规定》、HG/T 21507《化工企业电力设计施工图内容深度统一规定》、HG/T 21536《化工工厂工业炉设计施工图内容深度统一规定》和 SHB-Z01《石油化工自控专业工程设计施工图深度导则》等标准。在进行施工图设计时，应严格执行国家相关法律、法规、标准、规章和规范，按要求实施设计。

● 思考及练习

1-1 你认为工程师应该是什么样的人，应该具备什么能力？

1-2 从专业的角度，谈谈你心中的化学工业。

1-3 为什么化学工程师又可以细分为多个不同的专业，有不同的称谓？

1-4 一家化工厂从设想到能够把原料转化为产品的现实工厂要经历哪些步骤？

1-5 化工厂设计如何划分阶段，有哪些主要程序，各程序的任务是什么？

1-6 试述《项目建议书》应包含的内容。

1-7 试述可行性研究在化工设计中的作用。

1-8 目前我国化工建设项目可行性研究主要有哪些指导性文件？

1-9 查阅《化工投资项目可行性研究报告编制办法》（中石化协产发【2006】76号）原文，在本章内容的基础上补充完善，详细说明化工建设项目可行性研究报告应包括的内容和编制深度。

    1-10　试述初步设计、扩大初步设计和施工图设计阶段分别起什么作用。

    1-11　查阅 HG/T 20688 化工工厂初步设计文件内容深度规定现行标准原文，在本章内容的基础上补充完善，详细说明化工建设项目初步设计应包括的内容和编制深度。

    1-12　分别查阅并认真研读以下现行标准原文，了解施工图设计阶段的主要任务：

（1）HG/T 20519《化工工艺设计施工图内容和深度统一规定》；

（2）HG/T 20560《化工机械化运输工艺设计施工图内容和深度规定》；

（3）HG/T 20561《化工工厂总图运输施工图设计文件编制深度规定》；

（4）HG/T 20572《化工企业给排水设计施工图内容深度统一规定》；

（5）HG/T 20588《化工建筑、结构施工图内容、深度统一规定》；

（6）HG/T 20692《化工企业热工设计施工图内容和深度统一规定》；

（7）HG/T 21507《化工企业电力设计施工图内容深度统一规定》；

（8）HG/T 21536《化工工厂工业炉设计施工图内容深度统一规定》；

（9）SHB-Z01《石油化工自控专业工程设计施工图深度导则》。

主要参考文献

[1]　中国工程教育专业认证协会. 工程教育认证标准（2015 版）[S]，2015.

[2]　陈声宗等. 化工设计 [M]. 第 3 版. 北京：化学工业出版社，2012.

[3]　李国庭. 化工设计概论 [M]. 第 2 版. 北京：化学工业出版社，2015.

[4]　王红林，陈砺. 化工设计 [M]. 广州：华南理工大学出版社，2001.

[5]　化工投资项目可行性研究报告编制办法（中石化协产发 [2006] 76 号）[Z].

[6]　HG/T 20688 化工工厂初步设计文件内容深度规定 [S].

[7]　HG/T 20519 化工工艺设计施工图内容和深度统一规定 [S].

第2章

化工过程设计

2.1 现代过程工业

2.1.1 现代加工工业

现代加工工业按照生产方式可以分为两类：产品工业和过程工业。

生产汽车、电视、空调、服装等种类的工业称为产品工业（product industry），也称为离散工业。产品工业的产品大都直接供给人们生活所使用，生产方式基本上是离散而不连续的，生产过程主要是对原料进行物理加工或机械加工，然后一件件进行装配，物料主要发生物理变化。产品的增加主要靠增建"生产线"或改进"生产线"来达到。

另一类加工工业称为过程工业（process industry），包括化学、石油炼制、石化、能源、冶金、建材、核能以及医药等，它基本包括了每个国家或地区的大部分重工业和部分轻工业。

过程工业有下列特征：

① 生产所使用的原料，主要来源于自然界，如空气、水、矿物、农副产品等基础原料以及由这些基础原料加工而成的基本原料等，而产品则主要作为其他生产工业的原料，也有部分为最终产品。

② 在生产中原料需经过一系列的物理和化学变化才能转变为目标产品。

③ 生产过程基本上是连续过程。产量的增加主要靠扩大生产规模来达到，其扩大规模的投资和产量并不是线性关系。

④ 在将原料转变为目标产品的过程中，会不同程度地产生废物，并对环境产生影响。

这一系列的物理和化学变化步骤形成了一个完整的生产加工过程，因此将这类加工工业称为过程工业。

2.1.2 化学工业

化学工业是典型的过程工业，从原料开始到制成目标产品，要经过众多的化学和物理的加工步骤，这一系列加工步骤称为加工过程。化学工业种类繁多，产品丰富，所用的加工制造方法各异，按照制造过程进行归纳和分类，可划分为单元操作过程和化学反应过程。

包含在不同化工产品生产过程中、发生同样物理变化，遵循共同的物理学规律、使用相似设备和具有相同功能的基本操作过程被称为单元操作。按基本原理可以将单元操作划分为三类：①流体动力过程，如流体输送、沉降、过滤、混合等，这是以动量传递为主要理论基础的单元操作；②传热过程，如冷却、加热、蒸发等，这是以改变物质热物理状态为主要理论基础的单元操作；③传质分离过程，如蒸馏、吸收、萃取、干燥等，这是以质量传递为主要理论基础的单元操作。

化学反应过程把化工生产过程中以化学为主的处理方法概括为具有共同化学反应特点的基本过程，例如将一氧化碳在催化剂存在的条件下转化为甲醇，硫醇加氢转化为不含硫的烃类化合物等。化学反应过程主要有氧化、还原、卤化、磺化、硝化、氢化、水解、烷基化、胺化和聚合等。

化学工业是过程工业的一个重要分支，也是在诸多过程工业中最早建立理论体系的工业。单元操作的概念使得人们得以将众多化学工艺中的共性操作进行归纳，并上升为理论开展研究，形成了支撑化学工程学的重要学说。到了 20 世纪 50 年代，在单元操作的基础上，开始从动量、热量和质量传递的角度研究化学工业中的物理变化过程。同期"化学反应工程学"也开始出现，用以研究化工过程中带有化学反应的变化过程，使得化学工程学成为更为全面的工程科学，简称为"三传一反"。化学工程的"三传一反"概念也适用于冶金、能源、建材、医药等过程工业。例如冶金学的"冶金传输原理"和"冶金反应工程学"实际上就是"三传一反"在矿石高温熔融状态下的应用。"三传一反"理论有助于从众多过程工程中寻找共性，丰富和完善各自的理论体系，指导工业生产。

2.2 化工过程结构分析

2.2.1 化工过程的结构

考察两个化工生产工艺过程：

(1) 以煤或重油为原料生产合成氨

合成氨的反应方程式为：

$$C_m H_n + m H_2O \longrightarrow m CO + \left(\frac{n}{2} + m\right) H_2 \tag{2-1}$$

$$C + H_2O \longrightarrow CO + H_2 \tag{2-2}$$

$$CO + H_2O \Longrightarrow H_2 + CO_2 \tag{2-3}$$

$$3H_2 + N_2 \longrightarrow 2NH_3 \tag{2-4}$$

合成氨反应式 (2-4) 是由氢气和氮气在 $420 \sim 550\,^{\circ}\text{C}$、$15.2 \sim 30.4\text{MPa}$ 和铁系催化剂存在的条件下进行的。反应转化率为 $10\% \sim 20\%$（视反应条件不同），反应后的产物除了氨以外，其余为未转化的氢、氮气。

反应所需要的纯净的原料氮气来源于空气，原料氢气则来源于含氢和一氧化碳的合成气，而合成气则是从天然气、石脑油、重质油和煤等转化而来，反应式 (2-1) ~ 式 (2-3) 所示为获取原料氢气的三步化学反应过程。在获得氢气的同时也获得了空气中的氮气，然后要按照反应的条件对原料气体升温升压，使之达到反应条件所要求的状态。合成反应完成后须将反应产物中的氨分离出去，未转化的氢氮气循环使用。

图 2-1 为合成氨的生产工艺过程示意图。

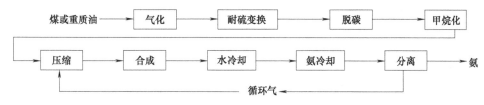

图 2-1 合成氨生产工艺过程示意图

(2) 乙酸的生产工艺流程

乙酸又称醋酸，是重要的有机酸之一，在有机、农药、医药、染料等工业上都有广泛的用途。醋酸的生产方法之一是以乙醇为原料，经过两步反应，获得醋酸成品。

化学反应方程式：

$$C_2H_5OH + \frac{1}{2}O_2 \longrightarrow CH_3CHO + H_2O \tag{2-5}$$

$$CH_3CHO + \frac{1}{2}O_2 \longrightarrow CH_3COOH \tag{2-6}$$

醋酸由反应式（2-6）进行生产，原料乙醛的浓度需达到 98% 以上，另一反应物氧气则来自空气。浓乙醛在常压下的沸点为 20.9℃，一般不能外购，需要先就地生产出达到浓度要求的乙醛原料。

乙醛根据反应式（2-5），用乙醇和空气中的氧气进行反应制得。乙醇的氧化反应条件为：反应温度 460～480℃，反应压力 0.3MPa，以絮状或网状银为催化剂，乙醇的转化率 30%～50%。

乙醇经配制，在蒸发釜蒸发为气体，预热到 230℃左右，进入氧化反应器与空气中的氧进行反应，生成乙醛。反应产物中除了乙醛之外，还有未转化的乙醇。在产物分离以前，需将反应产物冷却，用水吸收，使乙醛溶于水中，获得含乙醛 12%～14% 的水溶液，然后通过精馏的方法，将乙醛和乙醇分离，并把乙醛浓度提高到 98% 以上，以便进行第二步反应。

浓乙醛以醋酸锰为催化剂，在 50～80℃，0.6～1MPa 的条件下，按式（2-6）与空气中的氧反应生成醋酸，生成的物中还含有各种酯类及部分未反应的乙醛，需在后续的过程中分离，才能获得合格的醋酸成品。

图 2-2 为流程示意图：

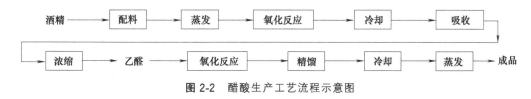

图 2-2 醋酸生产工艺流程示意图

从上述两个例子可以看出，生产化工产品的工艺过程，是由化学反应以及反应前的原料预处理和反应后的产物分离等几个步骤构成。化学反应是工艺过程的核心，化学反应是新物质生成的过程，必须遵循热力学的规律，在特定的状态下（如温度、压力、相态、浓度等）进行。生产的原料一般都与反应所要求的状态有差距，首先须对原料进行预处理，通过一系列的单元操作，使之达到所要求的状态。化学反应由于受到化学平衡和化学反应速率的影响，反应产物在浓度、相态、副产物等方面与目标产品也存在着很大的差别，因而反应产物还需经分离、浓缩等单元操作才能成为合格产品。在这些过程中伴随有能量的输入或输出。图 2-3 描述了一个典型的化工过程。

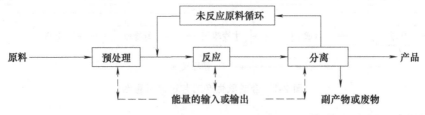

图 2-3　典型的化工过程示意图

有些化工过程包含了两个以上的反应过程，如前面介绍的合成氨、醋酸生产等，这些过程中生成目标产物的反应称为最终反应，合成氨生产中的氨合成反应、醋酸生产中的乙醛氧化反应都是最终反应过程。在原料的预处理中也可能包含有反应过程，这些反应过程一般称为中间反应，如合成氨生产中的一氧化碳转化为氢的反应，醋酸生产中乙醇氧化生成乙醛的反应都属于中间反应。中间反应和最终反应一样，也需要对反应产物进行分离。

由一个化学反应、反应物的预处理和反应产物的分离构成一个工艺过程阶段，一个化学品的生产工艺过程可能由一个或几个这样的工艺过程阶段所构成。合成氨生产主要由水煤气产生、CO 转化和 H_2、N_2 合成三个工艺过程阶段组成。醋酸生产工艺由乙醇氧化制乙醛和乙醛氧化制醋酸两个工艺过程阶段所组成。每一个工艺过程阶段都受到各自的化学平衡和反应速率的控制，为了使整个生产过程协调、顺畅，一般在各个工艺过程阶段之间设置中间储槽（罐），使各工艺过程阶段的波动和变化得到缓冲。因此，一个产品生产工艺过程可以按图 2-4 所示。

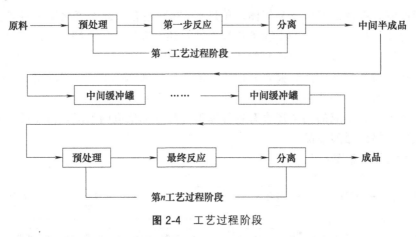

图 2-4　工艺过程阶段

2.2.2　化工过程的分层次分析

化工过程的组织和设计采用的是分层次的设计方法。从上节的过程分析中可知，化工生产工艺流程核心是化学反应。化学反应是物质发生化学变化的唯一途径，也是组织工艺过程的基本出发点，是化工过程的核心和第一层次。原料通过化学反应转化为目标产物，原料转化程度的高低、化学反应速率的快慢、反应过程操作和控制的难易程度等受到多种因素的影响，这些影响因素增加了反应器设计的复杂程度，认真分析反应过程的各种影响因素才能设计出合格的反应器以及确定反应系统的操作方案。

工业原料一般都不能达到化学反应所要求的纯度或浓度等物理指标，需要通过分离单元操作使之纯化，化学反应后一般都会产生目标产物、副产物和未反应的原料组成的混合物，混合物需要依据组分之间的物性差别进行分离，而未反应组分的循环再利用将涉及物流的混合和生产操作成本的降低，所以分离操作系统成为第二层次的设计。

反应系统和分离系统的物质流动引起了系统内物质质量的变化，同时也伴随有系统能量的变化，化学反应热的输入和输出、分离过程的能量输入和输出则需要在第三个层次的设计中获得解决。物料的平衡和能量的平衡为合理的能量输入/输出方案的设计奠定了基础，并对优化反应系统和分离系统的设计产生反馈影响。物料平衡系统将给出过程中所需设备、贮罐、管道的大小，能量平衡系统的设计将给出反应和分离系统的冷热负荷，压力的变化，利用换热网络对系统内的能量利用进行优化，尽可能地在系统内消化能量的盈余和亏欠。经过能量回收还不能满足工艺要求的冷、热负荷则决定了公用工程的选择和设计。

设计的第四个层次是过程所携带的信息处理。现代化工生产中都离不开对相关物流和设备的各种信息的测量、记录、显示和控制，各个单元设备的物位（液位、温度、压力等）和流率的测量、记录、显示，并根据工艺要求对上述工艺参数进行控制和调节。设计检测控制方案，选择控制元件和仪表是这一层次的主要任务。

这种逐层的设计方法也称"洋葱头"式设计方法。

2.3 化学反应过程

从工业的角度来看，化学反应系统的设计目标是高化学反应速率、高选择性和较佳的操作控制参数。化学反应速率只与反应组分的浓度、反应温度以及选用的催化剂有关，而与反应器的尺寸无关。但是化学反应过程十分复杂，在反应过程中，除了化学反应以外，还伴随着反应组分的混合、反应热量的吸收或释放，反应不断进行也使得反应组分的浓度不断改变，同时也伴随有质量的传递。热量和质量的传递过程又都受到反应器结构形状的影响。因此研究和设计化学反应器都是在化学过程（化学反应）和物理过程（质量、热量和动量传递）两方面进行的，和其他化工设备相比，反应器的设计要困难、复杂得多。

2.3.1 反应路线的选择

(1) 经济效益

在化工生产中，同一种产品有多个不同的生产方案。一个工业上可行的化工过程必须是经济上合理的，即产品价值扣除产品成本及设备折旧后还应该存在一个合理的附加值。对于化工反应系统设计来说，就是如何选择最价廉的原料生产出合格的产品，同时产生最少量的副产品或废弃物。

在选择反应路线时，首先采用简单的化学计量方法获得粗略的经济效果。得出的经济效果中还没有考虑原料的损耗、设备投资的折旧和日常的操作费用，但仍然可以作为最初的筛选手段。

【例2-1】 试对丙烯腈生产工艺路线进行经济筛选。

解：丙烯腈可由以下两种路径生产。

① 乙炔与氰化氢在 $CuCl_2$ 催化剂水溶液中进行加成反应：

$$HC\equiv CH + HCN \longrightarrow CH_2=CHCN$$

② 丙烯与氨的氧化反应：

$$2CH_2=CHCH_3+2NH_3+3O_2 \longrightarrow 2CH_2=CHCN+6H_2O$$

各种物料的相对分子质量和市场价格如下：

物料	相对分子质量	价格/(元/kg)	物料	相对分子质量	价格/(元/kg)
乙炔	26	25	丙烯	42	4.6
氰化氢	27	16	氨	17	2.7
丙烯腈	53	13	氧气	32	0

定义经济效益 EP＝产品价值－原料价值，则有：

路径①：EP＝(53×13)－(26×25+27×16)＝－393

路径②：EP＝{2(53×13)－2[(42×4.6)+2(17×2.7)]}/2＝449.9

丙烯的价格约为乙炔价格的 1/5，氨也比氰化氢便宜得多，因此路径②能获得较大的经济效益。

(2) 综合产品及副产物

在选择反应路线时，还要考虑过程中存在的副反应以及由此引起的经济上的影响。

由于原料中不可避免地带有一定量的杂质，或者由于催化剂的选择性等原因，在反应过程中会产生各种副产物，有些副产物具有一定的价值，有些则毫无价值，甚至是有害的，必须花费更多的资金去处理它。无论副产物的价值如何，都要消耗原料，对过程的获利性有很大的影响，在选择反应路线时必须全面进行经济权衡。

例如，合成四氯化碳有甲烷路线和丙烯路线：

甲烷路线：

$$CH_4+Cl_2 \rightleftharpoons CH_3Cl+HCl$$

$$CH_3Cl+Cl_2 \rightleftharpoons CH_2Cl_2+HCl$$

$$CH_2Cl_2+Cl_2 \rightleftharpoons CHCl_3+HCl$$

$$CHCl_3+Cl_2 \rightleftharpoons CCl_4+HCl$$

丙烯路线：

$$CH_3CH_2CH+7Cl_2 \rightleftharpoons C_2Cl_4+CCl_4+6HCl$$

$$C_2Cl_4+2Cl_2 \rightleftharpoons 2CCl_4$$

由甲烷路线可知，除了生产四氯化碳外，还副产 CH_3Cl、CH_2Cl_2、$CHCl_3$，并副产较多的 HCl。一般 HCl 不好处理，不受欢迎。而丙烯路线，可以提供副产品 C_2Cl_4，副产的 HCl 较少。

(3) 反应的自由能

由热力学第二定律可知，保持常温和常压的反应系统会自发地朝着自由能减少的方向变化。

例如，对反应　　　　　　　$aA+bB \longrightarrow dD+eE$

有　　　　　$\Delta G = \sum \gamma_i \mu_i = (d\mu_D+e\mu_E) - (a\mu_A+b\mu_B) \leqslant 0$　　　　　(2-7)

式中，μ_i 为各组分的化学位。

当自由能不再减少时，系统达到平衡状态，$\Delta G=0$。

因此按照反应的自由能，可以给出反应路线的一个大致的评价准则：

① $\Delta G<0$，即 ΔG 取负值，该反应可采用。

② $\Delta G<40kJ/mol$，即 ΔG 为较小的正值，该反应可考虑采用。

③ $\Delta G > 40kJ/mol$，则该反应只有在特定的情况下才考虑采用。

【例2-2】 试采用反应自由能法对乙基胺反应路线进行评价。

解： 乙基胺的生成过程有三个反应途径，用反应物—产物的成本附加值来评价均可行。那么哪一个更值得进一步研究呢？可采用反应自由能法进行分析。

途径①：　　　　　　$CH_3CH_2OH + NH_3 \longrightarrow CH_3CH_2NH_2 + H_2O$

298K 时：$\Delta G = -[(-168.1) + (-16.1) - (37.2) - (-228.4)] = -7.0$ （kJ/mol）

300K 时：$\Delta G = -[+(8.3) + (62.1) - (254.8) - (-192.4)] = -8.0$ （kJ/mol）

按自由能经验法则，此途径值得进一步研究。

途径②：　　　　　　$CH_2 = CH_2 + NH_3 \longrightarrow CH_3CH_2NH_2$

298K 时：　　$\Delta G = -[(68.1) + (-16.1) - (37.2)] = -14.8$ （kJ/mol）

300K 时：　　$\Delta G = -[+(8.3) + (62.1) - (254.8)] = -184.4$ （kJ/mol）

看来低温下该反应可行。

途径③：　　　$CH_3CH_2 + 1/2\ H_2 + 1/2N_2 \longrightarrow CH_3CH_2NH_2$

298K 时：　　　$\Delta G = -[(-32.9) + 0 + 0 - (37.2)] = 70.1$ （kJ/mol）

300K 时：　　　$\Delta G = -[(109.2) + 0 + 0 - (254.8)] = 145.6$ （kJ/mol）

该反应自由能高，低温可行性小，不予考虑。

2.3.2 反应过程设计的评价指标

工业上常用转化率、收率、选择性和反应速率等工艺指标来比较不同的反应方法、催化剂、反应器结构和操作条件在技术上的优劣。

(1) 化学平衡

设反应为：

$$aA + bB \longrightarrow dD + eE$$

若达到平衡状态，则各反应物的分压（浓度）间关系服从质量作用定律：

$$\frac{p_D^d p_E^e}{p_A^a p_B^b} = K_p \tag{2-8}$$

或

$$\frac{c_D^d c_E^e}{c_A^a c_B^b} = K_c \tag{2-9}$$

平衡常数 K_p（或 K_c）的数值可以从有关手册中查到，或用热力学函数来计算。若平衡常数非常大（例如 $> 10^2$），则表示达到平衡时在反应物中实际上不存在初始物料，可称为不可逆反应，若平衡常数较小，则为可逆反应或平衡反应。

(2) 转化率

当反应进行时，式（2-8）的左边或多或少地小于平衡常数。这个偏差是衡量离开平衡的一个尺度。用转化率表示。转化率指某一反应物在反应过程中转化掉的量与其初始量之比。转化率常用 χ 表示，例如组分 A 的初始摩尔数为 n_{A0}，反应结束后的摩尔数是 n_A，则此反应过程中组分 A 的转化率 χ_A 为：

$$\chi_A = \frac{n_{A0} - n_A}{n_{A0}} \tag{2-10}$$

转化率通常用百分率表示。它与反应器中的温度和压力、反应物的浓度以及反应时间有关。在一定情况下，还与催化剂体系，反应的实施和其他特殊的参数有关。因为这些条件要在过程开发的进程中确定，所以转化率尚可变化。

【例2-3】 丙酮可以由异丙醇在液相或气相中脱氢生成：

$$CH_3CH_3CHOH \Longrightarrow CH_3COCH_3 + H_2$$

在150℃时，液相过程的平衡转化率为 $\chi_A = 0.32$。用什么方法可以获得更多的丙酮？

解： 如果将异丙醇放在一个封闭的反应釜中进行，最后的转化率就是0.32。

为了获得更高的转化率，可以将反应生成的丙酮及时移出反应器。在本例中，由于催化剂悬浮在高沸点的液相中，而且反应器在高于丙酮沸点的条件下操作，所以反应生成的丙酮和氢都可以从反应器内以蒸汽态移出。于是平衡向右移动。

(3) 选择性

选择性是指在复杂反应系统中同一原料可生成几种产物，即目标产物和副产物时，转化成目标产物的原料的摩尔数与被转化掉的原料的摩尔数的比值。选择率常用 β 表示。例如对反应

$$aA \longrightarrow pP \longrightarrow sS$$

生成目标产物P的选择率可表示为：

$$\beta = \frac{(n_P - n_{P0})/p}{(n_{A0} - n_A)/a} \tag{2-11}$$

式中，n_{P0} 和 n_P 分别表示反应开始和结束时目标产物P的摩尔数。

【例2-4】 甲苯加氢脱烷基生成苯的过程，反应式如下：

$$甲苯 + H_2 \longrightarrow 苯 + CH_4$$
$$2苯 \Longrightarrow 联苯 + H_2$$

已知苯的转化率 $\chi < 0.97$，选择性 $S = 1 - \dfrac{0.0036}{(1-\chi)^{1.544}}$，要求苯的产率为 265mol/h。求甲苯的用量，副产联苯的量。

解： 根据以上条件可以作出图2-5。

所有进入该过程的甲苯都转化了（即没有甲苯离开系统），但是甲苯在反应器内的转化率不等于1。设苯的产率为 P，甲苯的流量为 F_t，为了达到要求的苯产率 265mol/h，则该过程甲苯的进料量 F_t 为

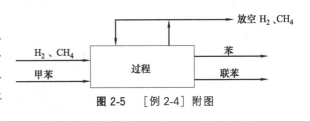

图2-5 [例2-4]附图

$$F_t = \frac{P}{S}$$

因为甲苯转化为苯的分率为 S 则损失成联苯的分率为 $1-S$。那么生成的联苯量为

$$P_{联苯} = F_t \frac{1-S}{2} = \frac{P}{S} \times \frac{1-S}{2}$$

代入数据即可求出甲苯和联苯的量。

(4) 收率

收率是指原料转化为目标产物的摩尔数与进反应系统的初始摩尔数的比值，对上述反应系统，收率 ψ 可表示为：

$$\psi = \beta\chi_A = \frac{(n_P - n_{P0})/p}{n_{A0}/a} \tag{2-12}$$

(5) 反应速率

在过程开发中，反应速率是一个极为重要的概念，即某一组分的转化率随时间的变化。反应速率的单位用单位时间内消耗或生成一种反应物的量来表示。对于均相反应或间歇操作的情况，最好以反应器的填充容积为基准。于是反应速率方程为

$$r_A = \frac{1}{V}\frac{d(c_A V)}{dt} = \frac{dc_A}{dt} \qquad (2-13)$$

或

$$r_D = \frac{1}{V}\frac{d(c_D V)}{dt} = \frac{dc_D}{dt} \qquad (2-14)$$

对于连续反应，也可用同样的关系式，只要理解为单位时间内通过混合物的体积。

在化工过程的开发和设计中，上述的几个指标对一个生产工艺流程的复杂程度、设备数量的多少、操作的难易影响很大，而最终将影响该产品的投资费用和操作成本。

2.3.3 化学反应中的原子经济性评价

原子经济性是由美国化学家 Trost 在 1991 年提出的概念，认为高效的有机合成反应应该最大限度地利用原料分子的每一个原子，使之结合到目标产物的分子中去，从而达到零排放。假如式（2-15）中 C 是人们所要合成的化合物，若以 A 和 B 为起始原料，既有 C 生成又有 D 生成，而且在许多情况下 D 是对环境有害的。即使生成的副产物 D 是无害的，那么 D 这一部分的原子也是被浪费的，从而形成废物对环境造成了负荷。所谓原子经济性反应如式（2-16）所示，即使用 E 和 F 作为起始原料，整个反应结束后只生成 C，E 和 F 中的原子得到了 100％利用，亦即没有任何副产物生成。

$$A+B \longrightarrow C+D \qquad (2-15)$$
$$E+F \longrightarrow C \qquad (2-16)$$

上述原子经济性概念可表示如下：

$$原子经济性（或原子利用率）（\%） = \frac{\nu_P M_P}{-\sum_{i=1}^{n} \nu_i M_i} \times 100\% \qquad (2-17)$$

即（被利用原子的质量/反应中所使用全部反应物分子的质量）×100％。

化工生产常用的产率或收率表示：

产率（或收率）（％）＝（目标产品的质量/理论上原料变为目标产品所应得产品的质量）×100％

$$(2-18)$$

可以看出，原子经济性与产率或收率是两个不同的概念，前者是从原子水平上来看化学反应，后者则从传统宏观量上来看化学反应。例如一个化学反应，尽管反应的产率或收率很高，但如果反应物分子中的原子很少进入最终产品中，则反应的原子经济性很差，那么意味着该反应将会排放出大量的废弃物。因此用反应的产率或收率来衡量一个反应是否理想显然是不充分的。要消除废弃物的排放，只有通过实现原料分子中的原子尽可能多地转变成产物，才能达到不产生或少产生副产物或废物，实现真正意义上的废物减排的要求。

【例 2-5】 异丁苯丙酸（布洛芬），用于治疗疼痛、消炎等的非处方药。传统的合成方法有 6 步：第一步为 Friedel Crafts 酰化反应，由异丁基苯（$C_{10}H_{14}$）和乙酸酐（$C_4H_6O_3$）开始反应，一步步到布洛芬生成。

$$C_{10}H_{14}+C_4H_6O_3+AlCl_3+6H_2O \longrightarrow C_{12}H_{16}O+CH_3COOH+AlCl_3 \cdot 6H_2O \quad (R\text{-}1)$$
$$C_{12}H_{16}O+C_4H_7O_2Cl+NaOC_2H_5 \longrightarrow C_{16}H_{22}O_3+C_2H_5OH+NaCl \quad (R\text{-}2)$$
$$C_{16}H_{22}O_3+HCl \longrightarrow C_{13}H_{18}O+C_2H_5OOCCl \quad (R\text{-}3)$$
$$C_{13}H_{18}O+NH_2OH \longrightarrow C_{13}H_{19}ON+H_2O \quad (R\text{-}4)$$
$$C_{13}H_{19}ON \longrightarrow C_{13}H_{17}N+H_2O \quad (R\text{-}5)$$
$$C_{13}H_{17}N+2H_2O \longrightarrow C_{13}H_{18}O_2+NH_3 \quad (R\text{-}6)$$

而到了 20 世纪 90 年代，由一项专利开发了一个新的合成过程，新的合成过程包括了三步：
$$C_{10}H_{14}+C_4H_6O_3 \longrightarrow C_{12}H_{16}O+CH_3COOH（HF\ 催化剂） \quad (R2\text{-}1)$$
$$C_{12}H_{16}O+H_2 \longrightarrow C_{12}H_{18}O（镍催化剂） \quad (R2\text{-}2)$$
$$C_{12}H_{18}O+CO \longrightarrow C_{13}H_{18}O_2（钯催化剂） \quad (R2\text{-}3)$$

试进行新旧两种反应过程的原子经济性评价。

解： 要计算传统方案的原子经济性，首先列出完整的反应物消耗量和目标产物的原子量。

化合物	$\nu_{iR\text{-}1}$	$\nu_{iR\text{-}2}$	$\nu_{iR\text{-}3}$	$\nu_{iR\text{-}4}$	$\nu_{iR\text{-}5}$	$\nu_{iR\text{-}6}$	$\nu_{i,净消耗}$	M_i	$\nu_i M_i$
$C_{10}H_{14}$	−1						−1	134	−134
$C_4H_6O_3$	−1						−1	102	−102
$AlCl_3$	−1						−1	133.5	−133.5
H_2O	−6			+1	+1	−2	−6	18	−108
$C_{12}H_{16}O$	+1	−1					0		
CH_3COOH	+1						+1		
$AlCl_3 \cdot 6H_2O$	+1						+1		
$C_4H_7O_2Cl$		−1					−1	122.5	−122.5
$NaOC_2H_5$		−1					−1	68	−68
$C_{16}H_{22}O_3$		+1	−1				0		
C_2H_5OH		+1					+1		
$NaCl$		+1					+1		
HCl			−1				−1	36.5	−36.5
$C_{13}H_{18}O$			+1	−1			0		
C_2H_5OOCCl			+1				+1		
NH_2OH				−1			−1	33	−33
$C_{13}H_{19}ON$				+1	−1		0		
$C_{13}H_{17}N$					+1	−1	0		
$C_{13}H_{18}O_2$						+1	+1	206	+206
NH_3						+1	+1		

原子经济性为：
$$\frac{\nu_P M_P}{-\sum \nu_i M_i}=\frac{206}{134+102+133.5+108+122.5+68+36.5+33}\times 100\%=27.9\%$$

新方案的相关数据列表如下：

化合物	$\nu_{iR2\text{-}1}$	$\nu_{iR2\text{-}2}$	$\nu_{iR2\text{-}3}$	$\nu_{i,净消耗}$	M_i	$\nu_i M_i$
$C_{10}H_{14}$	−1			−1	134	−134
$C_4H_6O_3$	−1			−1	102	−102
$C_{12}H_{16}O$	+1	−1				
CH_3COOH	+1			+1		
H_2		−1		−1	2	−2
$C_{12}H_{18}O$		+1	−1			
CO			−1	−1	28	−28
$C_{13}H_{18}O_2$			+1	+1	206	+206

$$\frac{\nu_P M_P}{-\sum \nu_i M_i}=\frac{206}{134+102+2+28}\times100\%=77.4\%$$

新方案对原料中原子的利用率更高，产生更少的副产物或废物，因此新方案更加绿色环保。

2.4 分离过程

分离过程是化工生产中使用最多的单元操作过程。分离操作一方面为化学反应提供符合质量要求的原料，清除对反应或催化剂有害的杂质，减少副反应并提高收率；另一方面对反应产物起着分离提纯的作用，以便得到合格的产品，并使未反应的原料得到循环利用。所以分离操作在化工生产中占有十分重要的地位。对大型的石油化工企业和以化学反应为中心的化工生产过程，分离装置的费用占总投资的 $50\%\sim90\%$。

一切自发的过程都是混乱度增加的过程，即熵增过程。而要将某种混合物分离成为互不相同的两种或多种不同组成的产品，就必须建立某种装置、系统或过程，对该混合物提供相当的热力学功，以便产生分离作用。

2.4.1 分离过程的特征和分类

(1) 分离单元过程的特征

将一种混合物转变为组成互不相同的两种或几种产品的操作称为分离操作。根据这一定义，分离操作的原料可以是一股或几股，而不同组成的产品至少有两股或以上。分离作用是由于加入分离介质而引起的（或简称为分离剂），分离剂可以是物料，也可以是能量。图2-6所示为分离过程的原理。

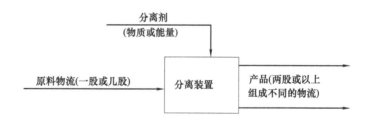

图 2-6　分离过程的原理

(2) 分离过程的分类

分离过程可分为机械分离和传质分离两大类。

机械分离过程的分离对象是两相以上所组成的混合物，通过简单的分相就可以分离。这类过程有过滤、沉降、离心分离、旋风分离和静电除尘等。

化工生产中大多数待分离的混合物是均相的，分离过程为物质从原料向某一股产品流的扩散，这一过程遵循物质传递规律，称为传质分离过程。

一类传质分离过程是在一定的操作条件下互不相溶的两相趋于平衡的过程，也称为平衡分离过程，如蒸发、吸收、精馏和萃取等。达到平衡时各组分在两相中的组成称为平衡组成，平衡分离过程正是利用平衡组成的差异达到分离目的的。另一类传质分离过程称为速控分离过程，如超滤、反渗透和电渗析等。这类分离过程是通过某种媒介，在压力、温度、组成、电势或其他梯度所造成的强制力的推动下，依靠传递速率的差别来进行分离的。

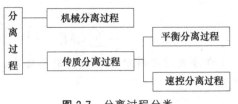

图2-7　分离过程分类

据此，可将分离过程按图2-7进行分类。

(3) 分离因子

分离过程的分离程度可用如式（2-19）所示的分离因子表示：

$$a_{ij} = \frac{x_{i1}/x_{j1}}{x_{i2}/x_{j2}} \tag{2-19}$$

式中，a_{ij}为分离因子；x_{i1}为产品中组分 i 在 1 相中的含量；x_{j1}为产品中组分 j 在 1 相中的含量；x_{i2}为产品中组分 i 在 2 相中的含量；x_{j2}为产品中组分 j 在 2 相中的含量。

各组分可以摩尔分数、质量分数、质量流量来表示，分离因子的数值不变。

若 $a_{ij}=1$，则组分 i 和 j 得不到分离。若 $a_{ij}>1$，则组分 i 在产品 1 中浓缩的程度比组分 j 的大，而组分 j 在产品 2 中浓缩的程度比组分 i 的大。反之，若 $a_{ij}<1$，则组分 j 会在产品 1 中优先浓缩，而组分 i 会在产品 2 中优先浓缩。按照惯例，组分 i、j 的选择应使 a_{ij} 的数值大于 1。

分离因子反映了分离所依据的基本物理现象所致的传递速率的不同。

2.4.2　分离过程选择

对某一混合物进行分离时，设计人员首先要面对的是采用何种分离过程。在工程实践中，需要考虑的因素很多，难以给出一个统一的选择方法，但有些规律是应该遵循的。选择分离过程可按如下步骤进行：

① 分离方法的选择；

② 分离介质的选择；

③ 分离设备的选择；

④ 分离顺序的安排；

⑤ 最佳的分离操作条件的确定。

2.4.2.1　分离方法的选择

根据分离混合物的体系性来选择合适的分离操作，分离操作过程是依据混合物的各种物性，如密度、粒度、浓度、沸点、挥发度、溶解度、相态等之间的差异进行的。例如，需要分离丙酮和乙醚一类的非离子性有机化合物，可以立即判定用离子交换、电磁分离或电泳等技术是不可行的，因为这些分离过程所基于的物理机理对这种混合物的两种分子将无以区分。由于这两种分子的表面活性差别不大，同样不能应用泡沫或鼓泡分离的方法。

(1) 机械分离过程

非均相分离一般通过施加各种力场的作用，使非均相体系中的各部分产生不同的运动，由于各部分的运动速率不同，而使两相发生物理分离。按相间的变化可分为以下几类，见表2-1。

表 2-1 机械分离过程

相态	分离过程	施加力场	相态	分离过程	施加力场
气-固	过滤	惯性力(碰撞、拦截)	气-液	冲击分离	惯性力(碰撞、重力)
	沉降	重力场		旋风分离	离心力场
	冲击分离	惯性力(碰撞、重力)		静电分离	静电场
	旋风分离	离心力场	液-液	重力倾析	重力场
	磁力分离	电磁场		离心倾析	离心力场
	静电分离	静电场	固-固	重力筛分	重力场
液-固	过滤	流体动压力		离心筛分	离心力场
	沉降	重力		流化床选分	惯性力
	离心沉降	离心力		旋风选分	离心力场
	筛滤	重力+多孔介质		浮选	浮力
	浮选	浮力(空气泡上升夹带)		磁力分离	电磁场
气-液	沉降	重力场		静电分离	静电场

表中的液-液分离一般是指悬浮液或乳浊液，如泥浆、牛奶等。而固-固分离确切地说，应称为分级，即将不同性质、不同尺度或不同密度的固体颗粒分开。一般分为干法分级和湿法分级两种。干法分级如筛分，通过固体颗粒尺度的不同而区分。或者通过固体颗粒的密度差在气流中的沉降速率的不同达到分级的目的，如稻谷和混杂在其中灰砂的分离。湿法分级也同样由于固体颗粒的密度差，则在液体中的浮力和沉降速率的不同而分级，如矿物的浮选、湿法淘金等均属此类。

(2) 平衡分离过程

平衡分离过程借助分离剂，使均相混合物系统变成两相系统，混合物中各组分在处于平衡的两相中的分配系数是不同的，并据此而使混合物得到分离。

在平衡分离过程中，蒸馏是使用频率最高的单元操作之一。当被分离的混合物中各组分的相对挥发度相差较大时，用简单蒸馏就可以满足分离程度。如果组分之间的相对挥发度差别不大，则必须采用多平衡级的连续精馏才能完成分离，所采用的设备称为精馏塔。如果组分之间的相对挥发度差很小，就需要考虑采用恒沸精馏、萃取精馏等特殊精馏方法。通过加入质量分离剂（恒沸剂或萃取剂），以达到提高相对挥发度、将所需的塔板数降低到合理的程度的目的。

对于气体混合物的分离，可考虑采用吸收操作。吸收过程在吸收塔内进行，从塔顶加入质量分离剂（吸收剂），利用各组分在其中的溶解度的差异达到分离目的。通常，降温和加压对吸收过程有利。

蒸发一般是指通过向混合物传入热量，使液体转变为气体的过程，适用于某些组分不易发生相变的混合物分离。

干燥是通过受热汽化，将固体中的液体除去的分离过程。在干燥过程中，气体中蒸汽的浓度远未达到饱和状态，固体上的浓度梯度是导致质量传递的动力。

吸附操作需要使用固体吸附剂，利用各组分被吸附剂的截留程度不同，对液态或气态混合物进行分离。吸附操作可分为物理吸附与化学吸附，组分被截留的原理也不相同。目前吸附过程已经广泛应用于工业生产，如燃料乙醇生产过程深度脱水、气体净化等。

结晶是化工生产中常用的单元操作，通过操作条件的变化，使饱和液体析出结晶，可用于生产小颗粒状的固体产品，如从蔗糖水溶液中生产白砂糖。结晶同时也是提纯过程，通过操作条件的控制，可使杂质留在溶液中而目标产品形成固体结晶分离出来。

冷冻干燥是物质由固体不经液体状态而直接转变为气体的过程，称为升华。一般在高真空下进行。主要应用于从难挥发的物质中除去易挥发组分，例如硫的提纯、苯甲酸的提纯等。有些物质在较高温度下干燥将会引起质量变化，也需采用冷冻干燥，如某些食品的干燥。其逆过程就是凝华。如由反应产物中回收邻苯二甲酸酐。

浸取广泛应用于冶金和食品工业。浸取的主要问题是促进溶质由固相扩散到液相，对此最有效的办法是把固体的尺寸减小，如先粉碎再浸取。

(3) 速控分离过程

速控分离是在某种推动力（如浓度差、压力差、温度差、电位差等）的作用下，有时还借助于透过介质的配合，利用各组分扩散速度的差异实现组分分离的过程。其处理的原料和产品通常属于同一相态，仅在组成上有差别。

膜分离是利用流体中各组分对膜的扩散速率的差别而实现组分分离的单元操作。膜可以是固态或液态，所处理的流体可以是液体或气体，过程的推动力可以是压力差、浓度差或电位差等。

超滤是一种以压力差为推动力，按粒径选择分离溶液中所含的微粒和大分子的膜分离操作。超滤将液体混合物分成透过液和浓缩液两部分。透过液为溶液或在其中含有粒径较小的微粒的悬浮液，浓缩液中保留原料液中较大的微粒。超滤的用途主要是溶液过滤和澄清，以及大分子溶质的分级。

2.4.2.2 分离介质的选择

混合物的分离是非自发热力学过程，因此必须对系统加入能量（分离剂），才能完成分离过程。一些分离过程还需要加入质量分离剂。由于质量分离剂不是目标产品，在完成过程后，必须从物料系统中分离出来，这一过程称为二次分离，它是由于人为地加入质量分离剂所引起的。二次分离产生了额外的能量消耗，如果分离不彻底，质量分离剂可能污染产品，失效后的质量分离剂还会产生环境问题。因此，在选择分离操作时，应首选仅使用能量分离剂的过程。精馏是典型的仅使用能量分离剂的分离过程。此外，精馏分离无论在分离精度、处理量、理论研究、模拟设计、设备设计和加工、操作和自动控制等方面均较成熟，具有明显的优势，常常成为设计者首先考虑的对象。

2.4.2.3 分离过程的经济性

选择分离过程最基本的原则是经济性。然而经济性受到很多因素的制约，这些因素包括对市场的预测，过程的可靠性、技术改造带来的风险和资金情况等。

在进行分离设备的设计时，首先要确定产品的纯度和回收率。产品的纯度决定于它的用途，回收率则保证过程的经济性。要根据价值规律确定产品的纯度，根据不同的需要提供恰好符合要求纯度的产品。化工产品依据不同的纯度和其他技术指标，可分为工业纯、化学纯和分析纯，工业级产品一般又分为一、二、三级。产品纯度越高，分离该产品所需的费用也越高，因为分离高纯度产品往往需要特殊的分离手段或极度的操作条件。回收率牵涉到过程中的循环量问题，高的回收率意味着操作成本的增加，要在产品回收率的增加量和操作费用的增加量之间进行权衡，回收率应是过程设计最佳化的一个变量，但实际上由于受设计工作量的限制，常按经验确定。

2.4.2.4 分离顺序的安排
(1) 通用法则

在对产品进行分离时，应尽量采用以下通用法则：

① 从分离剂种类考虑问题。优先选用仅需加入能量分离剂的过程。以满足精馏分离条件的混合物为例，应优先采用普通精馏，而避免采用需加入质量分离剂的特殊精馏过程。只有在出现恒沸物的物系或关键组分之间相对挥发度小于 1.05～1.10 时，由于普通精馏难以进行分离，才考虑采用萃取精馏或恒沸精馏等特殊精馏方法，并应在下一个分离操作中立即回收质量分离剂。

② 从节能角度安排分离顺序。通过合理安排分离顺序，可以达到降低能量（分离剂）消耗的目的。如多组分混合物在串联的精馏塔组中逐一分离的过程，按挥发度由高至低（沸点由低至高）的分离方案，可以减少重组分的汽化和冷凝，减少过程能耗。

③ 尽快除去腐蚀性组分。腐蚀性组分对设备有腐蚀作用，除去腐蚀性组分可以使后续的设备使用普通的材料，降低设备投资费用。

④ 尽快除去反应性组分或单体。反应性组分会改变分离机理，应尽快除去。单体可能在再沸器中结垢，可采用真空操作，以降低全塔操作温度，致使聚合速率下降。

⑤ 避免采用偏离常态较远的操作方式，如高真空、深冷等。

（2）经验法则

当使用多精馏塔完成多组分混合物的分离时，分离顺序的经验法则为：

① 流量最大的组分最先分离；

② 最轻的组分最先分离；

③ 高收率的组分最后分离；

④ 分离困难的组分放在最后；

⑤ 等摩尔的分割优先。

其中，①和⑤将取决于进料的组成，而②和④则取决于相对挥发度。有时这些经验法则会导致相互矛盾。例如最多的组分又是最重的组分，则①和②就相互矛盾。但就一般情况而言，以上的准则还是行得通的。

为了清晰分割一个三组分的混合物（无恒沸物），既可以先回收最轻的组分，也可以先回收最重的组分。如图 2-8 所示。其中（a）为由轻至重组分的分离方案；（b）为替代方案。

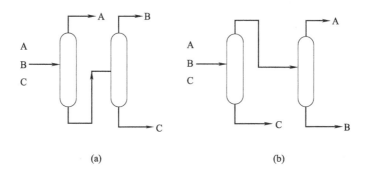

(a)   (b)

图 2-8　三元混合物蒸馏方案

当组分数增多时，替代方案的数量急剧上升，当有 4 个组分时，有 5 种替代方案。当有 5 个组分时，有 14 种替代方案。当有 6 个组分时，将有 42 种替代方案。图 2-9 是五种组分的一种分离方案。表 2-2 列出了分割五组分混合物时可以采用的 14 种替代方案。

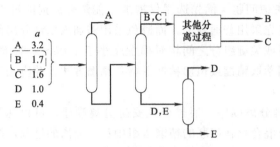

图 2-9 五组分混合物的蒸馏分离方案

表 2-2 五股产品流的塔序

序号	塔 1	塔 2	塔 3	塔 4
1	A/BCDE	B/CDE	C/DE	D/E
2	A/BCDE	B/CDE	CD/E	C/D
3	A/BCDE	BC/DE	B/C	D/E
4	A/BCDE	BCD/E	B/CD	C/D
5	AB/CDE	BCD/E	BC/D	B/C
6	AB/CDE	A/B	C/DE	D/E
7	ABC/DE	A/B	CD/E	D/E
8	ABC/DE	D/E	A/BC	B/C
9	ABCD/E	D/E	AB/C	A/B
10	ABCD/E	A/BCD	B/CD	C/D
11	ABCD/E	A/BCD	BC/D	B/C
12	ABCD/E	AB/CD	A/B	C/D
13	ABCD/E	ABC/D	A/BC	B/C
14	ABCD/E	ABC/D	AB/C	A/B

分离一个五组分的混合物成为 5 股纯物流需要 4 个简单塔（顶部和底部都只有一股物流），但是如果有相近沸点的两个组分留在同一股物流中，则六个组分的分离只需要 4 个塔。

2.5 能量交换过程

能量交换伴随化工生产的全过程，除了换热等纯能量交换单元操作外，化学反应、混合物分离、流体流动等过程也需要进行能量的输入和输出，或发生能量损耗等变化。下面对化工过程中几个重要的生产环节进行能量分析。

2.5.1 流体流动过程的能量分析

根据热力学定律，和外界无热、功交换，但有压力降的流动过程，必定有功的损失。其损耗功可以简化为

$$W_L = \frac{T_0}{T} v(p_1 - p_2) \tag{2-20}$$

式中　W_L——功损耗；

　　　　T_0——环境温度；

　　　　T——液体温度；

v——流体流速；

p_1，p_2——管路两端的流体压力。

要降低流动过程的功损耗，应当尽量减少流动过程的推动力，即减少压力降。体现在管路设计中，应尽量减少管路上的弯头和扩缩变化，以减少管道阻力。由于压力降（p_1-p_2）大致与流速成平方关系，为了减少功损耗，应降低流速，但降低流速要加大管道或设备的直径，投资费用要增加，这是一对矛盾，必须合理地选择经济流速，确定最佳管径。

节流过程是流体流动的特例，流体节流时，压力大幅度下降，焓值不变，但流体熵增很大，因此节流过程是高度的不可逆过程，功损耗很大。在实际生产中，应尽量避免采用节流，而是利用流体的压力做功。

2.5.2 传热过程的能量分析

传热过程的不可逆损耗由两个原因引起，一为流体阻力，二为传热温差。

在传热过程中，若换热器的散热损失忽略不计，高温流体 A 在温度为 T_A 时将热量传给温度为 T_B 的低温流体 B，则传热过程的功损耗为

$$W_L = T_0 Q \frac{(T_A - T_B)}{T_A T_B} \qquad (2\text{-}21)$$

式中，Q 为传热量，取正值。

从传热过程的功损耗来看，换热设备即使没有热损失，热量在数量上完全回收，仍然有功损失。当传热量 Q 一定时，传热过程的功损失正比于传热温差（T_A-T_B）。对一定的传热量而言，为了减少传热温差所引起的功损耗，必须增加传热面积，但增大传热面积，会使换热器的投资费用增加。增加流体的流速可以提高换热器内流体对流传热的给热系数，给热系数大致与流速的 0.8 次方成正比，但同时流动阻力将随流速的 1.75 次方的关系迅速增加，动力消耗所需的运行费用也将按同样的比例关系增加。因此在换热器的优化设计中，要兼顾传热与流动损失，兼顾节能与投资，慎重进行技术经济比较。

式（2-21）还说明，传递单位热量的功损失反比于热、冷流体温度的乘积（$T_A T_B$）。显然，低温传热比高温传热的功损失要大。如果要求 W_L 值恒定，则高温传热允许有较大的传热温差，而低温传热只允许较小的传热温差。对于同样的传热量和同样的传热温差，50K 级换热器的功损失将是 500K 级换热器的 100 倍。减小传热温差，可以通过尽量采用逆流换热、增大传热面积、强化传热以提高传热系数来获得。

2.5.3 分离过程的能量分析

对于非理想溶液，其分离最小功为

$$W = \Delta H_m \left(1 - \frac{T_0}{T}\right) + T_0 R \sum x_i \ln(\gamma_i x_i) \qquad (2\text{-}22)$$

式中，ΔH_m 为混合热效应（即混合焓变）；γ_i 为组分 i 的活度系数。

由式（2-22）可知，对于理想溶液，分离所需的最小功与组分的浓度 x_i 有关，如果分离程度不完全，产品为非纯态物质，则所需的最小功可以相应减少。实际分离过程由于存在各种不可逆因素，消耗的能量大大超过理想功。

(1) 蒸发过程

蒸发操作是工业上常用的单元操作之一，蒸发操作消耗大量的加热蒸汽，此项热量消耗构成了蒸发装置的主要操作费用，并在蒸发的产品成本中占很大比例。如何提高加热蒸汽的

利用率,是蒸发操作所必须考虑的一个问题。图2-10是蒸发过程的简单图示。

工业蒸发操作的热源通常为水蒸气,而蒸发的物料多为水溶液,蒸发时产生的蒸汽也是水蒸气。为了易于区别,将作为热源的水蒸气称为生蒸汽或加热蒸汽,将蒸发产生的蒸汽称为二次蒸汽。两者的区别是温位不同。导致蒸汽温位降低的主要原因有两个:

一是传热需要一定的温差作为推动力,所以汽化温度必低于加热蒸汽的温度;

二是在一定的压力下,溶质的存在造成溶液的沸点升高。

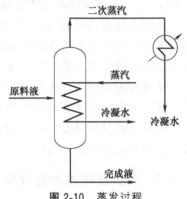

图 2-10 蒸发过程

因此,蒸发操作是高温位的蒸汽向低温位转化,其既需要加热又需要冷却(冷凝)。较低温位的二次蒸汽的利用必在很大程度上决定了蒸发操作的经济性。此外,温度较高的冷凝液和完成液的余热,也应设法利用。可以采用以下技术手段:

① 多效蒸发 从理论上说,1kg的生蒸汽,在单效时可以蒸发1kg的水,$D/W=1$;在双效时可蒸发2kg的水,$D/W=0.5$;在三效时可蒸发3kg的水,$D/W=0.33$;等等。但实际上由于热损失,温度差损失等原因,单位蒸汽消耗量不能达到如此经济的地步。根据经验,最经济的D/W数值如表2-3所示。

表 2-3　蒸发 1kg 水所需的生蒸汽量

效数	单效	双效	三效	四效	五效
D/W	1.1	0.57	0.4	0.3	0.27

② 额外蒸汽的引出 在单效蒸发中,若将二次蒸汽移至其他加热设备内作为热源加以利用,则对蒸发装置来说,能量消耗已降至最低限度。同理,对多效蒸发,若能将末效蒸发器的二次蒸汽有效地利用,也可大大提高生蒸汽的利用率。

③ 冷凝水热量的利用 蒸发装置消耗大量的加热蒸汽,必随之产生数量可观的冷凝水。此冷凝液排出加热室后可用来预热料液。

④ 二次蒸汽的再压缩 在单效蒸发中,可将二次蒸汽绝热压缩,然后送入蒸发器的加热室。二次蒸汽经压缩后温度升高,与器内沸腾液体形成足够的传热温差,可以重新作加热蒸汽用。

(2) 精馏过程

精馏是化学工业中耗能最大的分离单元操作。精馏塔的热量平衡式为

$$Q_S + Q_F = Q_D + Q_C + Q_W \qquad (2-23)$$

式中,Q_S为再沸器的加热量;Q_F为料液带进的热量;Q_D为塔顶产品带出的热量;Q_C为塔顶冷凝器中的冷却量;Q_W为塔底产品带出的热量。

精馏塔的优化设计就是如何回收热量Q_C、Q_D和Q_W,以及如何减少向塔内供应的热量Q_S。

精馏过程中的功损失是由下列不可逆性引起的:

一是流体流动阻力造成的压力降;

二是不同温度物流间的传热或不同温度物流的混合;

三是相浓度不平衡物流间的传质,或不同浓度物流的混合。

图2-11是精馏过程常用的y-x图,图中平衡线和操作线之间所夹面积表明了塔内传热

传质的不可逆程度。因此，操作线越靠近平衡线，精馏过程的不可逆损失就越小，精馏过程所需要的能量就越少。但操作线越靠近平衡线，所需塔板数就增加，使得投资增大。

在精馏过程的设计中，可考虑以下几种措施：

① 预热进料　对进料进行预热，可以用较低温位的热能代替再沸器所要求的高温位热能。对于比较容易分离的体系，把进料一直加热到气相进料的情况下，与沸点液相进料相比，如果固定回流比不变，则情况如图 2-12 所示，精馏段操作线位置不变，提馏段操作线斜率增大，其位置向平衡线靠近，因此精馏操作过程功损失减少，再沸器加热量减少，但所需理论塔板数增多。如果固定再沸器的加热量不变，则塔顶冷却量必增大，回流比相应增大，所需塔板数将减少。如果固定塔板数不变，则回流比增大，装置的塔径和冷凝器增大，但再沸器的加热量减小。因此，料液的预热是有利的。

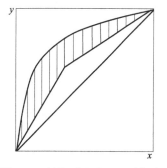

图 2-11　精馏过程的不可逆损失

② 减小回流比　回流比 R 为塔顶回流量 L 与塔顶产品量 D 之比，即

$$R = L/D \tag{2-24}$$

回流比是一个极其重要的工艺参数，精馏装置所需热能很大程度上取决于回流比，同时，回流比还决定着塔板数的多少。回流比的选择是一个经济问题，回流比增大，则能耗上升，而塔板数减少；回流比减小，能耗下降，但塔板数增多。所以要在能量费用和设备费用之间作出权衡。

图 2-13 比较了从最小回流比 R_{min} 到全回流 R_∞ 的四种不同回流比时操作线的变化情况。由图可知，回流比较小，操作线就越往上移而靠近平衡线，功损失就越小，因而热负荷就越小，但塔板数将增加，即设备费加大。当操作线在某一点上碰到平衡线时，回流比达到最小，即 $R = R_{min}$，此时耗能达到最低。

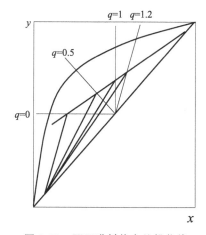

图 2-12　不同进料状态的操作线

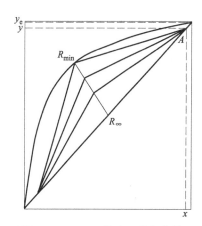

图 2-13　不同回流比下的操作线

即使 $R = R_{min}$ 精馏过程仍然存在不可逆性。精馏过程的操作线表示塔内任意截面处互相接触的两相成分。如图 2-13 中的 A 点，液相成分为 x，气相成分为 y，而与 x 平衡的气相成分是平衡线上的 y_e，$y_e > y$，这个差值就是传质推动力，也就是传质不可逆性的原因。在最小回流比条件下，仅仅在进料截面处气液处于平衡（操作点落在平衡线上），而其他地方，操作线离开了平衡线，仍存在不可逆性。平衡线与操作线之间所夹面积，表明了其不可逆程度。

通常取设计回流比为最小回流比的 $1.2\sim2$ 倍，这主要是考虑到操作控制的问题、汽-液平衡数据的误差以及日后增加产量的需要。但随着能源的短缺和价格的上涨，设计回流比已不断下降。例如乙烯精馏塔的回流比已从原来的 $1.3R_{min}$ 降到 $1.05R_{min}$。减小回流比会使投资增大，因而存在最佳回流比。表 2-4 为理论最佳回流比与能源价格的关系。

表 2-4 理论最佳回流比与能源价格的关系

能源相对价格/%	100	200	400	1000
最佳回流比 R/R_{min}	1.15	1.11	1.067	1.034

在同一体系中，如加大塔板上气液接触的温度差，则板效率增加；相反，如减少该温度差，则板效率降低。减小回流比就降低了气液接触的温度差，所以在确定最佳回流比时，需要考虑回流比和板效率问题。

此外还有多股进料和侧线出料、热泵精馏和多效精馏等措施。

2.5.4 反应过程的能量分析

化学反应必然伴随有吸热或放热，为了保证反应的进行，必须适时地提供热量或移走热量，可以采用各种形式的换热器或在反应物流中添加惰性载热体来实现。在反应过程中，还应尽量提高产品产率，这样将大大节省后序分离操作的能耗并降低原料消耗。

(1) 化学反应热的有效利用或提供

化学反应进行时，大多数情况下都伴有热能的吸入或放出。化学反应热是反应系统所固有的，与反应途径和反应条件无关，一旦化学反应的反应物和生成物确定，反应热也就确定了。如何有效地利用反应过程放出的反应热，或者如何有效地供给反应过程所需的反应热，是化学反应过程节能的重要内容。

对于吸热反应，应合理供热。吸热反应的温度应尽可能低，以便采用过程余热或汽轮机抽汽供热，而节省高品质的燃料。对于放热反应，应合理利用反应热。放热反应的温度应尽可能高，这样所回收的热量就具有较高的品质，便于能量的更合理的利用。

(2) 反应精馏

反应精馏是进行反应的同时用精馏方法分离出产物，这样既可以提高产品的收率，同时又可利用反应热供产品分离。对于可逆反应，当某一产物的挥发度大于反应物时，如果将该产物从液相中蒸出，则可破坏原有的平衡，使反应继续向生成物的方向进行，因而可提高单程转化率，在一定程度上变可逆反应为不可逆反应。例如乙醇与醋酸的酯化反应：

$$CH_3COOH+C_2H_5OH \underset{110℃}{\overset{H_2SO_4}{\rightleftharpoons}} CH_3COOC_2H_5+H_2O$$

此反应是可逆的。由于酯或酯、水和醇三元恒沸物的沸点低于乙醇和醋酸的沸点，在反应过程中将反应产物醋酸乙酯不断蒸出，可以使反应不断向右进行，加大了反应的转化率。

图 2-14 为醋酸-乙醇酯化反应精馏示意图。乙醇 A（过量）蒸气上升，醋酸 Ac 淋下，反应生成酯 E，塔顶馏出三元共沸物，冷凝后分为两层即酯相和水相。

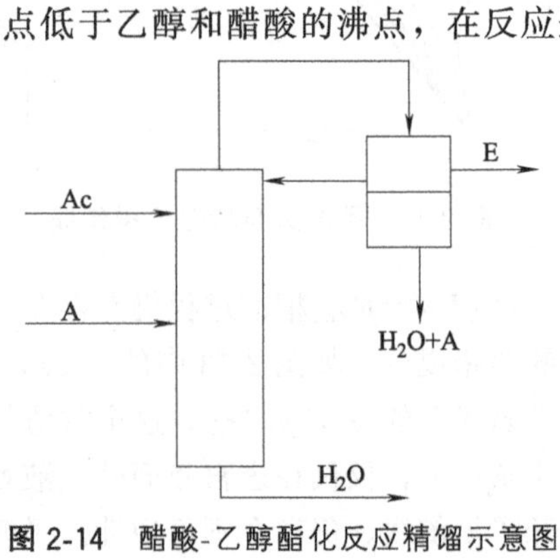

作为一个新型的过程，反应精馏有如下优点：

① 破坏可逆反应平衡，增加反应的转化率及选择性，反应速率提高，从而提高生产能力。

图 2-14 醋酸-乙醇酯化反应精馏示意图

② 精馏过程可以利用反应热，节省能量。

③ 反应器和精馏塔合成一个设备，可节省投资。

④ 对于某些难以分离的物系，可以获得较纯的产品。

但是，由于反应和精馏之间存在着很复杂的相互影响，进料位置、板数、传热速率、停留时间、催化剂、副产物浓度以及反应物进料配比等参数即使有很小的变化，都会对过程产生难以预料的强烈影响。因此，反应精馏过程的工艺设计和操作比普通的反应和精馏要复杂得多。

2.6 间歇/半连续过程

间歇过程/半连续过程是化学过程中一个重要组成部分，在轻工食品、生物医药、精细化学品等领域占据 50%～80%份额。间歇过程的优势在于生产的灵活性，同一系列的生产设备可以根据市场的需要组织多产品的生产。

间歇过程又称为分批过程，指多个操作步骤在同一个位置（或称同一设备）而在不同的时间点进行，原料按规定的加工顺序和操作条件在一个设备中进行加工，达到操作终点排放出成品，完成一个操作循环。间歇过程通常是多产品或多目的生产，生产操作的形式多样化，间歇过程可能有并联操作，也可能有串联操作。

半连续操作过程是指周期性的开车、停车，但在操作周期里连续运行的过程。

2.6.1 间歇/半连续过程的特征

(1) 非稳定性

间歇过程具有明显的非线性特征，操作参数随时间不断变化。例如一个间歇反应器，原料在反应器中须先加热，达到反应温度开始反应，反应终了时须降温或排放，在整个过程中控制系统须不断改变过程的操作才能获得合格的成品。

(2) 周期性

一个间歇设备的基本操作过程包括进料、加工、排放、清洗，等待下一批进料。这样构成了一个操作循环。生产按照一定周期反复进行，因此合理安排操作时间成为间歇操作的重要工作之一。

(3) 多样性

间歇过程的多样性表现为一套生产设备可以生产多种产品，或调节多种产量，可以少到数千克，也可大到数吨、数十吨。其操作的控制范围很大，要求具有较大的操作柔性。

2.6.2 间歇过程与连续过程的比较

① 间歇过程与连续过程的时空转换。从时间上考察，连续过程在同一时间将一系列工艺操作放在不同的设备中进行，每一个设备（空间）仅完成其中的一个操作，如加热、冷却、分离、反应等。将所有的操作连接起来形成完整的生产过程。所以连续过程是同一时段里空间的累积。间歇过程则是在一个设备（空间）中顺序地完成一系列工艺操作，所以间歇过程是在一个空间中时间的累积。图 2-15 显示了两者的区别，图中 t 为时间，v 为空间。

② 连续过程的操作，在正常情况下处于稳态或近稳态状态，这样可以保持操作处于最优状态，以获得最高效率。间歇过程操作始终处于不断变化的动态过程，为应对多产品目

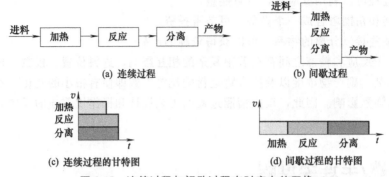

图 2-15　连续过程与间歇过程在时空上的互换

标，间歇设备大都采用弹性设计，兼容性大，但不能保证每种产品的生产操作都处于最优状态。

③ 间歇过程具有周期性。生产按照一定的顺序反复进行，形成一个循环。间歇设备或工艺过程的基本操作顺序是：准备、进料、加工、等待排放、排放、清洗、等待接受下一批进料。

● 思考及练习

2-1　过程工业的特征是什么？它与产品工业的主要区别是什么？

2-2　试述单元操作的定义，以及单无操作的概念对化工工艺过程所起的作用。

2-3　什么是"三传一反"，分别叙述每个过程的特点。

2-4　一个生产过程的结构应从哪几个层次进行分析？

2-5　某化工产品的生产过程由 4 个化学反应组成，试按工艺过程阶段组成流程原则框图。

2-6　理解和阐述混合物分离方法和选择原则。

2-7　比较连续过程和间歇过程。

主要参考文献

[1]　江体乾. 化工工艺手册 [M]. 上海：上海科学技术出版社，1992.

[2]　李绍芬. 化学与催化反应工程 [M]. 北京：化学工业出版社，1986.

[3]　陈洪钫，刘家祺. 化工分离过程 [M]. 第 2 版. 北京：化学工业出版社，2014.

[4]　王静康. 化工过程设计 [M]. 第 2 版. 北京：化学工业出版社，2006.

[5]　（美）J. M. Douglas 著. 化工过程的概念设计 [M]. 蒋楚生，夏平等译. 北京：化学工业出版社，1994.

[6]　（美）A. L. Myers，W. D. Seider 著. 化学工程与计算机计算导论 [M]. 王庆田，苗延秀等译. 北京：化学工业出版社，1982.

第3章

计算机辅助设计

计算机辅助设计是指设计人员利用计算机及其连接的图形设备等进行设计工作，简称CAD。计算机辅助设计的概念和内涵是随着计算机、网络、信息、人工智能等技术或理论的进步而不断发展的。CAD技术是以计算机、外围设备及其系统软件为基础，包括二维绘图设计、三维几何造型设计、优化设计、仿真模拟及产品数据管理等内容，逐渐向标准化、智能化、可视化、集成化、网络化方向发展。

在化工设计中，计算机可以帮助设计人员担负工程计算、信息存储和化工制图等工作。计算机辅助流程设计可对不同工艺流程方案进行大量的计算、分析和比较，以确定最优方案；各种设计信息，不论是数字的、文字的或图形的，都能存放在计算机的内存或外存里，并能快速地检索与跟踪；设计人员可将工艺流程图、设备装配图、管道布置图等繁重的绘图工作交给计算机完成，并完成一些手工绘图难以完成的图形数据加工工作。计算机辅助设计贯穿于化工设计全过程，这给化工工业设计带来了巨大变化。计算机辅助设计在化工设计的流程数据管理和产品表现中发挥强大的工具化作用。在工程设计实际应用过程中，促进了化工设计新理念的发展。

随着社会各领域全球化和信息技术的高度发展，化学工业正在发生深刻变化，将逐步实现全盘信息化，从产品开发到生产装置的生产运行都会在计算机辅助或控制之下。化工生产过程多是连续的和复杂的，涉及许多原料、辅料、中间产品、成品和副产品，往往经过许多设备和机器，有时还有若干物流在系统中循环。在手工设计计算时要经过多次迭代计算，十分烦琐费时，而应用计算机进行设计计算就很方便有效。

目前，国际知名工程公司已经通过建立服务器、工作站和微机终端的计算机网络系统，实现了各类应用及不同专业设计软件的一体化，以及设计、订货、采购、施工等各阶段的集成化。从项目的评估、规划、可行性研究、工艺过程设计、装置设计、建设工作前期准备直到施工管理、开车、培训、维护等一系列过程都可以由计算机来完成。所有设计图纸和资料以及原始条件均用电子资料保存，实现全过程"无图纸"设计。随着我国国际项目合作和竞标日趋广泛，要与国际上的工程公司合作承接项目，在国外工程招标中竞争夺标，应用和开发化工设计软件是非常重要的，特别是在化工和石化行业的发展过程中，化工设计软件的应用有可能起到关键性甚至是决定性的作用。

3.1 计算机辅助流程模拟

在化工设计中，通常首先要确定装置的基本工艺流程，该流程对设计非常重要，它是后续设计的基础，是装置能否达到预期设计能力和产品质量的前提。工程技术人员利用计算机强大的运算能力完成单元操作计算和多组分体系平衡计算，进行多种方案设计计算，选择最适宜的工艺流程。计算机辅助流程模拟，是利用计算机强大的运算能力完成单元操作计算和多组分体系平衡计算，进行多种方案设计计算，选择最适宜的工艺流程。相比手工计算，用计算机进行流程模拟可以节约大量时间，在有限时间内提供更多可供选择的技术方案。

具体来说，化工流程模拟是根据化工过程的数据，如物料的压力、温度、流量、组成和有关的工艺操作条件、工艺规定、产品规格，以及一定的设备参数，如蒸馏塔的板数、进料位置等，采用适当的模拟软件，将一个由许多个单元过程组成的化工流程用数学模型描述，用计算机模拟实际或设计的生产过程，在计算机上通过改变各种有效条件得到所需要的结果。流程设计是化工设计的重中之重，工艺流程方案涉及原料加工成为产品的方法，包括生产工艺、生产方法、工艺设备和技术方案等，需要进行大量的计算、分析、比较和优化工作。化工过程流程模拟就是借助计算机对化工生产过程进行求解和数字化描述。化工过程流程模拟已成为化学工程师设计新装置和对现有装置进行改进操作的重要工具。在化工设计中，首先涉及流程的稳态模拟，其核心是：物料和能量衡算；设备尺寸和费用计算；过程的技术经济评估。除稳态模拟外，还有流程动态模拟、过程优化、过程合成、能效分析及安全性和可靠性分析。这些内容在工程设计中将变得日益重要。

3.1.1 流程稳态模拟与优化

3.1.1.1 过程模拟基本概念

化工设计过程中需通盘考虑化工生产全过程，必须学会应用过程系统工程的原理和方法，才能有效地解决相关过程工程问题。以化工过程系统为对象建立数学模型的过程称为化工过程模型化，求解数学模型的过程称为模拟。建立过程系统的数学模型是以对象过程的物理、化学过程机理为依据，并经过过程系统的物理模型或生产装置进行校正和确认的，所以化工过程数学模型始终处于修正、改进和完善的过程中。要在化工过程模拟领域开展有效的工作，工程技术人员必须熟悉化工过程系统及其机理，建立正确的数学模型，选用合适的计算方法，明确物料物性计算方法。

化工过程具有多样性与复杂性，一个化工过程系统 A 是比较复杂的系统，要预测其运行效果，可以通过找到一个比较简单、操作特性与系统 A 相同但比 A 容易进行试验或解算的系统 B，借助试验 B 的系统性能来预知 A 的效果。也就是通过一个更为简单、方便和经济的性能相似的系统 B 来模仿系统 A 的性能，建立数学模型的过程称为模型化，求解数学模型的过程称为模拟，系统 B 称为系统 A 的模型。如果系统 B 与系统 A 不仅相似而且物理化学过程本质也一样，只是规模尺寸不同，这种模拟称为物理模拟。如果系统 A 和系统 B 只是过程描述方程式相同，过程物理化学本质不同，这类模拟称为类似模拟。如果模拟系统 B 是一组数学方程，能够足够准确地描述化工过程 A，为了知道化工过程 A 的特性，在计算机上对 B 进行数字解算就可以了，这种方法叫做数学模拟。

化工过程数学模型是由描述过程的数学方程与约束条件（边界条件）组成。按数学描述的本质分类，可以分为机理模型与经验模型。机理模型是指通过分析化工过程的物理化学本质和机理，利用化学工程学的基本理论来建立描述过程特性的数学方程组和边界条件，具有明确的物理意义。经验模型指直接与各种实验数据或生产实测数据为依据，基于输入输出的对应关系的方程组和边界条件。根据模型的时态本质，可以分为稳态模型与动态模型。稳态从数学上讲，往往涉及代数方程组。动态模型考虑参数随时间变化的关系，反映过程在外部干扰作用下引起的不稳定过程，在模型中，时间是一个自变量，在数学表现上往往是常微分方程组。依据对象的属性不同，化工过程数学模型可分为确定模型、模糊模型和随机模型。确定模型指每个变量对任意一组给定的条件取一个确定的值或一系列确定值时，这种模型称为确定模型。模糊模型指输入、输出状态变量具有模糊性关系的数学模型。其根本特征在于模糊集，以往的集合论中元素是"分明的"，即其从属函数或取 1 或取为零；而模糊集合中的元素的从属函数可在 0～1 中连续取任意值。随机模型用来描述一些不确定性的随机过程，这些过程服从统计概率规律。用来描述这种过程的输入输出关系的变量或参数所取的值是无法准确知道的。

化工设计中涉及的过程中的数学模拟计算已从过程和设备的模拟发展到一个化工厂的全程模拟。进行过程系统模拟的一般步骤有：①需要立足于坚实工程实践基础上的创造性思维，明确研究目标和预期结果；②建立数学模型，根据问题定义，写出相关衡算方程和过程机理关联式，作出可行的假定，进行必要的实验室实验，并获得有关工程数据；③选择计算方法、策略或计算机软件；④对模拟结果进行合理性的评价，模拟结果是否已恰当地表达了实际过程并进行正确的解释，研究各种备选方案，提出修改、更新和完善措施。

依据化工模拟对象性质，所建立的数学模型一般说来涉及下列方程组。①物料衡算和能量衡算方程。这组方程考虑物料的流量、温度、组成及其他相关性质。②物流局部微元的基本过程。过程参数随空间位置变化时，需要对传质、传热过程和化学反应过程进行局部微元的描述。③各种过程参数间理论的、半经验的或纯经验的关联式，例如传质系数和物流速度的关联式，物流的热容及其组成的关联式等。④对过程参数的约束。模拟某些过程时，必须注意客观存在的对某些参数变化的范围的约束。

化工过程的开发更多是由实验室中的试验和计算机上的数学模拟两个部分组成的，利用实验室中获得的结果及前人积累的对过程物理化学规律的认识，建立一个描述过程的初级模型，然后通过与各种实验核对，不断修改数学模型，尽可能地把对这一过程的正确认识都反映到数学模型中，这样得到的数学模型就成为放大设计的基础，如果数学模型建立得好，就可以大大减少实验工作量，提高放大倍数。然而数学模型模拟放大能减少多少试验工作量要视具体化工过程而定。如果开发的过程只是单纯的物理过程（如精馏、吸收等），往往只需要小型试验测定基础数据（如相平衡数据），而不需要经过中间试验。但如果开发的过程涉及化学反应器，则模型试验乃至中间试验往往不可避免。一般来说，均相反应器试验可以做得小一些，多相催化反应器则试验要做得大一些。借助于数学模型，近代不论是对化学反应过程还是对分离过程的放大倍数已有显著提高。

化工设计计算的核心环节是工艺设计，由许多迭代和集成步骤组成，工艺设计计算又基于建立在单元操作数学模型基础上的流程系统数学模拟，也就是通过整个系统的物料与热量衡算来确定各部位流股的温度、压力及组成从而显示流程系统的性能。采用计算机模拟技术进行化工设计不但使工作效率大为提高，而且便于多种方案评比甚至最优化，所以也使设计质量大为提高。工艺设计模拟水平的高低，成为显示化工设计实力，提高化工设计效益，提高化工设计技术水平、工作质量和工作效率的象征。

化工过程模拟是过程优化的基础。化工过程系统优化是实现过程系统优化设计、优化操作、优化控制和优化管理的数学手段。最优化就是寻求最好的方式去解决最优化问题，它不仅要找出问题的最优解，而且要提高求解的效率，尤其是对高度复杂性和实时性要求高的问题，效率上的差别将对整个事件的成功与否产生重要影响。过程优化又有两个不同层次的概念：过程系统结构优化和过程参数优化。过程系统结构优化是指一个工艺流程结构是否合理，这是过程综合问题。对于一定的原料条件和最终产品要求，如何找到一个最佳的工艺流程来完成任务，这种优化涉及不同工艺路线、不同制造加工方案的选择，是高级层面上的优化。过程参数优化是指工艺流程确定条件下，使这个流程内部的每一个环节、每一个单元都处于最佳状态下运行，从而使整个流程的总体性能达到最优。为此，就需要找到每个单元设备的操作参数的最优值。

过程系统综合是指按规定的系统特性，寻求所需的系统结构及其各子系统的性能，并使系统按规定的目标进行最优组合。从数学上讲，第一个决策可表示为整数规划问题，第二个决策是非线性规划问题。过程系统综合大都是一个高维混合整数非线性规划问题，而且是一个多目标优化问题，包括过程系统的经济性、环境影响、操作性、可控性、安全性和可靠性等指标。过程系统集成包括能量集成和质量集成两个主要方面，相伴随的是信息集成。过程能量集成是以合理利用能量为目标的全过程系统综合问题，把反应、分离、热回收和公用工程子系统一体化地考虑能量的供求关系以及过程结构、操作参数的调优处理，达到全系统能量的优化综合。能量集成是以换热器网络综合为基础的。换热器网络综合是针对确定的冷、热工艺流股的质量流量和温度以及冷、热公用工程的类型和品位，而能量集成则可以根据全局系统中能量的供求关系去调整工艺流股和公用工程流股的参数。包括设定燃料、联产功、设置中心公用工程用于多个装置的联合，以及污染物处理等，寻求全局的能量优化。过程系统能量集成研究的对象是大规模的具有强交互作用的复杂系统，由于其理论方法上的挑战性、对工业界巨大经济效益的吸引，以及可持续发展战略的驱动，促使这一领域日益活跃。质量交换网络综合提出的原始动机是预防污染，是过程系统综合中的年轻的研究领域，侧重于过程的物质流动，以清洁生产为目标处理物料和废物，与换热器网络综合问题对比，质量交换网络涉及多组分的相平衡关系以及直接接触的传热与传质同时进行的过程，问题的复杂性明显增大。质量集成是在质量交换网络综合的基础上发展起来的。质量交换网络一般限于采用能量分离剂和质量分离剂进行的分离操作，而且其流股的反应去向和分配已经确定下来了。质量集成考虑物质的总体分配包括过程中物质的利用、循环、截断，流股的分隔、混合等，涉及把所有物质转化为最有价值产物的路径，有效地生产理想产品，使副产物和废物最小化。质量集成和能量集成是密切相关的，共同构成过程系统集成设计的方法论基础。

3.1.1.2 过程模拟与计算

过程模拟有系统模型、物性数据和热力学方法及算法三个必不可少的基本要素。对于化工过程，主要是系统的物料衡算、能量衡算、相平衡和化学平衡、化学反应动力学、传质传热速率方程及传递系数等。单元模型是流程系统模型的基础。单元模型实际上是指各种过程单元操作的模型，而不受过程设备的局限。对流程系统，其单元模型首先包括描述流程系统中各单元设备性能的模型。基于过程机理建立数学模型需要足够和可靠的化学工程和工艺知识，才能推导出正确的原始代数或微分方程式。这些方程式的推导基于质量衡算和能量衡算关系。

单元操作中，可以把流体性质分成以下四类：①质量，以密度 ρ 表示；②组分，各组分以浓度 c_i 表示；③热量，以 $\rho C_p T$ 表示；④动量，以 ρu 表示。这四类性质在质量衡算和能量衡算中表现出相似性，可统一用 Γ 来表示。以某一流体微元为对象，建立模型各类性质的描述性方程（图 3-1）。设流体流速为 u，对于性质 Γ（ρ、c_i、ρC_p、ρu），根据连续性方程：

$$\frac{\partial \Gamma}{\partial t} + \nabla(\Gamma u) = 0 \tag{3-1}$$

式中，∇为散度，其定义式为：

$$\nabla u = \frac{\partial u_x}{\partial x} + \frac{\partial u_y}{\partial y} + \frac{\partial u_z}{\partial z} \quad (3\text{-}2)$$

由式：［输入速率］－［输出速率］＋［源］＝［累积速率］，可得

$$0 = \frac{\partial (\Gamma u)_x}{\partial x} + \frac{\partial (\Gamma u)_y}{\partial y} + \frac{\partial (\Gamma u)_z}{\partial z} + \frac{\partial \Gamma}{\partial t} \quad (3\text{-}3)$$

不同性质 Γ（ρ、c_i、ρC_p、ρu）的连续性方程分别表示为：

① 质量，$0 = \partial(\rho u) + \dfrac{\partial \rho}{\partial t}$；

② 组分，$0 = \partial(c_i u) + \dfrac{\partial c_i}{\partial t}$；

③ 热量，$0 = \partial(\rho c_p T u) + \dfrac{\partial(\rho c_p T)}{\partial t}$；

④ 动量，$0 = \partial(\rho u^2) + \dfrac{\partial(\rho u)}{\partial t}$。

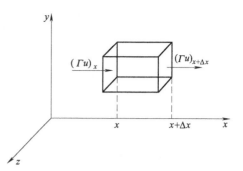

图 3-1　流体微元图

过程系统有别于其他工业系统的重要一点，就是其中物料会发生种种状态的和组成的变化。为了进行这方面的分析，必然要有这些物料的各种物性数据。但存放在物性数据库中的物性往往是最基础的物性（如分子量、沸点、临界温度、临界压力、临界体积、偏心因子等），而流程模拟计算中用到的物性则是特定温度和压力下的性质，这就需要应用物性计算的热力学模型来解决。

化工工艺流程设计是工艺设计的基础，是进行系统、管道、控制、设备和公用工程系统设计的依据。当今化工工艺流程设计追求的是技术、经济和社会性的高度统一，是一个多目标决策问题，它依靠大量的科学数据和专有技术作为设计的基础，以化工装置工业化生产经验作为工艺成果成功的重要保证，同时还需要大量化工知识的集成。流程是由过程单元加单元连接关系组成的。单元模型方程与流程连接方程构成过程系统的基本模型。单元模型方程与流程连接方程构成过程系统的基本模型只能用来解决模拟型问题，如要解决设计型问题，则模型中要加上表述设计要求的方程。设计要求方程是表明某些变量应同代表着设计规定值的另一些变量相等的等式关系。有时要求等于设计规定值是几个变量的某种综合体现。在单元模型中必然要涉及物性数据，这就需要物性关联式。用于解决模拟型问题的模型是最基本的一种，它不包括表述设计规定方程、优化方程的部分。由于它只表达过程系统的工况特性关系，也可称为工况模型，以区别于用于解决设计型问题、优化型问题的模型。

对于具体的流程系统要灵活运用一般原理和方法。面对要模拟的流程通常采取如下做法。首先，全面了解系统的工艺流程，所采用的原料，经历的加工步骤，获取的产品；采用的过程设备，所控制的工艺参数等。其次根据所涉及物料的种类和状态收集流程涉及组分的基础物性。再根据所涉及物料的种类和状态选择或开发适宜的物理化学性质计算方法。然后进行过程单元的模型化和模拟。除了选用一般模拟器中已有的模块外，还要针对所遇到的特殊情况开发出专用的单元模块。最后选择或开发适合本问题的系统模拟方法，完成对流程系统的模拟分析。

利用通用流程模拟系统软件进行流程模拟，一般分为以下几步。

① 分析模拟问题。这是进行模拟必须首先要做的一步。针对具体要模拟的问题，确定

模拟的范围和边界，了解流程的工艺情况，收集必要的数据（原始物流数据、操作数据、控制数据、物性数据等），确定模拟要解决的问题和目标。

②选择流程模拟系统软件，并准备输入数据。针对第一步的情况，选择用于流程模拟的模拟软件系统（看是否包括流程涉及的组分基础物性，有否适合于流程的热力学性质计算方法，有否描述流程的单元模块等情况确定）。选择运行流程模拟软件系统后，进行必要的设置（如工作目录、模拟系统选项、输入输出单位制设置等，要根据不同的流程模拟系统情况进行具体设置），针对要模拟的流程进行必要的准备，收集流程信息、数据等。然后准备好软件要求的输入数据。

③绘制模拟流程。利用流程模拟系统提供的方法绘制模拟流程，即利用图示的方法建立流程系统的数学模型。虽然，表面看是绘制流程，实际是建立流程系统的数学模型。绘制的流程描述了流程的连接关系，描述了所包括的单元模型。不同的流程模拟系统具有不同的绘制方法和风格，要参考其用户手册。

④定义流程涉及组分。针对绘制的模拟流程，利用模拟系统的基础物性数据库，选择模拟流程涉及的组分。选择组分等于给定这些组分的基础物性数据，只是这些数据存放在流程模拟系统的数据库中，流程模拟系统自动调用。有些模拟系统的数据库是开放的，使用者可以看到组分的基础物性数据，甚至可以修改基础物性数据（模拟系统数据库的数据具有较高的权威性，一般不宜修改，若有确切的证据证明数据错误或不准确，用户可以修改），添加基础物性数据（流程模拟系统数据库中有缺项，而且流程模拟时又要用到必须填加，否则可不填）。有些流程模拟系统是部分开放的，使用者可以看到组分的部分基础物性数据。对于一些流程，可能涉及一些流程模拟系统的物性数据库中没有的组分，此时需要用户收集或估算这些组分的基础物性，采用用户扩充数据库（用户数据库）的办法，输入物性数据。对于一些复杂过程，由于反应的复杂性，少量的反应副产物未知，此时，对极少量的组分可以忽略其存在或选取流程模拟系统的物性数据库中类似的组分代替或采取扩充组分的办法。应注意的是，流程涉及组分的基础物性对模拟结果具有很大影响，直接关系到模拟结果的准确性和精确度，要给予高度重视。对于复杂过程，往往在这方面需进行大量的工作。

⑤选择热力学性质。计算方法流程模拟、分析、优化及设备设计都离不开物性计算，如分离计算要用到平衡参数 K 的计算，能量衡算离不开气液相熔的计算，压缩和膨胀离不开熵的计算等。因此，热力学性质计算方法的好与坏，直接影响着流程模拟、分析、优化及设备设计计算结果的精度和准确性。物性方法就是用来计算热力学性质和迁移性质的方法和模型。热力学物性：逸度系数（K 值）、熔、熵、吉布斯自由能和体积等。迁移性质：黏度、热导率、扩散系数和表面张力等。由于物质的复杂性和多样性，到目前还没有一种很好的能适用于各种物质及其混合物的各种条件的通用热力学性质计算方法。选择适合的热力学性质计算方法成为流程模拟、分析、优化及设备设计计算成功的关键。热力学性质计算方法选择的一般原则是：对于非极性或弱极性体系，可采用状态方程法，该方法利用状态方程计算所需的全部性质和气液平衡常数；对于极性体系，采用状态方程与活度系数方程相结合的组合法，即气相采用状态方程法，液相采用活度系数计算，液相的其他性质采用状态方程或经验关联式法。热力学方法的选择要求模拟系统的使用者具有一定的化工热力学理论知识和对各种热力学方法有较深刻的认知。

⑥输入原始物流及模块参数。通过以上几步，模拟流程的模型建立完全，此时只要使用者提供必要的输入数据即可进行模拟。所需的数据主要是从外界进入的原始物流数据（流量、温度、压力、组成等）、单元模块参数（设备数据、操作参数、模块功能选择信息等）。

⑦ 运行模拟。至此，流程系统模型构建完毕，模拟所需数据齐全。一般流程模拟系统会检查数据的完整性和准确性，若一切准备就绪，模拟计算工具条会处于可运行状态；否则数据不完整或有错误，模拟计算工具条会处于不可用状态。模拟系统利用构建的流程模型、提供的基础物性数据、选择的热力学性质计算方法、输入的数据，采用一定的模拟计算方法（目前，常用的是序贯模块法，但是未来联立方程法将成为主流）进行模拟计算，得到物料、能量衡算结果。

⑧ 分析模拟结果。对流程模拟得到的结果要进行认真的分析，分析结果的合理性和准确性。这是因为：虽然现代流程模拟系统已趋成熟，但不能完全认为流程模拟系统的计算结果就是正确的。流程模拟系统的计算结果取决于组分基础数据、热力学性质计算方法选择、单元模块适用范围、用户输入的物流数据和模块参数数据的正确性等。因此，对流程模拟结果进行认真、细致的分析评价是非常重要的；要对输入的数据和选择进行认真检查；要将模拟结果与实验数据或生产数据进行比较分析，确定结果的合理性和正确性。对模拟计算结果不进行认真的分析是流程模拟初学者经常犯的错误。对发现的问题，及时判明原因，进行必要的修改和调整，重新进行模拟计算，直到得到合理、准确的结果为止。对模拟结果的正确性的判断，往往是非常费时和困难的，特别是对非常复杂的模拟问题。但是不管怎样，要利用一切可以利用的知识和经验进行判断、分析，得出比较合理的结论。这是有经验的与无经验的流程模拟者的重要区别之所在。

⑨ 运行模拟系统的其他功能。一旦模拟成功，可以利用流程模拟系统的其他功能，如工况分析、设计规定、灵敏度分析、优化、设备设计等功能进行其他计算。最后，输出最终结果，输出模拟计算结果。

3.1.2 过程模拟软件介绍

随着计算机硬件、软件和数据库技术的进步，计算机辅助化工过程设计软件的开发和应用发展极为迅速，出现了大量的较为成功的模拟系统软件，如 Aspen Plus、Process、ChemCAD 等。化工设计软件包括过程模拟软件、流程模拟与综合软件、设备分析和模拟软件、热工专业软件、系统专业软件、安全环保专业软件、经济分析与评价软件、工艺装置设计软件等诸多类别，用计算机辅助化工设计改造传统的设计方式，不但可以增加效率，节约成本，而且也提高了设计质量。简单地说，化工流程模拟软件的作用有如下几种用途。

① 合成流程，有经验的设计人员常用探试规则合成初始流程，根据不同的探试规则常能生成几个不同的流程方案，最终判断流程的优劣需要对几个方案全流程的物料、能量以及单元设备进行计算才能得出结论。没有流程模拟软件，要在一定时间内完成如此繁杂的工作是非常困难的，只能根据设计师的主观判断或少量方案的比较结果做出决策，多数情况下不能得到最优的流程。

② 工艺参数优化，通过精确模拟装置操作，可预测操作参数、流程或设备改变对装置性能产生的影响，优化装置生产条件，如用流程模拟软件才能快速而全面地进行精馏塔参数优化、灵敏度分析或直接优化。也可对现有生产装置的运行情况进行严格的计算，根据计算结果提出可靠的调整方案，优化装置操作。现在很多装置都采用 DCS（数据控制系统）控制，通过流程模拟软件和 DCS 的接口，可以把实际装置运行的数据采集进来，进行在线的和离线的调优，国内已有实际运行案例。

③ 设计单元操作，流程模拟软件可以认为是一个具有各种单元设备的实验装置，能得

到一定物流输入和过程条件下的输出。例如可以用闪蒸模块来研究泵的进口是否会抽空，减压阀或调节阀后液体是否会汽化，为保持所需要的相态所应有的温度和压力等；也可利用精馏模块来研究进料组成变化对塔顶、塔底产品组成的影响和应怎样调节工艺参数，为设计和操作分析提供定量的信息。

④ 参数灵敏度分析，设计所采用的数学模型参数和物性数据等有可能不够精确，在实际生产过程中操作条件有可能受到外界干扰而偏离设计值，因此一个可靠的易控制的设计应该研究这些不确定因素对过程的影响以及采取什么措施才能保证操作的稳定性，流程模拟为参数灵敏度分析提供了快捷的工具。

流程模拟软件又分通用型和专用型，专用型软件只适用于一种或几种工艺过程，下面介绍几款通用型软件。

（1）Aspen Plus

Aspen Plus 是一个生产装置设计、稳态模拟和优化的大型通用流程模拟系统，是举世公认的标准大型流程模拟软件。Aspen Plus 是工艺流程模拟、工厂性能监控、优化等贯穿于整个工厂生命周期的行为研究工具。可以用来回归试验数据、初步设计流程、严格计算物料和能量平衡、确定主要设备尺寸和在线优化完整的工艺装置。Aspen Plus 支持规模工作流，从简单的、单一的装置流程到巨大的、多个工程师开发和维护的整厂流程。它采用分级模块和模板功能使模型的开发和维护更为简单。其主要特点有：

① 产品具有完备的物性数据库。Aspen Plus 具有最适用于工业且最完备的物性系统。许多公司为了使其物性计算方法标准化而采用 Aspen Plus 的物性系统，并与其自身的工程计算软件相结合。Aspen Plus 数据库包括将近 6000 种纯物质的物性数据，包括约 900 种离子和分子溶质估算电解质物性所需的参数，包括约 3314 种固体的固体模型参数，包括水溶液中 61 种化合物的 Henry 常数参数。Aspen Plus 是唯一获准与 DECHEMA 数据库接口的软件。该数据库收集了世界上最完备的气液平衡和液液平衡数据，共计二十五万多套数据。用户也可以把自己的物性数据与 Aspen Plus 系统连接。

② 产品集成能力强。以 Aspen Plus 的严格机理模型为基础，形成了针对不同用途、不同层次的 Aspen Tech 家族软件产品，并为这些软件提供一致的物性支持。如 Polymers Plus，在 Aspen Plus 基础上专门为模拟高分子聚合过程而开发的层次产品，已成功地用于聚烯烃、聚酯等过程。Aspen Dynamics，在使用 Aspen Plus 计算稳态过程的基础上，转入此软件可接着计算动态过程。

③ 强大的模型/流程分析功能。Aspen Plus 的分析模块有灵敏度分析、工况研究、计算器、设计规定、数据拟合和优化功能。

④ 结构完整。除组分、物性、状态方程之外，还包含通用混合、物流分流、子物流分流和组分分割、闪蒸、通用加热器、单一的换热器、严格的管壳式换热器、多股物流的热交换器、液液单级倾析器，基于收率的化学计量系数和平衡反应器，连续搅拌釜、柱塞流、间歇及非间歇反应器，单级和多级压缩和透平，物流放大、拷贝、选择和传递，压力释放计算，文丘里涤气器，静电除尘器、纤维过滤器、筛选器、旋风分离器、水力旋风分离器、离心过滤器、转鼓过滤器、固体洗涤器、逆流倾析器、连续结晶器等模块。

（2）PRO/Ⅱ

PRO/Ⅱ 是美国 Simsci-Esscor 公司开发的化工流程模拟软件，Simsci 公司在烃加工行业的先进技术一直被公认为业界最高标准。PRO/Ⅱ 软件 20 世纪 80 年代进入中国。PRO/

Ⅱ流程模拟程序广泛地应用于化学过程的严格的质量和能量平衡,从油气分离到反应精馏,PRO/Ⅱ提供了最广泛、最有效、最易于使用的模拟工具,广泛用于油气加工、炼油、化学、化工、工程和建筑、聚合物、精细化工和制药等行业。

Simsci 的计算模型已成为国际标准。PRO/Ⅱ有标准的 ODBc 通道,可同换热器计算软件或其他大型计算软件相连,还可与 Word、Excel、数据库相连,计算结果可在多种方式下输出。在实用性上,PRO/Ⅱ要比其他同类软件更具优势,主要是该软件的开发思路就是针对炼油化工行业,Simsci 的计算模型已成为国际标准,公司拥有一批技术专家从事售后支持,可以解答用户所遇到的疑难问题。我国原使用 Aspen 软件的单位,如 BPEC、BDI、中国寰球工程公司等认为 PRO/Ⅱ数据库中有不少经验数据。

（3）ChemCAD

ChemCAD 是由 Chemstations 公司推出的一款极具应用和推广价值的软件,它主要用于化工生产方面的工艺开发、优化设计和技术改造。由于 ChemCAD 内置的专家系统数据库集成了多个方面且非常详尽的数据,使得 ChemCAD 可以应用于化工生产的诸多领域,而且随着 Chemstations 公司的深入开发,ChemCAD 的应用领域还将不断拓展。ChemCAD 的应用范围包含了化学工业细分出来的多个方面,如炼油、石化、气体、气电共生、工业安全、特殊化学品、制药、生化、污染防治、清洁生产等。它可以对这些领域中的工艺过程进行计算机模拟并为实际生产提供参考和指导。ChemCAD 内置了功能强大的标准物性数据库,它以 AIChE 的 DIPPR 数据库为基础,加上电解质共约 2000 多种纯物质,并允许用户添加多达 2000 个组分到数据库中,可以定义烃类虚拟组分用于炼油计算,也可以通过中立文件嵌入物性数据,是工程技术人员用来对连续操作单元进行物料平衡和能量平衡核算的有力工具。使用它,可以在计算机上建立和现场装置吻合的数据模型,并通过运算模拟装置的稳态和动态运行,为工艺开发、工程设计以及优化操作提供理论指导。在工程设计中,无论是建立一个新厂或是对老厂进行改造,ChemCAD 都可以用来选择方案,研究非设计工况的操作以及工厂处理原料范围的灵活性。工艺设计模拟研究不仅可以避免工厂设备交付前的费用估算错误,还用模拟模型来优化工艺设计,同时通过一系列的工况研究,来确保工厂能在较大范围的操作条件内良好运行。即使是在工程设计的最初阶段,也可用这个模型来估计工艺条件变化对整个装置性能的影响。ChemCAD 集成了对蒸馏塔、管线、换热器、压力容器、孔板和调节阀进行设计和核算的功能模块,包括专门进行空气冷却器和管壳式换热器设计和核算的 CC-Therm 模块。这些模块共享流程模拟中的数据,使得用户完成工艺计算后,可以方便地进行各种主要设备的核算和设计。ChemCAD 还提供了设备价格估算功能,用户可以对设备的价格进行初步估算。Chemstations 公司开发了大量的动态操作单元,包括动态蒸馏模拟 CC-DCOLUMN、动态反应器模拟 CC-ReACS、间歇蒸馏模拟 CC-Batch、聚合反应器动态模拟 CC-Polymer,这些模块都完全集成到 ChemCAD 中,共享 ChemCAD 的数据库、热力学模型、公用工程和设备核算模块。在动态模拟过程中,用户可以随时调整温度、压力等各种工艺变量,观察它们对产品的影响和变化规律。还可以随时停下来,转回静态。ChemCAD 提供了 PID 控制器、传递函数发生器、数控开关、变量计算表等进行动态模拟的控制单元,利用它们可以完成对流程中任何指定变量的控制。

3.1.3 流体力学模拟软件

流体力学计算（CFD）指用于分析流动物质的计算技术,包括对各种类型流体在各种速度范围内的复杂流动,在计算机上进行数值模拟,它不仅可以预测流体的行为,还可以得到传质、传热、相变、化学反应、机械运动以及相关部件的压力和变形等性质。在过程工业中，较为常用的 CFD 软件包括 CFX、FLUENT 和 PHOENICS。CFD 软件通常可分成三大模块，分别实现前端处理、核心计算及后处理的功能。前端处理通常要生成计算模型所必需的数据，这一过程包括建模、数据录入（或者从 CAD 中导入）、生成网格等；做完前端处理后，CFD 的核心解释器将根据具体的模型，完成相应的计算任务，并生成结果数据；后处理过程通常是对生成的结果数据进行组织和诠释，一般以直观可视的图形形式给出。著名的 CFD 处理工具有：Gambit、Tgrid、GridPro、GridGen、ICEMCFD 用于前处理；Fluent、FIDAP、POLYFLOW 用于计算分析；Ensight、IBM Open Visulization Ex-plore、Field View、AVS 用于后处理；Ansys、MAYA 提供综合的处理能力；Icepak、Air-pak、Mixsim 用于特殊领域的应用。CFD 从技术上有一些明显的优越性。首先相当于计算机上的虚拟试验，在实际试验之前即可对单元操作或单元过程进行"虚拟测试"。进行充分的仿真后，可以减少试验的不确定性，提高试验的成功率，从而减少试验次数。其次，可以提供传统手段难以获得的大量信息，如单元过程内部所有参数的空间分布和动态变化，通过这些信息可以深入理解单元过程内部的机理，在发生异常时亦有助于分析原因。再次，CFD 模拟是一种低成本的调优手段，当结构形式或工艺参数变化后，单元过程内部会怎样变化，在计算机上可以很方便地进行试验，可以直接用于优化和改造手段。还有 CFD 模拟往往是三维动态模拟，不仅获得诸如加速度、温度、压力、浓度在三维空间的分布，而且可以获知这些参数的动态变化过程。

CFD 模拟的对象是单元过程，本质上是计算单元过程的内部状态，其结果主要有助于理解过程机理、设备调优以及故障诊断。CFD 模拟是机理性的，原则上不限制单元过程的类型，也不限制工艺参数的范围，因此可以用于研究新型单元过程，以及异常工艺、操作参数的影响。在工业实际应用上，通过 CFD 模拟检验单元过程的状态，反过来可以用于修正流程模拟的参数。对于流程模拟不能处理的新型单元过程或超长工艺、操作参数，通过 CFD 模拟检验或建模后可以扩充流程模拟的数据库。用流程模拟优化全流程参数以及确定全流程关键单元过程后，可用 CFD 模拟对关键单元过程进一步优化。用流程模拟诊断系统故障部位后，可用 CFD 模拟详细分析故障机理以及确定改造方案。因此，CFD 模拟与流程模拟是互补的两种基本工程手段。

Fluent 是通用 CFD 软件包，用来模拟从不可压缩到高度可压缩范围内的复杂流动。由于采用了多种求解方法和多重网格加速收敛技术，因而 Fluent 能达到最佳的收敛速度和求解精度。灵活的非结构化网格和基于解的自适应网格技术及成熟的物理模型，使 Fluent 在湍流、传热与相变、化学反应与燃烧、多相流、旋转机械、动/变形网格、噪声、材料加工、燃料电池等方面有广泛应用。Fluent 软件采用基于完全非结构化网格的有限体积法，而且具有基于网格节点和网格单元的梯度算法，Fluent 软件中的动/变形网格技术主要解决边界运动的问题，用户只需指定初始网格和运动壁面的边界条件，余下的网格变化完全由解算器自动生成。网格变形方式有三种：弹簧压缩式、动态铺层式以及局部网格重生式。其局部网格重生式是 Fluent 所独有的，而且用途广泛，可用于非结构网格、变形较大问题以及物体运动规律事先不知道而完全由流动所产生的力所决定的问题，Fluent 软件具有强大的网格支持能力，支持界面不连续的网格、混合网格、动/变形网格以及滑动网格等。值得强调的是，Fluent 软件还拥有多种基于解的网格的自适应、动态自适应技术以及动网格与网格动态自适应相结合的技术，Fluent 软件包含丰富而先进的物理模型，使得用户能够精确地模拟无黏流、层流、湍流。Fluent 同传统的 CFD 计算方法相比，稳定性好，Fluent 经过大量算例考核，同实验符合较好；同时适用范围广且精度高，Fluent 含有多种传热燃烧模型及多相流模型，可应用于从可压到不可压、从低速到高超声速、从单相流到多相流、化学反应、燃烧、气固混合等几乎所有与流体相关的领域。

3.2 高纯度乙醇生产工艺模拟计算示例

3.2.1 高纯度乙醇精馏基本工艺介绍

高纯度乙醇是符合国家乙醇标准优级规定的乙醇产品，其对涉及人体健康的杂质有严格的含量限制，广泛地应用于食品、药品行业。乙醇生物质发酵醪液中存在大量的干性、挥发性杂质，明确乙醇醪液蒸馏过程中杂质的运动过程是高纯度乙醇蒸馏工段工程设计的基础。可以通过稳态流程模拟软件 Aspen Plus 对高纯度乙醇五塔蒸馏系统进行模拟计算，为精馏工程设计提供工艺物料衡算、能量衡算、过程物性参数以及设备参数。

高纯乙醇蒸馏流程包括粗醪塔、水洗塔、精馏塔、甲醇塔、回收塔，如图 3-2 所示，醪液 S1 进入醪塔进行气提，醪塔顶的粗乙醇 S2 于水洗塔中部进料，塔顶采出杂质 S5；精馏塔上部侧线流股采出乙醇半成品 S9 进入甲醇塔，同时在进料板偏上侧线流股抽取杂醇油杂质 S19；甲醇塔塔顶出甲醇杂质 S11 后，于塔底得到成品高纯度乙醇 S12；回收塔进料为精馏塔杂醇油侧线 S19 和水洗塔塔顶馏分 S5，塔顶出料大体符合工业酒精标准的乙醇，塔中侧线抽取杂醇油；杂醇油分离器 F1 加水稀释使杂醇油分层，得到富乙醇的水相 S15 和富杂醇油的油相 S16。

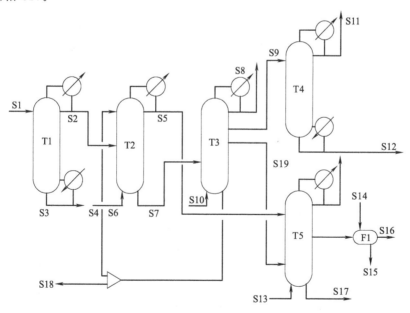

图 3-2　五塔蒸馏工艺流程

T1—醪塔；T2—水洗塔；T3—精馏塔；T4—甲醇塔；T5—回收塔；F1—分离器；S1—醪液；
S2—粗乙醇；S3—醪渣；S4—蒸汽；S5—醛酯乙醇；S6—蒸汽；S7—稀乙醇；S8—含头级
杂质乙醇；S9—乙醇（含甲醇）；S10—蒸汽；S11—甲醇杂质；S12—高纯度乙醇；S13—蒸
汽；S14—水；S15—水相；S16—油相；S17—水；S18—水；S19—含杂醇油乙醇

3.2.2　热力学方法选择

在乙醇蒸馏体系中，除乙醇外，尚含有几十种其他组分，构成了一个复杂的分离体系，其中占主导地位的强极性体系水-醇体系具有高度的非理想性，可形成多种二元、多元共沸物。所以热力学方法选择中液相活度系数计算采用 NTRL 法。NRTL 法中，多元体系的活度系数是以二元体系的交互参数直接估算多元体系，在强极性体系 VLE 与 LLE 计算中取得令人满意的结果。活度系数的基本技术方程式如下：

$$\gamma = \frac{\sum\limits_{j=1}^{n} \tau_{ji} x_j G_{ji}}{\sum\limits_{k=1}^{n} x_k G_{ki}} + \sum\limits_{j=1}^{n} \frac{x_j G_{ij}}{\sum\limits_{k=1}^{n} x_k G_{kj}} \left[\tau_{ij} - \frac{\sum\limits_{m=1}^{n} \tau_{mj} x_m G_{mj}}{\sum\limits_{k=1}^{n} x_k G_{kj}} \right] \tag{3-4}$$

其中：

$$G_{ij} = \exp(-\alpha_{ji}\tau_{ji}) \tag{3-5}$$

$$\tau_{ij} = a_{ij} + b_{ij}/T + e_{ij}\ln T + f_{ij}T \tag{3-6}$$

$$\alpha_{ij} = c_{ij} + d_{ij}(T - 273.15) \tag{3-7}$$

气相逸度计算采用 Redlich-Kwong-Aspen 物性方法。Soave 对 RK 方程进行修正并提出立方型状态方程 SRK（Soave-Redlich-Kwong），以物质的临界性质关联真实气体的流体特性且提高了原方程对极性物质 p-V-T 计算的准确度，计算逸度时表达如下：

$$\ln\varphi = -\ln\left[\frac{p(V-b)}{RT}\right] + \frac{pV}{RT} - 1 - \frac{a}{bRT}\ln\left(\frac{V+b}{V}\right) \tag{3-8}$$

计算时使用二次混合规则，并根据体系的非理想性提出一定的修正：对 b 引入一个交互作用参数；对于 a_i 使用了一个附加极性参数；并将温度 T 与交互参数 k_{ij} 相关：

$$a = \sum_{i=1}^{n} \sum_{j=1}^{n} x_i x_j (a_i a_j)^{0.5} (1 - k_{a,ij}) \tag{3-9}$$

$$b = \sum_{i=1}^{n} \sum_{j=1}^{n} x_i x_j \frac{(b_i b_j)}{2} (1 - k_{b,ij}) \tag{3-10}$$

$$a_i = fcn(T, T_{ci}, p_{ci}, \omega_i, \eta_i) \tag{3-11}$$

$$b_i = fcn(T_{ci}, p_{ci}) \tag{3-12}$$

$$k_{a,ij} = k_{a,ij}^0 + k_{a,ij}^1 \frac{T}{1000} \tag{3-13}$$

$$k_{b,ij} = k_{b,ij}^0 + k_{b,ij}^1 \frac{T}{1000} \tag{3-14}$$

式中，ω_i 为第 i 个组分的偏心因子；η_i 为第 i 个组分的黏度；fcn 为函数关系；T_{ci} 为第 i 个组分的临界温度；p_{ci} 为第 i 个组分的临界压力。乙醇蒸馏体系物质的二元交互参数从 Aspen Plus 数据库调用，所缺的交互参数通过 UNIFAC 模型进行估算。

3.2.3　计算结果分析

3.2.3.1　挥发性组分分析

Aspen Plus 模型可以提供详细的物流、能量、物性数据、设备基本参数等，其中研究挥发性组分在乙醇蒸馏过程中的运动过程是优化乙醇工艺流程的基础。因此，通过稳态流程模拟软件 Aspen Plus 对高纯度乙醇蒸馏工艺进行模拟计算，可以考察过程中常见挥发性杂质的运动过程以及分离状况，为生产实践提供参考，为优化工艺流程提供基础。

乙醇与挥发性杂质的分离是利用两者之间挥发性的差异来实现的。乙醇蒸馏理论引入挥发系数和精馏系数来描述挥发性杂质的挥发性能，如式（3-15）、式（3-16）所示：

$$K = \alpha / \beta \tag{3-15}$$

式中，K 为挥发系数；α 和 β 分别为杂质在汽相和液相中的百分含量。挥发系数与乙醇浓度密切相关，可反映杂质的挥发能力，预测杂质在塔内的分布和运动情况。

$$K' = K_n / K_A \tag{3-16}$$

式中，K' 为精馏系数；K_n 和 K_A 分别为杂质与乙醇的挥发系数。精馏系数反映了杂质的挥发能力与乙醇挥发能力的差异，是判断乙醇与杂质分离难易程度的依据。K' 值越接近 1，杂质与乙醇越难分离。表 3-1 为乙醇和部分杂质的精馏系数与挥发系数。通过 K 值的差异将其归类如下：K 值在任何乙醇浓度下都大于 1 的杂质称为头级杂质；K 值随着乙醇浓度增大，从大于 1 渐变为小于 1 的杂质称为尾级杂质；K 值在高乙醇浓度时接近 1 的杂质称为中级杂质。

表 3-1　乙醇蒸馏体系中部分物质的 K 与 K' 值

乙醇体积分数	乙醇	甲醇		乙酸乙酯		异戊醇	
	K	K	K'	K	K'	K	K'
0.10	5.10	2.98	0.58	29.0	5.96		
0.20	3.31	2.61	0.79	18.0		5.63	
0.30	2.31	2.21	0.96	12.5	5.43	3.0	1.30
0.40	1.80	2.08	1.16	8.6	4.77	1.92	1.05
0.50	1.50	1.90	1.26	5.8	3.86	1.20	0.80
0.60	1.30	1.71	1.32	4.3	3.30	0.80	0.615
0.70	1.17	1.55	1.33	3.6	3.07	0.54	0.44
0.80	1.08	1.49	1.38	2.9	2.77	0.34	0.36
0.90	1.02	1.52	1.49	2.4	2.37	0.30	0.26
0.95	1.004	1.93	1.92	2.1	2.09	0.23	0.22

由于挥发性杂质的脱除过程主要在于水洗塔、精馏塔和甲醇塔，对此三塔做组分分布分析，可以研究挥发性杂质组分在乙醇蒸馏过程中的运动过程，结合乙醇蒸馏理论中挥发系数和精馏系数的定义来描述挥发性杂质的挥发。这样就可以掌握杂质在塔内的运动过程。

3.2.3.2　水洗塔模拟结果分析

水洗塔操作压力为常压，塔釜直接通入蒸汽，塔顶附近有一股热水进料，通过对热水流量的反馈控制使塔底出料浓度为约 10%（质量分数）的稀乙醇。水洗塔的作用是脱除头级杂质。头级杂质在塔内的运动方向始终向上，并且在低乙醇浓度下有较大的挥发系数和蒸馏系数值。图 3-3 为 Aspen Plus 模拟水洗塔塔中典型头级杂质乙酸乙酯在各塔板上的分布情况。水洗塔通入热水稀释后，全塔乙醇浓度在 10%～20% 之间，此时乙酸乙酯 K 值为 29.0～18.0，即汽相浓度远高于液相浓度。乙酸乙酯沿塔上升并富集于塔顶，通过少量的初馏物采出就可以将其脱除；从图 3-4 可以看到，水洗塔中醇类物质甲醇、乙醇和异戊醇的运动轨迹与头级杂质相反，均向塔底集聚并且分布情况相仿。

从表 3-1 可知，在乙醇浓度为 10%～20%（质量分数）时，甲醇 K 值为 2.98～2.61，乙醇 K 值为 5.1～3.3，而异戊醇 K 值为 5.63 以上，但挥发系数较大的醇类物质并没有表现出与头级杂质相类似的运动性质。这是因为单讨论以蒸汽张力为基础的挥发系数时，会

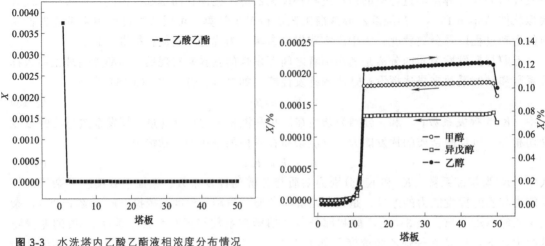

图 3-3 水洗塔内乙酸乙酯液相浓度分布情况

图 3-4 水洗塔内甲醇、乙醇、异戊醇液相浓度分布情况

得出醇类物质在水洗塔向上运动的性质，但实际上并非如此；在水的浓度较高的情况下，由于水-醇体系中存在氢键，通过分子的空间效应得到了：从甲醇到异戊醇三者由于碳链长度递增导致与水缔合能力减弱，从而使得挥发系数递增，验证了氢键在此蒸馏体系中的重要影响；由于水是难挥发组分，在水的浓度足够大时，醇类物质与水的高缔合度程度会导致醇类物质的挥发性大大减少，从而解释了为何醇类物质挥发系数较高，但在水洗塔运动轨迹与头级杂质相反的蒸馏现象。由此可知，水洗塔只能脱除挥发系数较大而且在体系中与水作用力较低的醛酯杂质。

3.2.3.3 精馏塔模拟计算

精馏塔操作压力为 1.5～2atm（1atm＝101325Pa），作用是对稀乙醇进行浓缩，并分离其中的尾级杂质杂醇油。乙醇半成品和杂醇油分别以两侧线流股采出。图 3-5、图 3-6 为 Aspen Plus 模拟精馏塔塔内部分组分分布情况。以典型的杂醇油物质异戊醇为例，从表 3-1 可知，异戊醇 K 值随着精馏塔塔内乙醇浓度变化，越过中部乙醇浓度为 55％的塔板时，K 值从大于 1 变为小于 1，运动方向由上转下，从塔体整体浓度分布情况来看，相当于异戊醇往 K 值为 1 的中部塔板集聚。故此，异戊醇及其他杂醇油物质需要在精馏塔中部侧线抽取。从图 3-5 可看到塔内杂醇油物质正丙醇、异丁醇和异戊醇富集于取油塔板附近区域，塔顶和塔底的流量接近于 0；从图 3-6 可看到，通过蒸气汽提，乙醇浓度自进料板始逐渐升高，接近塔顶附近水-醇体系共沸时乙醇浓度为 93.3％～93.5％（质量分数）。此外，甲醇含量自第 10 块板始快速升高，表明其在乙醇浓度较高时具有较大的向上运动趋势。

根据图 3-5、图 3-6 的结果，在精馏塔设计中就可以确定乙醇的抽取位置为第 6 块板上。在精馏塔内，可以看出乙醇浓度自下而上升高，杂醇油物质运动方向从向上转为向下导致其在中部集聚，而甲醇运动方向持续向上且在乙醇浓度高时向上运动速度超越乙醇导致其在塔顶处集聚，在两个杂质的聚集区之间的区段，高沸点组分随液体向下，低沸点组分向上挥发提浓，高低沸点杂质分两个方向运动从而"拉扯"出一段杂质含量低的区段，此处即为精馏塔的巴斯德净化区。精馏塔提取乙醇的位置一般是巴斯德净化区，即塔顶往下第 6 块板附近，在此抽取的乙醇产品杂质浓度较低，乙醇浓度较高，从此处液相导出的乙醇成品质量是其他区段无法比拟的。

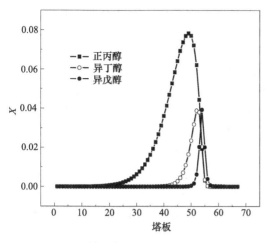

图 3-5　精馏塔内正丙醇、异丁醇、
异戊醇液相浓度分布情况

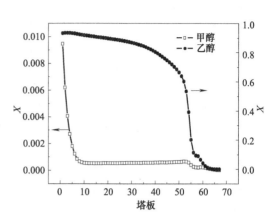

图 3-6　精馏塔内乙醇、甲醇液
相浓度分布情况

乙醇生产过程是一个高能耗过程，其中蒸馏过程所需的能耗占总量的 60%～70%。水-醇体系中水是难挥发组分，乙醇蒸馏时将蒸气自塔底直接通入蒸馏塔，对塔中易挥发组分进行汽提。蒸气量由汽提效率确定，气提效率与釜液中易挥发组分含量负相关。图 3-7 是塔底蒸气流量与塔底出料中挥发性物质质量分数的灵敏度分析，图 3-8 是塔底蒸气流量与乙醇侧线中乙醇质量分数的灵敏度分析，其中蒸气温度为 160℃，压力为 0.49MPa。

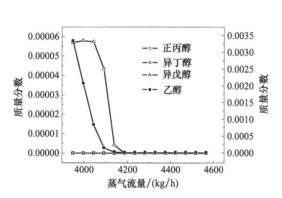

图 3-7　蒸气流量与釜液中挥发性
物质质量分数的灵敏度分析

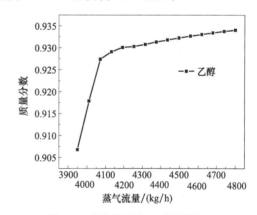

图 3-8　蒸气流量与乙醇侧线中乙
醇质量分数的灵敏度分析

从图 3-7 可以看到，在乙醇蒸馏过程中，釜液中易挥发组分浓度与塔釜蒸气量负相关，杂醇油物质中最易落入塔釜的是异戊醇，完全气提异戊醇所需的蒸气量大于完全气提乙醇所需的蒸气量；从图 3-8 可以看到，乙醇侧线流股中乙醇浓度与塔釜蒸气量正相关，但由于水-醇体系形成共沸物的缘故，乙醇浓度达到 92.75%（质量分数）后乙醇浓度对蒸气流量变化的敏感度大为降低。鉴于蒸气能耗在过程能耗中所占的密度较大，蒸气量的确定需在蒸馏效率、产品质量和能耗成本之间权衡取舍，由图可知侧线乙醇浓度达到 93%（质量分数）、蒸气完全气提乙醇、蒸气完全气提异戊醇所需的蒸气量分别为 4192kg/h、4186kg/h、

4234kg/h，可得蒸气量的取值范围为 4192～4234kg/h，这就可为相关塔操作提供参考。

精馏塔内，杂醇油物质在乙醇浓度不同时具有不同的运动特征：乙醇浓度较低时，杂醇油物质在气相含量较高，运动方向随蒸气向上；乙醇浓度较高时，杂醇油物质液相含量较高，运动方向随液相向下。从整体浓度分布上看，塔体上下两端的杂醇油物质均向塔中部运动并形成集聚，故此，分离乙醇与杂醇油物质时需要在塔中设置侧线抽取。图 3-9 是杂醇油侧线位置与该侧线中杂醇油物质回收率的灵敏度分析。

蒸馏过程中，以液相方式抽取杂醇油时，侧线位置需在进料板以上设置，由于塔板上的蒸气压力并不均匀，塔内乙醇负荷也有变动，故此杂醇油侧线出口需设置在一定区段的数块塔板上以分散其不稳定性，实际生产中以区段温度作依据判断油区。取杂醇油侧线流量为固定值，考察第 30～50 块板作为侧线位置时侧线流股中杂醇油物质的回收率。从图 3-9 可以看到，当侧线位置从上往下靠近进料板时，异丁醇回收率稳定，正丙醇、异戊醇的回收率缓慢上升，直至侧线位置接近或直接设于进料板上时各物质的回收率降低甚至回收失效。由此可以确定最优取油区段为第 45～47 块板，杂醇油物质在侧线中的回收率可接近 1，此时油区温度为 97.58～104.41℃。

3.2.3.4　回收塔模拟分析

回收塔塔板数为 50，其中有两股进料，一为精馏塔杂醇油侧线采出流股，一为水洗塔塔顶馏出流股，进料板分别为第 33、43 块板，塔釜通入蒸气直接加热，侧线采杂醇油，塔顶回收乙醇。根据现场数据的采集分析对进料组分进行简化，如表 3-2 所示。

表 3-2　回收塔进料

物流	进料板	温度/℃	质量流量/(kg/h)	质量分数				
				水	乙醇	正丙醇	异丁醇	异戊醇
S5	33	92.9	300.00	0.931	0.0593	0.001322	0.001014	痕量
S10	43	97.7	76.5	0.558	0.345	0.019	0.039	0.039

回收塔的物流数较精馏塔少，自由度较精馏塔低，塔顶馏出物流量、塔底蒸气量由两股进料的乙醇流量、出塔的工业乙醇质量确定，利用设计规定，回收两股进料中约 95％的乙醇生产 93％（质量分数）的工业乙醇时，可确定塔顶流量为 44.79kg/h，塔底蒸气流量为 111.56kg/h。回收塔液相采出杂醇油，塔内的温度分布如图 3-10 所示。

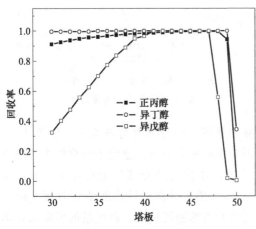

图 3-9　杂醇油侧线位置与该侧线中杂醇油物质回收率的灵敏度分析

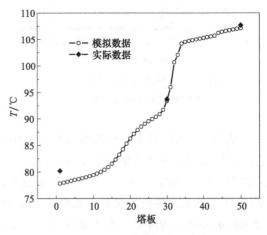

图 3-10　回收塔温度分布

3.3 计算机辅助化工制图

计算机在化工工艺设计中的最后一个主要应用就是化工工艺图的生成，主要包括工艺流程图（PFD）、管道仪表流程图（PID）、材料选择流程图（MSD）等工艺图纸的生成，即通过人机交互方式，把工艺计算模块所处理的数据进行参数化绘图。工程制图是工程师的语言。随着计算机技术应用的发展，化工设计中各种图纸的绘制基本是在计算机上进行，而不是用原先的绘图板、铅笔和丁字尺。熟练掌握工程制图软件并进一步开发使用其各种二次开发功能，已经成为化工专业设计人员业务能力的重要评价指标。

化工设计中的绘图软件可以绘制包括化工工艺流程图、设备图、管道图、3D实体模型化工厂布置图等在内的各种图纸。化工 CAD 软件种类众多，如 Autodesk 公司开发 AutoCAD 软件、CAD-CENTRE 公司开发的 PDMS 软件、INTERGRAPH 公司开发的 PDS 软件等。CAD 绘图能有效提高化学工程设计图纸的绘制速度和质量。

3.3.1 AutoCAD 简介

化工设计中需要提供的图纸最主要的是工艺流程图、管路布置图、设备布置图和非标设备装配图。目前最常用的化工制图软件是 AutoCAD，它在绘图质量、效率、图样管理等方面，有着独到的优势，为多数企业所采用。AutoCAD 是由美国 Autodesk 公司开发的通用计算机辅助设计软件，是目前世界上应用最广的 CAD 软件。AutoCAD 已由原先的侧重于二维绘图技术为主，发展到二维、三维绘图技术兼备，且具有网上设计的多功能 CAD 软件系统。AutoCAD 具有良好的用户界面，通过交互菜单或命令行方式便可以进行各种操作。AutoCAD 软件具有如下特点：①完善的图形绘制功能；②强大的图形编辑功能；③二次开发或用户定制功能；④多种图形格式的转换，较强的数据交换能力；⑤支持多种硬件设备；⑥支持多种操作平台；⑦通用性、易用性好。从 AutoCAD 2000 开始，该软件又增添 Auto-CAD 设计中心、多文档设计环境、Internet 驱动、新的对象捕捉功能、增强的标注功能以及局部打开和局部加载的功能，从而使 AutoCAD 系统更加完善。AutoCAD 本身的功能集已经足以协助用户完成各种设计工作，此外用户还可以通过 Autodesk 以及数千家软件开发商开发的五千多种应用软件把 AutoCAD 改造成为满足各专业领域的专用设计工具，应用于建筑、机械、测绘、电子及航空航天等领域。

Autodesk 企业成立于 1982 年 1 月，在近三十多年的发展历程中，该企业不断丰富和完善 AutoCAD 系统，并连续推出各个新版本，使 AutoCAD 由一个功能非常有限的绘图软件发展到了现在功能强大、性能稳定、市场占有率位居世界第一的 CAD 系统，在城市规划、建筑、测绘、机械、电子、造船、汽车等许多行业得到了广泛的应用。在 AutoCAD 软件中采用 .dwg 文件格式，也已经作为二维绘图的一种常用技术标准。

AutoCAD 软件可以运用软件中的图形编辑功能实现图形的快速绘制，相比于传统的手工绘图，大大提高了工作的效率。在软件中拥有较多的且功能齐全软件命令群，在计算机中可以快速实现诸如复制、剪切移动、镜像、增加、合并、删除、缩放、旋转等相应的命令，可以随时随地地对设计图纸进行快速修改，从而使得 AutoCAD 软件成为一种高效便捷的设计方法。AutoCAD 的整体图块处理技术以及外部引用等相应功能，可以把重复使用的图形作为一个整体进行保存，方便建立如螺栓、螺钉等零部件图库等相应的图形库,方便设计绘图过程中的选用,从而减少了许多不必要的重复性工作,使得制图速度以及质量得到了提高。AutoCAD软件绘制图形精确,有较高的设计精度,这样使得一些配合较为精密的图形得到了方便的绘制。同时,AutoCAD软件有着较为人性化的界面,易于掌握。

3.3.2 计算机辅助三维图

在三维 CAD/CAM 软件面世之前,二维 CAD 软件广泛应用在产品的开发、制造、装配等过程中,二维 CAD 软件的出现使设计人员远离了趴图板的日子,它不但大大提高了二维工程图纸的可读性,而且提高了设计人员的设计效率。但是由于现代企业对产品的质量、成本以及周期等提出了更加高的要求,设计人员对 CAD 系统的功能要求也越来越高;以及新加工手段(数控加工中心)的出现,使得二维 CAD 软件已无法满足现代企业及设计人员的要求。得益于计算机技术的飞速发展,使众多的三维 CAD 软件相继问世,三维 CAD 软件由于具有可视化好、形象直观、设计效率高以及能提供完整的设计、工艺、制造信息等优势,对比传统的二维 CAD 软件有了质的飞跃,因此受到越来越多企业及设计人员的青睐。

近年我国化工设计中三维工厂设计应用程度逐步提高。三维 CAD 技术是最早应用于国内化工设计行业中的,至今已有几十年的历史。CAD 的三维模型有三种,即线框、曲面和实体。早期的 CAD 系统往往分别对待以上三种造型。而当前的高级三维软件,例如 CATIA、UG、Pro/E 等则是将三者有机结合起来,形成一个整体,在建立产品几何模型时兼用线、面、体三种设计手段。其所有的几何造型享有公共的数据库,造型方法间可互相替换,而不需要进行数据交换。在化工设计行业,工程技术人员更强调可视化技术为基础的智能化设计,在工厂设计中利用 Smartplant Review 软件对三维模型进行检查,把错误消灭在设计阶段。相对于普通三维制图软件,化工三维绘图软件应在 P&I 图、管道数据库、三维设备模型、三维管道模型、管道材料表、管段轴测图、设备管道平(立)面布置图、建筑轮廓图、三维钢结构和厂房、管道两相流流型判别和压降计算等方面具有强大的处理能力。功能较强的三维 CAD 软件应具有硬、软碰撞检查功能。在完成三维模型设计后,可以运行 REVIEW 模块来检查模型元件(结构、设备、管道)在坐标空间中的物理碰撞,还可以检查物理模型与操作维护通道(逻辑空间)之间的干扰情况。设计人员可以根据检查结果先期对三维模型加以修改。这样就可以保证设计质量,避免以后可能发生的施工修改。

早期使用的产品主要是美国 Calma 公司的三维 CAD 系统,进入 20 世纪 90 年代后我国开始引进英国 AVEA 公司的 PDMS 和美国的 INTERGRAPH 公司的 PDS(Plant Design System)产品作为我国三维设计的主要工具。PDMS、PDS、PSDS(Plant Space Design Series)和 AutoCAD 三维 CAD 软件是目前在化工设计中主要使用的三维绘图软件,它们也都是目前国际上多数主要工程公司普遍采用的,技术成熟可靠,功能较强,且在持续发展和提供服务。Auto CAD 更为常用的是二维模型的设计,其三维模型用类似于搭积木的方法组装成机械零件,这种操作方式并不符合设计师勾画产品草图时的构思习惯。相较于其他工程类的设计软件并无优势。PDS 是一款应用较多的工程类设计软件。目前国内大型设计院都曾经用过或至今仍在沿用 PDS 软件,PDS 主要包括三维设备模型、结构框架、配管设计、碰撞检查、提取单管轴测图,用于生成平、剖面配置图,智能工厂浏览器,提取各种材料报告等。PSDS 是款基于 MicroStation 平台,基本上 PDS 所能涉及的该软件均可办到。Pdmax

是长沙思为软件有限公司自主研发的三维工厂设计软件。Pdmax 可为设计者提供三维结构设计、设备布置、配管设计、平断面图、轴测图、数据匹配检查、碰撞检查、自动统计材料、导出应力分析文件等功能，并能完全兼容 PDMS 系统数据。Pdmax 软件允许设计者预先构建标准元件库，然后通过调用元件库，可快速完成化工工艺流程的设计。

化工设计中其他的一些三维设计软件有 PTC 公司的 Pro/Engineer 及 Solidwork、UGS 公司的 UG 及 Solid Edge、北航海尔的 CAXA 工程师等。不同的三维 CAD 软件在建模及应用时的思路及方法有很大的区别。选用三维 CAD 软件时，首先应该明确到底需要解决哪些问题，最好能把需要解决的问题罗列出来，做为选择三维 CAD 软件的依据。其次应对三维 CAD 软件的特点功能进行深入的了解，以满足以后的升级和再深入的应用。不同的三维 CAD 软件各有特色，如 PTC 公司的 Pro/Engineer 就有基础设计、模具设计、运动分析、管道设计等多个模块，并从软件的实用性及扩展性等多个层面进行分析。

三维设计在化工设计的优势集中体现在管道设计、设备布置和全厂布置方面。尤其在管道设计中。在化工设计中化工工艺管道结构的复杂性和位置的隐蔽性客观上对二维管道的绘制造成了巨大的困难。相对于二维管道图，三维工艺管道图能更好地展现化工管道的空间结构，提高工作人员对具体工艺管道空间结构的把握能力。大型化工装置往往有设备数百台，管道成千上万条，管子和管件材料可达数万乃至数十万件。这些管道的设计、材料采购、车间预制和现场安装都要靠计算机辅助设计绘制出准确的管段轴测图和完备的管道材料表。由于多数管道一般都是由圆柱体组成的，因此在绘制三维管道的过程中，一般先使用管道的中心线来表示管道的具体走向和空间布局，不仅可以比较清晰地展示二维管道的空间结构，还可以加快显示和处理三维管道的速度。因而需要准确地确定出二维化工工艺管道中心线的空间位置，再根据中心线进行三维重构，然后对其进行处理就可以得到相对应的三维管道。

三维管道设计图形象直观。三维 CAD 软件在设计过程中能清晰直观地关注到设计中的每一处细节，快速地解决了在二维 CAD 软件中难以发现的管路干涉、管路死角以及阀门等在空间位置上的干涉，提前解决了不合理或错误的设计。二维 CAD 软件在设计过程中难以解决上述所说的问题，由于管道设计工程图在平面图上看，管线是纵横交错，图面会显得复杂。多数三维管道设计软件具备快速生成材料清单的功能。在管道工程安装阶段，由于管道工程安装大部分都是在生产现场进行工程安装，如果在安装的过程中缺料可能会导致整个工程停工。剩余太多的物料也势必会增加工程成本，因此一份准确的工程物料清单是必不可少的。在传统二维 CAD 软件设计中物料清单的编制长期困扰着设计人员，因为二维 CAD 软件在完成管道工程图设计时，设计人员还要根据工程图纸上的零件进行工程物料清单编制。三维 CAD 软件使用的一般是单一数据库。设计人员在完成管道设计时，调用预先做好的模版，三维 CAD 软件就会准确无误地自动生成工程物料清单。在三维 CAD 软件里通常采用参数化设计，使其修改设计变得更简单，在三维 CAD 软件里只需更改管径大小的控制参数，依附在此管路上的管件、阀门等会根据管径的参数自动更新，并且与之关联的物料清单也会自动更新，这是二维 CAD 软件无法实现的。

◉ 思考及练习

3-1　假设一个相平衡闪蒸器的输入流量为 F、浓度为 z_i、压力 p_F 及温度 T_F，输入流为 c 个组分的混合物，试写出单级等温平衡闪蒸器和单级绝热平衡闪蒸器的数学模型。

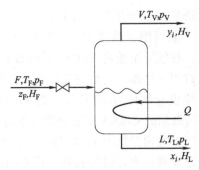

3-2 分别用 Aspen Plus 和 ChemCAD 模拟软件估算三羟甲基三油酸酯的沸点、饱和蒸气压和蒸发焓。

主要参考文献

[1] 马沛生. 化工物性数据的寻找和评选 [J]. 化学工程，1980，(6)：14-20.

[2] 马沛生. 物性数据与数据手册 [J]. 化学工程，1987，(4)：9-12.

[3] 朱开宏. 化工过程流程模拟 [M]. 北京：中国石化出版社，1993.

[4] 刘光启，马连湘，邢志有. 化工物性算图手册 [M]. 北京：化学工业出版社，2002.

[5] 董新法，方利国，陈砺. 物性估算原理及计算机计算 [M]. 北京：化学工业出版社，2006.

[6] 吕维忠，刘波，韦少慧. 化学化工常用软件与应用技术 [M]. 北京：化学工业出版社，2006.

[7] 彭智，陈悦. 化学化工常用软件实例教程 [M]. 北京：化学工业出版社，2009.

[8] 李立硕，马林，魏光涛，杨克迪. 浅谈如何在化工设计课程中提高学生的设计能力 [J]. 化工时刊，2011，25 (2)：
64-65.

[9] 孙小红，赵祺. 三维模型软件 PDS 在化工设计中的应用 [J]. 化工管理，2015，(5)：31.

[10] 白雪. PSDS 软件在化工管道设计中的应用 [J]. 辽宁化工，2015，44 (8)：1020-1022.

[11] 马梁，张燕，谢阳等. 化工工业管道正等轴测图的三维重建 [J]. 当代化工，2012，41 (10)：1098-1100.

[12] 刑凤兰. 化工制图 [M]. 北京：国防工业出版社，2006.

[13] 孙立君，周钦河. 机械制图与 AutoCAD 绘图 [M]. 北京：清华大学出版社·北京交通大学出版社，2010.

第4章

物料衡算和能量衡算

物料衡算和能量衡算是工艺设计计算中最基本、最重要的内容之一。设计或评价一个化工过程，必须从物料衡算入手。通过对全过程或单元过程的物料衡算和能量衡算，可以计算出主、副产品的产量，原材料的消耗定额，生产过程的物料损耗以及三废的生成量；在此基础上作出能量衡算，计算出蒸汽、水、电或其他燃料等的消耗定额；最后可以根据这些计算结果确定所生产产品总的经济效果。同时根据衡算所得各单元设备的流体流量及其组成、能量负荷及其等级，就能对生产设备和辅助生产设备进行设计和选型，对过程所需设备的投资及其可行性进行评价，也是过程经济评价、节能分析、环保考核及过程优化的重要基础。

4.1 物料衡算的基本方法

4.1.1 物料衡算的基本概念

4.1.1.1 物料衡算的质量守恒

应用质量守恒定律计算流入和流出系统的物料量，一般可用物料平衡表示。通过物料平衡的计算，可以得到系统中质量流量及其变化。系统中的物料衡算一般表示式为：

$$系统中积累＝输入－输出＋生成－消耗 \tag{4-1}$$

式中，生成或消耗项是由于化学反应而生成或消耗的量。积累项可以是正值，也可以是负值。当系统中积累项不为零时称为非稳定状态过程，积累项为零时，称为稳定状态过程。

稳态过程时，式（4-1）可以化为：

$$输入＝输出－生成＋消耗 \tag{4-2}$$

对无化学反应的稳态过程，又可表示为：

$$输入＝输出 \tag{4-3}$$

物料衡算有总质量衡算式、组分衡算式和元素衡算式。对稳态过程、无化学反应过程和有化学反应过程，其适用情况如表 4-1 所示。

从表 4-1 可知，无化学反应时，物料衡算既可用总的衡算式，也可用组分衡算式。采用哪一种形式要根据具体的条件决定。在有化学反应的过程中，其物料衡算方程式多数不能用进、出口物料的量列出。因为反应过程前后的分子种类和数量可能发生变化，进入系统的物料总量（摩尔）不一定等于系统输出的总量，如

表 4-1　物料平衡形式（稳态过程）

分　类	物料平衡形式	无化学反应	有化学反应
总平衡式	总质量平衡式 总摩尔平衡式	是 是	是 非
组分平衡式	组分质量平衡式 组分摩尔平衡式	是 是	非 非
元素原子平衡式	元素原子质量平衡式 元素原子摩尔平衡式	是 是	是 是

$$3H_2 + N_2 \Longleftrightarrow 2NH_3$$

有的过程如

$$CO + H_2O \Longleftrightarrow CO_2 + H_2$$

虽然进、出物料的总量相等，但其分子种类却不同，无法采用组分的平衡，只能用元素原子平衡进行计算。

4.1.1.2　物料衡算的基本步骤

物料衡算基本步骤如下：

① 画出流程示意图。将进行衡算的过程，用框图的形式画出流程的示意图。

② 列出已知数据。

③ 列出由物料平衡所需求解的问题。

④ 决定系统的边界。根据由物料平衡所需解的问题，确定计算范围。

⑤ 写出主、副产品的化学反应方程式。

⑥ 约束条件。在进行物料衡算时，其约束条件包括流体组成的归一方程，恒沸组成、相平衡数据等。

⑦ 选择计算基准。根据问题的性质及采用的计算方法，选择合适的计算基准。过程的物料衡算及能量衡算应在同一基准上进行。在特殊情况下，计算过程中如需要改变基准时，此时必须说明。

⑧ 进行物料平衡计算。通过物料衡算，得到流体流量及组成，并可在此基础上进一步进行能量衡算及其他计算，如设备尺寸设计等。

⑨ 列出物料和能量平衡表，并进行校核。

⑩ 结论。由计算结果，说明题意所需求解的问题，有时还要说明计算的误差范围。

4.1.1.3　基准及其选择

在物料、能量衡算过程中，恰当地选择计算基准可以使计算简化，同时也可以缩小计算误差。在一般的化工工艺计算中，根据过程特点选择的基准大致有以下几种：

(1) 时间基准

对于连续生产，以 1s、1h、1 天等的一段时间间隔的投料量或产品量作为计算基准。这种基准可直接联系到生产规模和设备设计计算，如年产 300kt 乙烯装置，年操作时间为 8000h，每小时的平均产量为 37.5t。对间歇操作，一般可以一釜、一批料的生产周期作为基准。

对于连续性生产，设计依据为年产量，一般取年生产操作时间为 8000h，或年生产操作时间为 330 天，则年生产操作时间为 330×24＝7920h，与 8000h 很接近。

（2）质量基准

当系统介质为液、固相时，选择一定质量的原料或产品作为计算基准是合适的。如以煤、石油、矿石为原料的过程采用一定量的原料，如 1kg、1000kg 等作为基准。如果所用的原料或产品系单一化合物，或者由已知组成百分数和组分分子量的多组分组成，那么用物质的量（摩尔）作基准更为方便。

（3）体积基准

对气体物料进行衡算时选用体积基准。这时应将实际情况下的体积换算为标准状态下的体积，即标准体积，用 m^3（STP）表示。压力变化带来的影响可直接换算为摩尔。气体混合物中组分的体积分数同摩尔分数在数值上是相同的。

（4）干湿基准

生产中的物料，不论是气态、液态和固态，均含有一定量的水分，因而在选用基准上就有算不算水分在内的问题。若不计算水分在内的则为干基，否则为湿基。如空气组成通常取含氧 21%，含氮 79%（体积），这是以干基计算的。如果把水分（水蒸气）也计算在内，氧气、氮气的百分含量就变了。又如，甲烷水蒸气催化转化制取氢气，转化炉的进料量，以干基计为 $7 \times 10^3 m^3$（STP）/h。而以湿基计则可达到 $3 \times 10^4 m^3$（STP）/h。通常的化工产品，如化肥、农药均是指湿基。例如年产尿素 480kt，年产甲醛 5kt 等均为湿基。而年产硝酸 50kt，则指的是干基。

实际计算时，究竟选择哪一种基准，必须根据具体情况恰当选择，不可一概而论。

【例 4-1】 丙烷完全燃烧时，要供给所需空气量的 125%，反应式为：
$$C_3H_8 + 5O_2 \Longrightarrow 3CO_2 + 4H_2O$$
问每 100kmol 燃烧产物需要多少摩尔空气？

解： 当选择的基准不同时，其解题的繁简程度也不同。

（1）基准：1kmol 原料气 C_3H_8

根据化学反应方程式，燃烧时所需空气量为：

燃烧用氧	5kmol
实际供氧	$5 \times 1.25 = 6.25$kmol
供给空气量	29.76kmol
其中氮气量	23.51kmol

计算结果示于表 4-2。

表 4-2　以原料气为基准的物料平衡表

输 入			输 出		
组　　分	/kmol	/kg	组　　分	/kmol	/kg
C_3H_8	1	44	CO_2	3	132
空气	(29.76)		H_2O	4	72
其中　　O_2	6.25	200	O_2	1.25	40
N_2	23.51	658.28	N_2	23.51	658.28
总计	30.76	902.28	总计	31.76	902.28

由题意，根据表 4-2 得到产物烟道气 31.76kmol，需空气 29.76kmol，则 100kmol 产物需空气 $x$kmol

$$x = \frac{100 \times 29.76}{31.76} = 93.7 \text{kmol}$$

（2）基准：1kmol 空气

其中 O_2 为 0.21kmol；

用于燃烧的 O_2 为 0.21/1.25＝0.168kmol；

故燃烧 C_3H_8 量为 0.21/(1.25×5)＝0.0336kmol，计算结果示于表 4-3。

表 4-3 以空气为基准的物料平衡表

组　分		输　入 /kmol	/kg	组　分	输　出 /kmol	/kg
C_3H_8		0.0336	1.48	CO_2	0.101	4.44
空气		(1.0)		H_2O	0.135	2.43
其中	O_2	0.21	6.72	O_2	0.042	1.34
	N_2	0.79	22.123	N_2	0.79	22.12
总计		1.0336	30.32	总计	1.068	30.33

以上两种计算结果均未满足题目要求，由已求得 1.068kmol 烟道气需 1kmol 空气，则 100kmol 烟道气需空气量 x 为

$$x=\frac{100}{1.068}=93.7\text{kmol}$$

（3）基准：100kmol 烟道气

设　N——烟道气中氮气的量，kmol；

　　M——烟道气中氧气的量，kmol；

　　P——烟道气中二氧化碳的量，kmol；

　　Q——烟道气中水分的量，kmol；

　　O——烟道气总量，kmol；

　　A——输入空气量，kmol；

　　B——输入丙烷量，kmol。

其中有 6 个未知数，因此必须有 6 个独立的方程式可求解。因为有化学反应，故以元素平衡可得：

C 平衡　　　　　　　　　$3B=P$

H_2 平衡　　　　　　　　$4B=Q$

O_2 平衡　　　　　　　$0.21A=M+\dfrac{Q}{2}+P$

N_2 平衡　　　　　　　$0.79A=N$

烟道气总量　　　　　　$N+M+P+Q=100$

过剩氧气　　　　　　　$0.21A(0.25/1.25)=M$

以上 6 个方程式为独立方程式，含有 6 个未知数，用矩阵解出。将以上 6 个线性方程式写成：

A	B	N	M	P	Q	结果
0	$+3B$	$+0$	$+0$	$-P$	$+0$	$=0$
0	$+4B$	$+0$	$+0$	$+0$	$-Q$	$=0$
0.21A	$+0$	$+0$	$-M$	$-P$	$-0.5Q$	$=0$
0.79A	$+0$	$-N$	$+0$	$+0$	$+0$	$=0$
0	$+0$	$+N$	$+M$	$+P$	$+Q$	$=100$
0.042A	$+0$	$+0$	$-M$	$+0$	$+0$	$=0$

写成系数矩阵

$$\begin{bmatrix} 0 & 3 & 0 & 0 & -1 & 0 \\ 0 & 4 & 0 & 0 & 0 & -1 \\ 0.21 & 0 & 0 & -1 & -1 & -0.5 \\ 0.79 & 0 & -1 & 0 & 0 & 0 \\ 0 & 0 & 1 & 1 & 1 & 1 \\ 0.042 & 0 & 0 & -1 & 0 & 0 \end{bmatrix} \begin{bmatrix} A \\ B \\ N \\ M \\ O \\ Q \end{bmatrix} = \begin{bmatrix} 0 \\ 0 \\ 0 \\ 0 \\ 100 \\ 0 \end{bmatrix}$$

在工程中，用计算机求解，一般用消去法，将上式改为：

$$\begin{bmatrix} 0.042 & 0 & 0 & -1 & 0 & 0 \\ 0 & 3 & 0 & 0 & -1 & 0 \\ 0 & 0 & 1 & 1 & 1 & 1 \\ 0.21 & 0 & 0 & -1 & -1 & -0.5 \\ 0.79 & 0 & -1 & 0 & 0 & 0 \\ 0 & 4 & 0 & 0 & 0 & -1 \end{bmatrix} \begin{bmatrix} A \\ B \\ N \\ M \\ O \\ Q \end{bmatrix} = \begin{bmatrix} 0 \\ 0 \\ 100 \\ 0 \\ 0 \\ 0 \end{bmatrix}$$

由此可得：

$$\begin{bmatrix} 1 & 0 & 0 & 0 & 0 & 0 & 93.7 \\ 0 & 1 & 0 & 0 & 0 & 0 & 3.148 \\ 0 & 0 & 1 & 0 & 0 & 0 & 74.02 \\ 0 & 0 & 0 & 1 & 0 & 0 & 3.935 \\ 0 & 0 & 0 & 0 & 1 & 0 & 9.445 \\ 0 & 0 & 0 & 0 & 0 & 1 & 12.59 \end{bmatrix}$$

其解为：

空气量	$A = 93.7 \text{kmol}$
C_3H_8	$B = 3.148 \text{kmol}$
N_2	$N = 74.02 \text{kmol}$
O_2	$M = 3.935 \text{kmol}$
CO_2	$P = 9.445 \text{kmol}$
H_2O	$Q = 12.59 \text{kmol}$

从以上的计算可以看出，选择第一、第二种基准，虽不能直接得到结果，但可以避免第三种基准的繁复计算。

4.1.1.4 物料平衡的一般分析

一个系统的物料平衡就是通过系统的进料和出料的平衡。流入和流出的物料可以是单组分，也可以是多组分；可以是均相，也可以是非均相。物料衡算的任务就是利用过程中已知的某些物流的流量和组成，通过建立物料及组分的平衡方程式，求解其余未知的物流量及组成。为此，在进行物料衡算时，根据质量守恒定律而建立各种物料的平衡式和约束式。

(1) 平衡式和约束式

物料衡算时可建立的平衡式和约束式有：

① 物料平衡方程式 系统总的物料平衡式，各组分的平衡式，元素原子的平衡式。

② 物流约束式 归一方程，即构成物流各组分的分率之和等于1，可写为

$$\sum x_j = 1 \tag{4-4}$$

气液或液液平衡方程式

$$y_j = K_j x_j \qquad\qquad (4\text{-}5)$$

除此之外，还有溶解度、恒沸组成等。

③ 设备约束式　两物流流量比、回流比（蒸馏过程）、相比（萃取过程）等。

以上方程中，总的物料平衡方程式只有一个，与进出物流的数量无关。而组分平衡方程式或元素平衡方程式则取决于组分数或元素数，有几个组分或元素，就可以列出几个组分或元素的平衡方程式。物流约束式中，每一股物流就有一个归一方程。设备约束式与过程和设备有关。不同设备，其约束式也不同。

(2) 变量

对于过程的变量，如果系统中各物流含有相同的组分数 N_c，则每一物流的变量数等于该物流流量与组分数之和，即（N_c+1）。如果该系统有 N_s 股物流通过系统边界，有 N_p 个设备参数，那么系统的总变量数为

$$N_v = N_s(N_c+1) + N_p \qquad\qquad (4\text{-}6)$$

式中　N_v——系统的总变量数；

　　　N_c——物流中的组分数；

　　　N_s——物流的股数；

　　　N_p——设备的参数。

实际上，过程中各股物流的组分数不一定相同，所以变量数要根据具体情况加以计算。

在进行物料衡算之前，要求赋值的变量称为设计变量。如果系统变量总数为 N_v，独立方程数为 N_e，则设计变量数为 N_d

$$N_d = N_v - N_e \qquad\qquad (4\text{-}7)$$

式中　N_d——设计变量数；

　　　N_e——独立方程数。

在求解物料衡算方程式时，应该使所给定的设计变量数恰好等于需要的个数，否则就会出现无解或矛盾解的情况。

4.1.1.5　原材料的消耗定额

化工过程中，经常遇到有关物料的各种数量和质量指标，如"量"（产量、流量、消耗量、排出量、投料量、损失量、循环量）；"度"（纯度、浓度、分离度、溶解度、饱和度）；"比"（配料比、循环比、固液比、气液比、回流比等）；"率"（转化率、单程收率、回收率、产率、反应速率等）等。

原材料的消耗与两个因素有关。一个因素是化学反应的理论量，即按照化学反应方程式的化学计量关系计算所得的消耗量，称为理论消耗量。理论量只与化学反应有关，如 $3H_2+N_2\rightarrow 2NH_3$，每生产 1000kg 的氨，就要消耗氢气 176kg。另一个因素是在工业生产中，各种反应物的实际用量，极少等于化学反应方程式的理论量，在生产中的各个操作环节都会损失一定量的原料或半成品，如为了使反应能够顺利进行，并尽可能提高产物的量，往往将其中较为昂贵的或某些有毒物质（因不能排放）的原料消耗完，而过量一些价廉或易回收的反应物。那么这些过量的反应物随产物一起排出后，要与产物分离，势必会带走一定量的产物，导致原材料的消耗增加。又如在某些反应中，由于现有的技术限制，在主反应发生时，伴随有副反应的发生，这样就又导致了原材料的消耗增加。

实际消耗量和理论消耗量的差别是允许的，因此，为评价和计算，在工业上常采用一些指标，以衡量生产情况。主要有以下几种：

（1）转化率

转化率是原料中某一反应物转化掉的量（mol）与初始反应物的量（mol）的比值，它是化学反应进行程度的一种标志。

工业生产中有单程转化率和总转化率，表达式为：

$$单程转化率 = \frac{输入到反应器的反应物 - 从反应器输出的反应物}{输入到反应器的反应物} \times 100\% \quad (4-8)$$

$$总转化率 = \frac{输入到过程的反应物 - 从过程中输出的反应物}{输入到过程的反应物} \times 100\% \quad (4-9)$$

可简写成

$$转化率 = \frac{反应物的反应量}{反应物的进料量} \times 100\% \quad (4-10)$$

其数学表达式为

$$x_A = \frac{n_{A0} - n_A}{n_{A0}} \quad (4-11)$$

式中　n_{A0}——原料中某反应物的初始量，mol；

　　　n_A——反应后某反应物的量，mol。

（2）选择性

当同一种原料可以转化为几种产物，即同时存在有主反应和副反应时，选择性表示实际转化为目标产物的量（mol）与被转化掉的原料的量（mol）的比值。

$$选择性 = \frac{生成目标产物所消耗的反应物量}{原料的反应量} \times 100\% \quad (4-12)$$

用数学式表示

$$\beta = \frac{(n_C - n_{C0})/c}{(n_{A0} - n_A)/a} \quad (4-13)$$

式中　β——选择性；

　　　n_{C0}——原料中目标产物 C 的量，mol；

　　　n_C——反应后目标产物 C 的量，mol；

　　　n_{A0}——原料中反应物 A 的量，mol；

　　　n_A——反应后反应物 A 的量，mol；

　　　a，c——原料和目标产物的计量系数。

（3）收率

收率表示原料转化为标的产物的量（mol）与进反应系统的初始量（mol）的比值。

$$收率 = \frac{生成目标产物所消耗的反应物量}{反应物的进料量} = 转化率 \times 选择性 \quad (4-14)$$

用数学式表示

$$\psi = \beta x_A = \frac{(n_C - n_{C0})/c}{n_{A0}/a} \quad (4-15)$$

式中，ψ 为收率；其他符号同上。

（4）限制反应物

在参与反应的反应物中，其中以最小的化学计量存在的反应物为限制反应物。

（5）过量反应物

在参与反应的反应物中，超过化学计量的反应物为过量反应物。反应物的过量程度，通

常以过量百分数来表示，即

$$过量程度 = \frac{输入量(mol) - 需要量(mol)}{需要量(mol)} \times 100\% \qquad (4\text{-}16)$$

4.1.2 无化学反应的物料衡算

在系统中，物料没有发生化学反应的过程称为无化学反应过程。这类过程通常又称为化工单元操作，如流体输送、粉碎、换热、混合、分离等。

4.1.2.1 简单过程的物料衡算

简单过程是指仅有一个设备或把整个过程简化为一个设备单元的过程。设备的边界就是系统的边界。下面分别以过滤和精馏过程为示例，进行过程物料衡算。

过滤是机械分离方法之一，通过过滤操作，将液体和固体分离。

【例 4-2】 在过滤机中将含有 25%（质量）的固体料浆进行过滤，料浆的进料流量为 2000kg/h，滤饼含有 90% 的固体，而滤液含有 1% 的固体，试计算滤液和滤饼的流量？

解：先画出流程示意图，如图 4-1 所示。

这是一个稳态过程，因此过程的累积量为零，并且每单位时间进入和流出的质量相等。

设滤液的流率为 F_2，滤饼的流率为 F_3，因而有两个未知数，必须写出两个独立的方程式。一个是总平衡式，另一个是液体平衡式或固体平衡式。

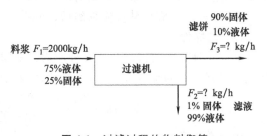

图 4-1　过滤过程的物料衡算

总平衡式

输入的料浆＝输出的滤液＋输出的滤饼

$$F_1 = F_2 + F_3$$

液体平衡式　　　料浆中的液体＝滤液中的液体＋滤饼中的液体

$$F_1 \times 11 = F_2 \times 21 + F_3 \times 31$$

代入已知数据，等方程式为

$$2000 = F_2 + F_3$$
$$0.75 \times 2000 = 0.99 F_2 + 0.10 F_3$$

解方程式得

$$F_2 = 1460.7 \text{kg/h}$$
$$F_3 = 539.3 \text{kg/h}$$

可以利用固体平衡式来进行校核

$$0.25 \times 2000 = 0.01 \times 1460.7 + 0.9 \times 539.3$$

平衡式两边相等，故答案正确。

【例 4-3】 以苯为溶剂，用共沸精馏法分离乙醇水混合物制取纯乙醇。假定料液混合物中含水 60%，乙醇 40%，在精馏塔馏出液中含苯 75%，水 24%，其余为乙醇（组成均为质量分数）。若需要生产乙醇量为 1000kg/h，试计算精馏中所需的苯量是多少？

解：画出流程示意图，如图 4-2 所示。

总物料平衡式

$$F_1 + F_2 = F_3 + F_4$$

组分物料平衡式

苯平衡 $\qquad F_2=0.75F_3$

水平衡 $\qquad 0.6F_1=0.24F_3$

醇平衡

$$(1-0.6)F_1=(1-0.75-0.24)F_3+F_4$$

解得：$F_1=2667\text{kg/h}$，$F_2=5000\text{kg/h}$，$F_3=6667\text{kg/h}$。

从上面的求解可知，系统变量3个，因此有3个独立的方程式即可求解。在本题中，列出了四个方程式，由此说明其中有一个是非独立方程。一般情况，如果系统中有 S 个组分，按质量守恒定律可得到个 $S+1$ 方程，但其中只有 S 个方程是独立的。

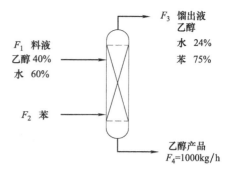

图 4-2　精馏过程的物料衡算

4.1.2.2　多单元系统

化工生产中，常常会遇到多单元系统，有些虽然由数个单元设备组成，但由于只考虑过程的输入和输出，所以属简单情况。但如果对系统中的每一个设备都要计算其流量及组成，这种系统称为多单元系统。

如图 4-3 所示，由两个单元组成的过程，其输入、输出及相关的物流共有 5 个。假设此过程每一物流均含有 s 种物质，以单元 Ⅰ 作为分离系统，因为有 s 种物质，则可以列出 s 个物料平衡方程式。同样，如果将单元 Ⅱ 与总过程分开处理，因其也含有 s 种物质，也可以列出 s 个物料平衡方程式。最后，若将这两个单元过程作为一个单元来处理的话，系统的边界如图中虚框。这时仅考虑进入和离开系统的物流，这时又可以列出附加的 s 个独立方程式，这些平衡方程式仅关联物流 1、2、3、4的变量，而与内部物流 3 有关的物流变量将不出现在平衡方程式中。

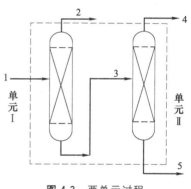

图 4-3　两单元过程

以整个过程列出的一组平衡方程称为单元平衡方程。由此可见，对上述两单元过程可处理为：单元 Ⅰ、单元 Ⅱ 和总过程单元，于是可以列出两组单元平衡方程式和一组总平衡方程式。每一组方程均是由 s 个物料平衡方程式所构成。因此，可以由 $3s$ 个方程来求解得到各物流的变量，其中 $2s$ 个方程是独立的。

【例 4-4】　造纸厂的碱回收工段有一个四效蒸发器，将造纸废液（简称黑液）浓缩，供料方式为 Ⅲ→Ⅳ→Ⅱ→Ⅰ，蒸发器的总处理能力为 80000kg/h，浓度从含 15％ 固形物浓缩到含固形物 60％，各效的中间浓度为：

第 Ⅲ 效后为 17.8％ 固形物

第 Ⅳ 效后为 22.6％ 固形物

第 Ⅱ 效后为 31.5％ 固形物

按以上要求试计算总蒸发水量和每一效蒸发器的蒸发水量。

解： 画出流程示意图，如图 4-4 所示。

假设不考虑各效之间的分配，可以将整个系统简化为一个单元，料液进口浓度含固形物 15％，出口浓度 60％，由此可以计算出整个系统的总蒸发水量。

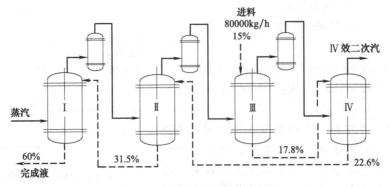

图 4-4　四效蒸发系统物料平衡

$$F_{进}\,x_{进}=(F_{进}-W)x_{出}$$

式中　$F_{进}$——进口料液的流量，kg/h；

　　　$x_{进}$——进口料液的浓度，%；

　　　$x_{出}$——出口料液的浓度，%；

　　　W——当效的蒸发水量，kg/h。

由上式可以得到

$$W=F_{进}\left(1-\frac{x_{进}}{x_{出}}\right)$$

则总的蒸发水量为

$$W_{总}=80000\times\left(1-\frac{15}{60}\right)=60000\ （kg/h）$$

由于本题中已经给出了各效后的料液浓度，所以每一效都可以用上式计算：

第Ⅲ效的蒸发水量

$$W_{Ⅲ}=80000\times\left(1-\frac{15}{17.8}\right)=12600\ （kg/h）$$

进入第Ⅳ效的料液量为

$$80000-12600=67400\ （kg/h）$$

则第Ⅳ效的蒸发水量为

$$67400\times\left(1-\frac{17.8}{22.6}\right)=14300\ （kg/h）$$

最后得到

$$W_{总}=60000kg/h；\ W_{Ⅲ}=12600kg/h；$$
$$W_{Ⅳ}=14300kg/h；\ W_{Ⅱ}=15000kg/h；$$
$$W_{Ⅰ}=18100kg/h。$$

4.1.3　反应过程的物料衡算

有化学反应的物料衡算，与无化学反应过程的物料衡算相比要复杂些。由于化学反应，原子与分子重新形成了完全不同的新物质，因此每一化学物质的输入与输出的摩尔或质量流率是不平衡的。此外，在反应中，还涉及反应速率、转化率、产物的收率等因素。为了有利于反应的进行，往往使某一反应物过量，这些在反应过程的物料衡算时，要加以考虑。

4.1.3.1 直接计算法

在物料衡算中，根据化学反应方程式，运用化学计量系数进行计算的方法，称为直接计算法。

【例 4-5】 甲醇氧化制甲醛，其反应过程为：

$$CH_3OH + 1/2O_2 \Longleftrightarrow HCHO + H_2O$$

反应物及生成物均为气态。甲醇的转化率为 75%，若使用 50% 的过量空气，试计算反应后气体混合物的摩尔组成。

图 4-5　甲醇制甲醛物料衡算

解：画出流程示意图，如图 4-5 所示。

基准：1mol　CH_3OH

根据反应方程式

$$O_2(需要) = 0.5mol;$$
$$O_2(输入) = 1.5 \times 0.5 = 0.75mol;$$
$$N_2(输入) = N_2(输出) = 0.75 \times (79/21) = 2.82mol;$$

CH_3OH 为限制反应物

$$反应的 CH_3OH = 0.75 \times 1 = 0.75mol$$

因此

$$HCHO(输出) = 0.75mol;$$
$$CH_3OH(输出) = 1 - 0.75 = 0.25mol;$$
$$O_2(输出) = 0.75 - 0.75 \times 0.5 = 0.375mol;$$
$$H_2O(输出) = 0.75mol$$

计算结果如下所示。

组　　分	物质的量/mol	摩尔分数/%
CH_3OH	0.250	5.0
HCHO	0.750	15.2
H_2O	0.750	15.2
O_2	0.375	7.6
N_2	2.820	57.0
总　　计	4.945	100.0

4.1.3.2 利用反应速率进行物料衡算

(1) 物质的量平衡

在以物质的量（质量或摩尔）进行衡算时，由于化学反应，则输入与输出速率之差 R_C 定义为物质 C 的摩尔生成速率，即

$$R_C = F_{C,输入} - F_{C,输出} \tag{4-17a}$$

因此，化学反应过程的物料衡算式可写成

$$F_{C,输出} = F_{C,输入} + R_C \tag{4-17b}$$

设有一化学反应

$$aA + bB \Longleftrightarrow cC + dD$$

根据化学反应原理，A、B、C、D 各物质的反应速率是不相同的（除 $a = b = c = d$ 以外），

设以 σ_c 表示物质 C 的化学计量系数，则反应速率 r 可定义为

$$r = \frac{R_c}{\sigma_c} \qquad (c = 1, 2, \cdots, n) \tag{4-18}$$

式中，计量系数 σ_c 对生成物为正，反应物为负。

根据这一定义，任一物质 C 的生成速率（通常称为 C 的反应速率），可由反应速率 r 乘以计量系数而得到，即

$$R_C = \sigma_c r \qquad (c = 1, 2, \cdots, n) \tag{4-19}$$

因此，物质的摩尔平衡方程式可写为

$$F_{C,输出} = F_{C,输入} + \sigma_c r \tag{4-20}$$

【例 4-6】 合成氨原料气中的 CO 通过变换反应器而除去，如图 4-6 所示。在反应器 1 中 CO 大部分转化，在反应器 2 中完全脱去。原料气由发生炉煤气（78% N_2，20% CO，2% CO_2）和水煤气（50% H_2，50% CO）混合而成，在反应器中与水蒸气发生反应，$CO + H_2O \Longleftrightarrow CO_2 + H_2$，最后得到物流中 H_2 与 N_2 之比为 3∶1，假定水蒸气流率是原料气总量（干基）的 2 倍，

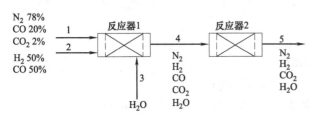

图 4-6 合成氨变换过程

同时反应器 1 中 CO 转化率为 80%，试计算中间物流 4 的组成。

解： 基准：物流 1 为 100mol/h

过程先由总单元过程摩尔衡算式进行计算，总衡算式为：

N₂（A）平衡 $\qquad F_{5,A} = 0.78 \times 100 = 78\text{mol/h}$

CO（B）平衡 $\qquad 0 = 0.2 \times 100 + 0.5F_2 - r$

H₂O（C）平衡 $\qquad F_{5,C} = F_3 - r$

CO₂（D）平衡 $\qquad F_{5,D} = r + 0.02F_1$

H₂（E）平衡 $\qquad F_{5,E} = 0.5F_2 + r$

已知 H_2 与 N_2 之比为

$$F_{5,E} = 3F_{5,A} = 3 \times 78 = 234\text{mol/h}$$

原料气（干基）与水蒸气之比为

$$F_3 = 2(F_1 + F_2)$$

式中，F_1 与 F_2 指物流 1 与 2 的总量。

将 H_2 和 CO 平衡式相加，消去 r 得

$$F_2 = 234 - 20 = 214\text{mol/h}$$

将 F_2 值代入 CO 平衡式中，得

$$r = 20 + 107 = 127\text{mol/h}$$

由此得

$$F_3 = 2 \times (100 + 214) = 628\text{mol/h}$$

最后，由 CO 和 H_2O 平衡得到

$$F_{5,D} = 129\text{mol/h}$$

$$F_{5,C} = 628 - 127 = 501\text{mol/h}$$

(2) 元素平衡

由于化学反应中化学物质发生了变化，故常常采用元素平衡的方法进行物料衡算。

设输入物流有 I 股，输出物流有 J 股，则物质 S 的净输出速率为

$$F_s = \sum_j F_{js} - \sum_i F_{is} \tag{4-21}$$

令 α_{es} 为物质 S 中元素 e 的原子数，称 α_{es} 为原子系数，则对给定系统，可由原子系统列出原子矩阵。根据这一定义，物质 S 中的元素 e 的净原子流出速率为

$$\sum_s \alpha_{es} F_s$$

因为元素是守恒的，上式必须等于零。因此系统的元素平衡方程式可写为

$$\sum_s \alpha_{es} F_s = 0 \qquad (e = 1, 2, \cdots, E) \tag{4-22}$$

如果以 A_e 表示元素 e 的原子量，上面的原子平衡式又可表示为质量单位为

$$A_e = \sum_s \alpha_{es} F_s = 0 \qquad (e = 1, 2, \cdots, E) \tag{4-23}$$

总的平衡方程式为

$$\sum_e A_e \sum_s \alpha_{es} F_s = 0 \tag{4-24}$$

物质 S 的分子量可表示为

$$M_s = \sum_e A_e \alpha_{es} \tag{4-25}$$

由此可得

$$\sum_s M_s F_s = 0 \tag{4-26}$$

【例 4-7】 由甲醇（CH_3OH）和空气在催化剂上部分氧化制甲醛（CH_2O），在最佳反应条件下，含 40% 的甲醇、空气混合物，转化率约为 55%。除主产品外，还有副产品如一氧化碳、二氧化碳和少量的甲酸（HCOOH）。因此，反应器输出物流一般用洗涤进行分离，得到含有 CO、CO_2、H_2 和 N_2 的气体物流和含有未反应的

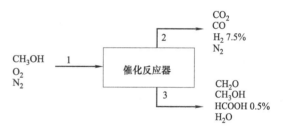

图 4-7 甲醇氧化制甲醛的物料平衡

甲醇、产品甲醛、水及甲酸的液体物流。假设液相物流中含有等量的甲醇、甲醛和 0.5% 的甲酸，而气体物流中含有 7.5% 的 H_2，试计算两股物流的组成？

解： 流程示意图如图 4-7 所示。

由图中可知，本系统包含有 4 种元素和 9 种化学物质，以元素和物质列出原子系数矩阵：

	O_2	H_2	CO	N_2	CO_2	CH_3OH	CH_2O	HCOOH	H_2O
O	2	0	1	0	2	1	1	2	1
H	0	2	0	0	0	4	2	2	2
C	0	0	1	0	1	1	1	1	0
N	0	0	0	2	0	0	0	0	0

基准：进料量 1000mol/d

已知 CH_3OH 含量为 40%，空气中 O_2/N_2 之比为 21/79，可得

$$F_1 = \begin{cases} 400\text{mol/d} & CH_3OH \\ 126\text{mol/d} & O_2 \\ 474\text{mol/d} & N_2 \end{cases}$$

甲醇的输入速率和转化率求出后，可计算得到甲醇的输出速率为

$$F_{3,CH_3OH} = 400 \times (1-0.55) = 180\text{mol/d}$$

已知 $F_{3,CH_3OH} = F_{3,CH_2O}$，则

$$F_{3,CH_2O} = 180\text{mol/d}$$

由以上数据，物质的净输出速率计算如下：

$F_{O_2} = 0-126 = -126$；

$F_{H_2} = 0.075F_2 - 0 = 0.075F_2$；

$F_{CO} = F_{2,CO} - 0 = F_{2,CO}$；

$F_{N_2} = F_{2,N_2} - 474$；

$F_{CO_2} = F_{2,CO_2} - 0 = F_{2,CO_2}$；

$F_{CH_3OH} = 180 - 400 = -220$；

$F_{CH_2O} = 180 - 0 = 180$；

$F_{HCOOH} = 0.005F_3 - 0 = 0.005F_3$；

$F_{H_2O} = F_{3,H_2O} - 0 = F_{3,H_2O}$；

根据系数矩阵，可以列出 4 元素的平衡式：

O 平衡 $2 \times (-126) + 0(F_{H_2}) + 1(F_{2,CO}) + 0(F_{N_2}) + 2(F_{2,CO_2})$
$$+ 1 \times (-220) + 1 \times 180 + 2(0.005F_3) + 1(F_{3,H_2O}) = 0$$

H 平衡 $0(F_{O_2}) + 2(0.0075F_2) + 0(F_{2,CO}) + 0(F_{N_2}) + 0(F_{2,CO_2})$
$$+ 4 \times (-220) + 2 \times 180 + 2(0.005F_3) + 2(F_{3,H_2O}) = 0$$

C 平衡 $0(F_{O_2}) + 0(F_{H_2}) + 1(F_{2,CO}) + 0(F_{N_2}) + 1(F_{2,CO_2})$
$$+ 1 \times (-220) + 1 \times 180 + 1(0.005F_3) + 0(F_{3,H_2O}) = 0$$

N 平衡 $0(F_{O_2}) + 0(F_{H_2}) + 0(F_{CO}) + 2(F_{N_2}) + 0(F_{CO_2})$
$$+ 0(F_{CH_3OH}) + 0 \times (F_{CH_2O}) + 0(F_{HCOOH}) + 0(F_{H_2O}) = 0$$

因为 N_2 是惰性的，N 平衡说明 N_2 的净流率应为零，即

$$F_{2,N_2} - 474 = 0$$

除此之外，其余三个平衡方程式可化为：

$$F_{2,CO} + 2F_{2,CO_2} + 0.01F_3 + F_{3,H_2O} = 292 \tag{4-27}$$

$$0.15F_2 + 0.01F_3 + 2F_{3,H_2O} = 520 \tag{4-28}$$

$$F_{2,CO} + F_{2,CO_2} + 0.005F_3 = 40 \tag{4-29}$$

此外物流 2 和物流 3 应满足

$$F_2 = F_{2,CO} + F_{2,CO_2} + 0.075F_2 + 474$$

$$F_3 = 180 + 180 + 0.005F_3 + F_{3,H_2O}$$

或

$$0.925F_2 - 474 = F_{2,CO} + F_{2,CO_2} \tag{4-30}$$

$$0.995F_3 - 360 = F_{3,H_2O} \tag{4-31}$$

应用式 (4-30) 和式 (4-31)，从式 (4-28) 和式 (4-29) 中消去 F_{3,H_2O} 和 $F_{2,CO} + F_{2,CO_2}$，得到

$$0.15F_2 + 2F_3 = 1240$$

$$0.925F_2 + 0.005F_3 = 514$$

由此解得

$$F_2 = 552.55 \text{mol/d}$$
$$F_3 = 578.56 \text{mol/d}$$

代入式（4-31）得

$$F_{3,H_2O} = 215.67 \text{mol/d}$$

将所得数据代入式（4-27）和式（4-30），得

$$F_{2,CO} + 2F_{2,CO_2} = 70.55$$
$$F_{2,CO} + F_{2,CO_2} = 37.11$$

解方程得

$$F_{2,CO} = 3.67 \text{mol/d}$$
$$F_{2,CO_2} = 33.44 \text{mol/d}$$

物流 2 和物流 3 的各组分流率及摩尔分数如下。

物 流 号	2		物 流 号	3	
组分名称	质量流率/(mol/d)	摩尔分数	组分名称	质量流率/(mol/d)	摩尔分数
CO_2	33.44	0.0605	CH_3OH	180	0.3111
CO	3.67	0.0066	CH_2O	180	0.3111
H_2	41.44	0.0750	HCOOH	2.89	0.0050
N_2	474	0.8578	H_2O	215.67	0.3728

4.1.3.3 以节点进行衡算

在工艺流程的衡算中，以流程中某一点的汇集或分支处的交点，即节点来进行衡算，可以使计算简化，如原料加入到循环系统中、物料的混合、溶液的配制以及精馏塔塔顶回流和产品取出等，均需采用节点来进行计算。当某些产品的组成需要用旁路调节再送往下一工序时，这种计算方法则更加有用。图 4-8 表示为三股物流的节点。

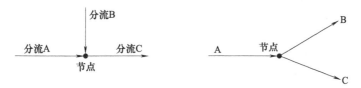

图 4-8　节点示意图

【**例 4-8**】　某厂用烃类气体转化制合成气生产甲醇，合成气体积为 2321m^3（STP）/h，$CO/H_2 = 1/2.4$（摩尔）。但是由于转化后的气体体积组成为 CO 43.12%、H_2 54.2%，不符合要求。为此需将部分转化气送去变换反应器，变换后气体体积组成为 CO 8.76%、H_2 89.75%，此气体经脱 CO_2 后体积减少 2%。用此变换气去调节转化气，使其达到合成甲醇原料气的要求，其原料气中 CO 与 H_2 的含量为 98%，试计算转化气、变换气各应为多少？

解：画出流程示意图如图 4-9 所示。

在本题中，V_2 从 A 点分流，在 B 点合并，合并时无化学变化和体积变化。A、B 两点称为节点。因此根据节点衡算原理，即在点范围进行衡算。

对 B 点进行物料衡算：

总平衡 $\qquad\qquad V_1 + V_3 = V_4 = 2321$

CO 平衡 $\qquad\qquad 0.4312V_1 + 0.0889V_3 = 2321n_{CO}$

H_2 平衡 $\qquad 0.542V_1 + 0.9111V_3 = 2321n_{H_2} = 2321 \times 2.4n_{CO}$

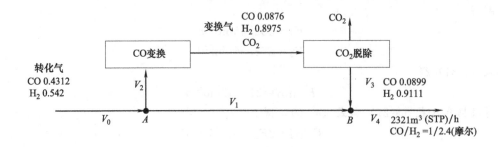

图 4-9　甲醇原料气配气流程

$$n_{CO} = \frac{0.98}{1+2.4} = 0.2882 = 0.2882$$

$$n_{H_2} = \frac{0.98 \times 2.4}{1+2.4} = 0.6918$$

解联立方程式，得

$$V_1 = 1352 m^3/h$$

$$V_3 = 969 m^3/h$$

$$V_2 = 989 m^3/h$$

$$V_0 = V_1 + V_2 = 2341 m^3/h$$

脱除
$$CO_2 = V_2 - V_3 = 20 m^3/h$$

4.1.4　过程的物料衡算

4.1.4.1　循环过程

在过程中常常会遇到流体返回（循环）到前一级的情况，尤其在反应过程中，由于反应物的转化率低于 100%，为了充分利用原料，降低原料消耗，在工厂生产中一般将未反应的原料与产品先进行分离，然后循环返回原料进口处，与新鲜原料一起再进入反应器反应。精馏塔的回流也是循环过程的一个例子。在没有循环时，一系列单元步骤的物料平衡可按顺序依次进行，每次可取一个单元。但是，如果有循环物流的话，由于循环量并不知道。所以在不知道循环流量时，逐次计算并不能计算出循环量。

这类问题通常可以采用两种解法：

（1）试差法

估计循环流量，并继续计算至循环回流的那一点。将估计值与计算值进行比较，并重新假定一个估计值，一直计算到估计值与计算值之差在一定的误差范围内。

（2）代数解法

在循环存在时，列出物料平衡方程式，并求解。一般方程式中以循环量作为未知数，应用联立方程的方法进行求解。

在只有一个或两个循环物流的简单情况，只要计算基准和系统边界选择适当，计算常常可以简化。一般在衡算时，先进行总的过程衡算，再对循环系统，列出方程式求解。

【例 4-9】 苯直接加 H_2 转化为环己烷。生产产量为 100kmol/h 的环己烷，输入系统中的苯有 99% 反应生成环己烷，进入反应器物流的组成为 80% H_2 和 20% C_6H_6（摩尔），产物物流中含有 3% 的 H_2。流程示意图见图 4-10。

试计算：（1）产物物流的组成；
（2）H₂和 C₆H₆ 的进料速率；（3）
H₂ 的循环速率。

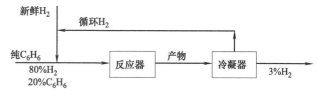

图 4-10 循环过程的物料衡算

解：化学反应方程式
$$C_6H_6 + 3H_2 \longrightarrow C_6H_{12}$$

产物物流中，环己烷 100kmol/h，苯的转化率为 99%，生产 100kmol/h 环己烷需苯
$$100/0.99 = 101.01\text{kmol/h}$$

未反应的苯量
$$101.01 - 100 = 1.01$$

产物中含 H₂，设含量为 n_{H_2}
$$\frac{n_{H_2}}{100 + 1.01 + n_{H_2}} = 0.03, \qquad n_{H_2} = 3.12\text{kmol/h}$$

$$总产物量 = 100 + 1.01 + 3.12 = 104.13\text{kmol/h}$$

C₆H₁₂、C₆H₆、H₂ 摩尔分率分别为 0.96，0.01，0.03。

H₂ 的进料速率为
$$100 \times 3 + 3.12 = 303.12\text{kmol/h}$$

苯的进料速率为
$$101.01\text{kmol/h}$$

设循环 H₂ 量为 $R\,\text{kmol/h}$，则
$$\frac{101.01}{101.01 + 303.12 + R} = 0.2, \qquad R = 100.92\text{kmol/h}$$

4.1.4.2 弛放过程

在带有循环物流的工艺过程中，有些惰性组分或某些杂质由于没有分离掉，在循环中逐渐积累起来，因而在循环气中惰性组分的量越来越大，影响了正常的生产操作。在工业上，为了使循环系统中的惰性气保持在一定浓度，就需要将一部分循环气排放出去，这种排放称为弛放过程。如图 4-11 所示。

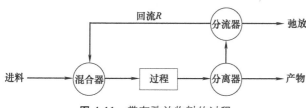

图 4-11 带有弛放物料的过程

在连续弛放过程中，稳态的条件是

$$弛放时惰性气体排出量 = 系统惰性气体的进料量 \tag{4-32}$$

弛放物流中任一组分的浓度与进行弛放那一点的循环物流浓度相同。因此，所需弛放的速度可由下式决定：

$$料液流率 \times 料液中惰性气体浓度 = 弛放物流流率 \times 指定循环流中惰性气体浓度$$

$$\tag{4-33}$$

【例 4-10】 由氢气和氮气生产合成氨时，原料气中总含有一定量的惰性气体，如氩和甲烷。为了防止循环氢、氮气中惰性气体的积累，因而需设置弛放装置，如图 4-12 所示。

假定原料气的组成为：N₂ 24.75%，H₂ 74.25%，惰性气体 1.00%；N₂ 的单程转化率为 25%；循环物流中惰性气体为 12.5%，NH₃ 3.75%（以上组成均为摩尔分数）。

试计算：（1）N₂ 的总转化率；（2）弛放气与原料气的摩尔比；（3）循环物流量与原料

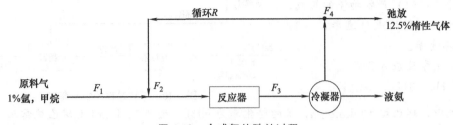

图 4-12　合成氨的弛放过程

气的摩尔比。

解：基准：100mol 原料气

循环物流组成：惰性气体＝0.125，NH_3＝0.0375

$$N_2＝(1-0.125-0.0375)/4＝0.2094$$
$$H_2＝0.2094×3＝0.6281$$

由式（4-33）可得

$$100×0.01 = 0.125F_4$$
$$F_4=8mol$$

N_2 组分衡算

$$(0.2475F_1+0.2094R)(1-0.25)=(R+F_4)×0.2094$$

将 F_1＝100mol，F_4＝8mol 代入

$$(0.2475×100+0.2094R)×0.75=(R+8)×0.2094$$

解得

$$R = 322.58mol$$

N_2 的总转化率

$$(100×0.2475+322.58×0.2094)/100=0.923=92.3\%$$

弛放气与原料气的摩尔比为

$$8/100=0.08=8\%$$

循环物流量与原料的摩尔比为

$$322.58/100=3.23$$

4.1.4.3　旁路

在生产中，物流不经过某些单元而直接分流到后续工序去，这种方法称为旁路。旁路主要用于控制物流组成或温度。如图 4-13 所示。

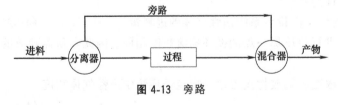

图 4-13　旁路

具有旁路的物料衡算与具有循环物流的相类似，有时还要容易些，对物流旁路流向前工序的过程，计算上略有不同。

4.1.4.4　过程物料衡算的一般求解方法

首先对各单元设备的变量、设计变量，列出方程式进行分析，确定其自由度。当自由度为零时，方程式可解。

【例 4-11】　如图 4-14 所示。

有一种干粉状高硫分烟煤，元素分析为含 C 72.5%、H 5%、O 9%、S 3.5% 和灰分 10%，同热的合成气流接触生成粗煤油、高甲烷气和脱掉挥发分的焦炭。高甲烷气含有（干

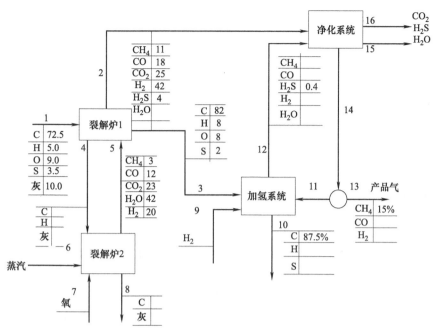

图 4-14　高硫烟煤合成煤油物料衡算

基摩尔分数）：CH_4 11％、CO 18％、CO_2 25％、H_2 42％和 H_2S 4％，每 100mol 干气中含水 48mol。粗煤油元素分析（质量分数）为 C 82％、H 8％、O 8％、S 2％。每 1000kg 干煤大约可得 150kg 粗油。脱去挥发分的焦炭从裂解炉 1 输送到裂解炉 2，并同水蒸气和氧气一起汽化生成热的合成气，然后供给裂解炉 1，气体组成（摩尔分数）为：CH_4 3％、CO 12％、CO_2 23％、H_2O 42％、H_2 20％，同时得到含有碳和灰分的焦炭，粗产品气从裂解炉 1 送至净化系统，以脱除 H_2S、CO_2 和 H_2O。所得产品气含有 15％（摩尔分数）CH_4，CO∶H_2＝1∶3，可进一步甲烷化。这一部分气体大部分循环返回加氢系统，在加氢系统中粗煤油再加氢生成含 C 87％和少量硫的粗油，加氢系统基本上从粗油中除去碳和氧，而氢含量有一些增加，从加氢系统出来的气体，每 1mol 水含有 4mol CO 和 15mol H_2，只有 0.4mol H_2S，再送到净化系统除去 H_2S 和 H_2O，试计算流程中的全部物流量。

解：因为本题的物流组成是以元素来表示的，所以对裂解炉 1、裂解炉 2 和加氢系统需要应用元素平衡，同时也可写出元素总的平衡方程式。而分离器和净化系统，因为没有化学反应，可用一般物料平衡式。自由度分析见表 4-4。

基准：裂解炉 1 和净化系统均可选为基准，现选裂解炉 1 为基准，设进料煤为 1000kg/h。

表 4-4　[例 4-11] 的自由度分析

项目	裂解炉 1	裂解炉 2	加氢系统	净化系统	分离器	过程	总平衡式
变量	23	12	16	17	9	48	19
平衡方程式	5	4	4	6	3	22	5
设计变量							
组分							
煤	4					4	4
粗油	3		3			3	
裂解炉 1 气	4			4		4	
裂解炉 2 气	4	4				4	

项目	裂解炉1	裂解炉2	加氢系统	净化系统	分离器	过程	总平衡式
合成粗油			1			1	1
产品气			2	2	2	2	2
物流12			1	1		1	
关系							
H_2O：气	1			1		1	
物流12中 $H_2/H_2O,CO/H_2O$			2	2		2	
油：煤	1					1	
分离器限制条件					2	2	
自由度	1	4	3	1	2	1	7

根据油的产率，说明粗油为150kg/h。由此，列出裂解炉1的元素平衡方程式为：

灰平衡 $\qquad F_{4灰}=0.1\times1000=100kg/h$

S平衡 $\qquad -35+3+(0.04F_{2干})32=0$

O平衡 $\qquad -90+12+16(0.18F_{2干}-0.12F_5)+2(0.25F_{2干}-0.23F_5)16$
$\qquad\qquad +(F_{2H_2O}-0.42F_5)16=0$

C平衡 $\qquad -725+123+F_{4C}+12(0.11F_{2干}-0.03F_5)+(0.18F_{2干}-0.12F_5)12$
$\qquad\qquad +(0.25F_{2干}-0.23F_5)12=0$

H平衡 $\qquad -50+12+F_{4H}+4(0.11F_{2干}-0.03F_5)+2(0.42F_{2干}-0.2F_5)$
$\qquad\qquad +(0.04F_{2干})+2(F_{2H_2O}-0.42F_5)=0$

从S平衡得 $\qquad F_{2干}=25kmol/h$

从水气比得 $\qquad F_{2H_2O}=12kmol/h$

由此，从氧平衡解得 $\qquad F_5=24.125kmol/h$

C平衡 $\qquad F_{4C}=550.01kg/h$

H平衡 $\qquad F_{4H}=12.81kg/h$

解得裂解炉1后，物流2的流率已知，因此净化单元的自由度为零。同样，物流5和物流4的流率已知后，裂解炉2的自由度为零。因此，净化单元和裂解炉2都可解。若先解裂解炉2，其平衡方程式如下：

灰平衡 $\quad F_{8灰}=100kg/h$

C平衡 $\quad -550.01+F_{8C}+0.03\times24.125\times12+0.12\times24.125\times12+0.23\times24.125\times12=0$

H平衡 $\quad -12.81+4\times0.03\times24.125+2(0.42\times24.125-F_6)+(0.2\times24.125)=0$

O平衡 $\quad -F_7(32)+16(0.42\times24.125-F_6)+16(0.12\times24.125)+32(0.23\times24.125)=0$

从C平衡得 $\qquad F_{8C}=440kg/h$

从H平衡得 $\qquad F_6=10kmol/h$ 或 $F_6=180kg/h$

然后由O平衡得 $\qquad F_7=7.0625kmol/h$ 或 $F_7=226kg/h$

裂解炉2的平衡方程式求解后，可进一步计算物流1、6、7的流率及物流8的组成。但加氢系统仍不能计算，故先进行净化系统的求解。

净化系统的物料平衡式：

CO_2平衡 $\qquad 6.25=F_{16CO_2}$

CH_4平衡 $\qquad 2.75+F_{12CH_4}=0.15F_{14}$

H_2平衡 $\qquad 10.5+F_{12H_2}=0.6375F_{14}$

CO平衡 $\qquad 4.5+F_{12CO}=0.2125F_{14}$

H_2O平衡 $\qquad 12+F_{12H_2O}=F_{15}$

H_2S 平衡 $\qquad$ $1+0.004F_{12}=F_{16H_2S}$

由题义给定 $\qquad$ $F_{12CO}/F_{12H_2O}=4$，$F_{12H_2}/F_{12H_2O}=15$

将上两式分别代入 CO 和 H_2 平衡式，得到联立方程式：

$$4.5+4F_{12H_2O}=0.2125F_{14}$$

$$10.5+15F_{12H_2O}=0.6375F_{14}$$

解方程得 $\qquad$ $F_{12H_2O}=1\text{kmol/h}$

$$F_{14}=40\text{kmol/h}$$

所以

$$F_{12H_2}=15\text{kmol/h}$$

$$F_{12CO}=4\text{kmol/h}$$

由平衡式，依次解得

$$F_{12CH_4}=3.25\text{kmol/h}$$

$$F_{15}=13\text{kmol/h}$$

由 $\qquad$ $0.996F_{12H_2S}=0.004\times23.25$

得 $\qquad$ $F_{12H_2S}=0.09337\text{kmol/h}$

或 $\qquad$ $F_{16H_2S}=1.09337\text{kmol/h}$

物流 12 的流率及组成计算后，加氢系统的自由度为零，所以物流 15、16 可以计算，加上已经计算得到的物流 1、6、7、8，就可列出总的平衡方程式。由于灰的平衡用于裂解炉 1 和 2 的计算，所以仅有 4 个元素的总的平衡方程式。

先列出加氢系统的元素平衡方程式：

O 平衡 $\qquad$ $-0.008\times150+16(4-0.2125F_{11})+16\times1=0$

S 平衡 $\qquad$ $0.02\times150+F_{10S}+32\times0.09337=0$

C 平衡 $\qquad$ $-0.82\times150+F_{10C}+12(4-0.2125F_{11})+12(3.25-0.15F_{11})=0$

H 平衡 $\qquad$ $-0.08\times150+F_{10H}+4(3.25-0.15F_{11})+2\times0.09337$

$\qquad\qquad$ $+2\times1+2(15-0.6375F_{11}-F_9)=0$

从 O 平衡得 $\qquad$ $F_{11}=20\text{kmol/h}$

从 S 平衡得 $\qquad$ $F_{10S}=0.012\text{kg/h}$

从 C 平衡得 $\qquad$ $F_{10C}=123\text{kg/h}$

油中含碳 87.5%，故物流 10 的流率为

$$F_{10}=123/0.875=140.571\text{kg/h}$$

故 $\qquad$ $F_{10H}=140.571-123-0.012=17.56\text{kg/h}$

最后，从 H 平衡得

$$F_9=6.623\text{kmol/h}$$

分离器可用总平衡方程式计算

$$F_{13}=F_{14}-F_{11}=40-20=20\text{kmol/h}$$

产品气中 H_2 含量为 $0.6375\times20=12.75\text{kmol/h}$。

4.1.4.5 过程的物料衡算示例

综合前面的知识，处理稳态条件下的化工过程的物料和能量衡算，按以下的方程式：

$$\sum_{i=1}^{N_s}F_ix_{ij}=0 \tag{4-34}$$

式中　F_i——物流 i 的质量流率或摩尔流率。习惯上进入系统的物流为正，离开的为负；

　　　N_s——过程中物流的总数；

　　　x_{ij}——物流中组分的质量分率或摩尔分率。对每一组分 j 都有一个式（4-34）形式的方程式。

对于化学反应，有：

$$\sum_{i=1}^{N_s} \sum_{i=1}^{N_s} F_i x_{ij} m_{jk} = 0 \qquad (4\text{-}35)$$

式中，m_{jk} 为组分中元素的原子数。

参加化学反应的组分中的每一个元素都有一个式（4-34）形式的方程式。

【例 4-12】　图 4-15 所示的流程为制备工业酒精的过程。含 10％乙醇的发酵液，经换热器加热至 78℃，然后进入初馏塔，塔顶馏出液中含乙醇 60％（质量分数），塔底液中不含乙醇。初馏液在精馏塔中进一步分馏成 95％的乙醇和水。两个塔的回流比均为 3∶1，塔底用蒸汽加热。冷凝器的冷却水温为 25℃。对此过程作物料衡算，并计算以下的数据：

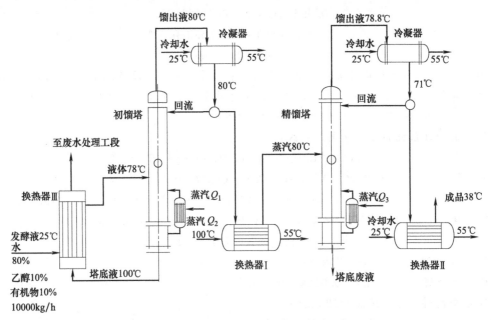

图 4-15　发酵法制备工业酒精流程

（1）初馏塔和冷凝器的物料平衡；

（2）初馏塔（不含冷凝器）的物料平衡；

（3）精馏塔和冷凝器的物料平衡；

（4）精馏塔（不含冷凝器）的物料平衡。

解： 先将基础数据列表如下

物　流	状　态	温度 /℃	C_p/[kJ/(kg·K)]		汽化热 /(kJ/kg)
			液体	蒸汽	
进料	液体	78	4.017		2209.5
60％乙醇	液体或蒸汽	80	3.556	2.343	1569.9
初馏塔塔底液	液体	100	4.184	2.092	2256.1
成品酒精	液体或蒸汽	78.8	3.012	2.008	1511.8
精馏塔塔底液	液体	100	4.184	2.092	2256.1

令 A 表示乙醇，M 表示有机物，H_2O 表示水。

基准：10000kg 发酵液/h

（1）初馏塔和冷凝器的物料平衡

输入/kg			输出/kg		
进料	A	$0.10 \times 10000 = 1000$	产物	A	$= 1000$
	H_2O	$0.80 \times 10000 = 8000$		H_2O	$(1000/0.6) - 1000 = 667$
	M	$0.10 \times 10000 = 1000$	塔底液	H_2O	$8000 - 667 = 7333$
				M	$= 1000$
Σ		10000	Σ		10000

（2）初馏塔（不含冷凝器）的物料平衡

输入/kg			输出/kg		
进料	A	$= 1000$	塔顶蒸汽	A	$4 \times 1000 = 4000$
	H_2O	$= 8000$		H_2O	$4 \times 667 = 2667$
	M	$= 1000$	塔底液	H_2O	$= 7333$
回流	A	$3 \times 1000 = 3000$		M	$= 1000$
	H_2O	$3 \times 667 = 2000$			
Σ		15000	Σ		15000

（3）精馏塔和冷凝器的物料平衡

输入/kg			输出/kg		
进料	A	$= 1000$	产物	A	$= 1000$
	H_2O	$= 667$		H_2O	$(1000/0.95) - 1000 = 50$
			塔底液	H_2O	$667 - 50 = 617$
Σ		1667	Σ		1667

（4）精馏塔（不含冷凝器）的物料平衡

输入/kg			输出/kg		
进料	A	$= 1000$	塔顶蒸汽	A	$4 \times 1000 = 4000$
	H_2O	$= 667$		H_2O	$4 \times 50 = 200$
回流	A	$3 \times 1000 = 3000$	塔底液	H_2O	$667 - 50 = 617$
	H_2O	$3 \times 50 = 150$			
Σ		4817	Σ		4817

4.2 能量衡算的基本方法

能量存在的形式有多种，如势能、动能、电能、热能、机械能、化学能等，各种形式的能在一定的条件下可以相互转化。但无论怎样转化，其总的能量是守恒的，即热力学第一定律所表明的"能量既不能产生，也不能消灭"。

在化工生产中需要严格控制温度、压力等条件，因此如何利用能量的传递和转化规律，应用能量守恒定律，以保证适宜的工艺条件，是工业生产的关键。所以在过程设计中，进行能量平衡的计算，可以确定过程所需要的能量。判定用能的合理性，从中找出节约能源的途径。

4.2.1 能量衡算的基本概念

4.2.1.1 能量守恒定律

能量守恒定律的一般表达式为

$$输出能量＝输入能量＋生成能量－消耗能量－积累能量 \tag{4-36}$$

能量的形式主要有以下几种：

① 动能（E_k） 这是物体由于运动而具有的能量。

② 势能（E_p） 这是物体由于在高度上的位移而具有的能量。

③ 内能（U） 表示除了宏观的动能和位能之外物质所具有的能量，与分子运动有关。内能可用物质的温度来衡量

$$U=f(T) \tag{4-37}$$

④ 功（W） 在力的作用下通过一定距离，其所做的功为

$$W=\int_0^L F \, dx \tag{4-38}$$

式中　F——力，N；

x，L——距离，m。

环境对系统做功取为正值，系统对环境做功取为负值。

有时，系统的压力和体积发生变化时也做功，即

$$W=\int_1^2 p \, dV \tag{4-39}$$

式中　p——压力，Pa；

V——单位质量的体积，m^3。

在过程设计中，上面的情况主要是气体压缩和膨胀时发生。

⑤ 热　能量可以转化为热和功。系统中并不含有"热"，但是热和功的转化，使系统的能量发生变化。通常，环境对系统加热为正，从系统中取出热为负。

⑥ 电能　电能是机械能的一种形式，一般在能量衡算方程式中包含在功的一项中。电能只有在电化学过程的能量衡算中才是重要的。

4.2.1.2 能量衡算方程

能量衡算方程的一般形式如下。

根据热力学第一定律，能量衡算方程式可写为

$$\Delta E=Q+W \tag{4-40}$$

式中　ΔE——体系总能量的变化；

Q——体系从环境中吸收的能量；

W——环境对体系所做的功。

$$\Delta E=\Delta E_k+\Delta E_p+\Delta U \tag{4-41}$$

对于一个封闭体系，如在间歇过程体系中没有物质流动，因此也没有动能和势能的变化，式（4-40）可写为

$$\Delta U=Q+W \tag{4-42}$$

在封闭系统中，有以下几点要注意：

① 体系的内能几乎完全取决于化学组成、聚集态、体系物料的温度。理想气体的 U 与压力无关，液体和固体的 U 几乎与压力无关。因此，如果在一个过程中，没有温度、相、

化学组成的变化，且物料全部是固体、液体或理想气体，则 $\Delta U = 0$。

② 若体系及其环境的温度相同，则 $Q = 0$，那么该体系为绝热体系。

③ 在封闭体系中，如果没有运动部件或产生电流，则 $W = 0$。

流动体系是指物质连续通过边界进出体系的过程，如图 4-16 所示。

该体系进、出口高度相对于基准面为 Z_1、Z_2，过程参数为：温度 T，压力 p，单位质量体积 v，流体流速 u，单位质量内能 U，加入体系的热量为 $q/(\mathrm{kJ/kg})$，环境对系统做功为 $w/(\mathrm{kJ/kg})$。因此，一般的单位质量能量衡算式为

[能量输入速率]－[能量输出速率]＝[能量积累速率]

即 $\Delta U + g\Delta Z + \dfrac{1}{2}\Delta u^2 + \dfrac{\mathrm{d}}{\mathrm{d}t}\left[U + gZ + \dfrac{1}{2}u^2\right] = q + w$

$$(4\text{-}43)$$

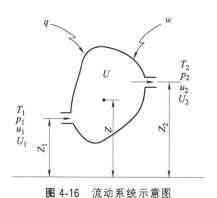

图 4-16　流动系统示意图

在不同的情况下，可以将上式简化：

(1) 稳态过程

$$\frac{\mathrm{d}}{\mathrm{d}t}\left[U + gZ + \frac{1}{2}u^2\right] = 0 \qquad (4\text{-}44)$$

对于稳态过程的敞开体系的能量衡算式可写为

$$\Delta U + g\Delta Z + \frac{1}{2}\Delta u^2 = q + w \qquad (4\text{-}45)$$

或

$$\left(U + gZ + \frac{1}{2}u^2\right)_2 F_2 - \left(U + gZ + \frac{1}{2}u^2\right)_1 F_1 = Q + W \qquad (4\text{-}46)$$

式 (4-45) 中，系统的总功为流动功及轴功之和，即

$$w = w_\mathrm{t} + w_\mathrm{s} \qquad (4\text{-}47)$$

式中　w_t——流动功，作用于体系入口处流体的功减去作用于体系出口处流体的功；

w_s——轴功，即体系内运动部件对过程流体所做的功。

$$w_\mathrm{t} = \Delta(pV) \qquad (4\text{-}48)$$

对于恒压体系

$$w_\mathrm{t} = p\Delta V \qquad (4\text{-}49)$$

如果采用焓的概念 $H = U + pV$，则式 (4-45) 又可写为

$$\Delta h + g\Delta Z + \frac{1}{2}\Delta u^2 = q + w \qquad (4\text{-}50)$$

式中，h 为比焓，$\mathrm{kJ/kg}$。

(2) 封闭体系

在单位质量的情况下，封闭体系的能量衡算式可写为

$$\frac{\mathrm{d}}{\mathrm{d}t}\left[U + gZ + \frac{1}{2}u^2\right] = q + w \qquad (4\text{-}51)$$

故

$$\Delta U + g\Delta Z + \frac{1}{2}\Delta u^2 = q + w$$

对一定质量的物质体系

$$\left(U+gZ+\frac{1}{2}u^2\right)m=Q+W \tag{4-52}$$

(3) 孤立体系

孤立体系与外界没有功和热交换，因此，$Q=W=0$

则
$$\Delta U+g\Delta Z+\frac{1}{2}\Delta u^2=0 \tag{4-53}$$

4.2.1.3 能量衡算的一般方法

为了提高能量衡算的运算效率，在计算中必须按照一定的步骤进行。

① 正确绘制系统示意图，标明已知条件和物料状态。

② 确定各组分的热力学数据，如比焓、比热容、相变热等，可以由手册查阅或进行估算。

③ 选择计算基准，如与物料衡算一起进行，可选用物料衡算所取的基准作为能量衡算的基准，同时，还要选取热力学函数的基准态。

④ 列出能量衡算方程式，进行求解。

4.2.2 无化学反应过程的能量衡算

4.2.2.1 流体流动

流体在流动过程中的能量衡算，常常采用伯努利方程。

【例 4-13】 在 $p_1=1.4\text{MPa}(T_1=195℃)$ 下的饱和蒸汽，在 $p_2=1.4\text{MPa}$ 下被过热至 $350℃$，（1）若 $C_p=42\text{J/(mol·K)}$，则将每千克饱和蒸汽过热至过热蒸汽需要多少热？（2）将计算值与水蒸气表查得的数据作一比较。

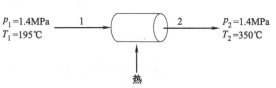

图 4-17 水蒸气过热的能量衡算

解：画出如图 4-17 的示意图。

（1）对点 1 和点 2，由式 (4-50) 能量衡算式得

$$\Delta h+g\Delta Z+\frac{1}{2}\Delta u^2=q+w$$

由于过程无高度变化，$\Delta Z=0$；无功，$w=0$。假定动能变化可以忽略，则
$$\Delta h=q=C_{p,\text{m}}\Delta T=42\times(350-195)=6510\text{J/mol}=361.7\text{kJ/kg}$$

（2）从水蒸气表查得
$$\Delta h=3151-2787.8=363.2\text{kJ/kg}$$

4.2.2.2 混合与溶解过程

【例 4-14】 在盐酸生产过程中，如果用 $100℃$ HCl (g) 和 $25℃$ H_2O (L) 生产 $40℃$、25%（质量）HCl 水溶液 1000kg/h，试计算吸收装置中应加入或移走多少热量？

解：先进行物料衡算，计算 HCl (g) 和 H_2O (L) 的流率

基准：1000kg/h，25%（质量）HCl 水溶液

$$n_{\text{HCl}}=\frac{1000\times0.25}{36.5}=6.849\text{kmol/h}$$

$$n_{\text{H}_2\text{O}}=\frac{1000\times0.75}{18}=41.667\text{kmol/h}$$

画出流程示意图，如图 4-18 所示。

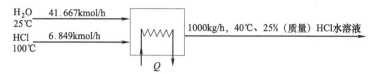

图 4-18　盐酸吸收过程能量衡算示意图

能量衡算

基准：HCl（g），H_2O（L）25℃

HCl　　$C_p = 29.13 - 0.1341 \times 10^{-2}T + 0.9715 \times 10^{-5}T^2 - 4.335 \times 10^{-9}T^3$

$$\Delta h = \int_{25}^{100} C_p \mathrm{d}T$$

$$= \int_{25}^{100} (29.13 - 0.1341 \times 10^{-2}T + 0.9715 \times 10^{-5}T^2 - 4.335 \times 10^{-9}T^3)\mathrm{d}T$$

$$= 2.178 \mathrm{kJ/mol}$$

计算 $h_{\text{HCl,溶液}}$

$$n = 41.667/6.849 = 6.084$$

$$\text{HCl}(g,25℃) + 6.084H_2O(L,25℃) \xrightarrow{\Delta h_1} \text{HCl}(溶液,25℃) \xrightarrow{\Delta h_2} \text{HCl}(溶液,40℃)$$

由溶解热表查得 $\Delta h_1 = \Delta h_S(25℃, 6.084) \longrightarrow -65.23 \mathrm{kJ/mol}$，由手册查得 25%（质量）盐酸的比热容为 $0.685 \mathrm{kcal/(kg \cdot ℃)}$，则

$$C_p = 0.685 \mathrm{kcal/(kg \cdot ℃)} = \frac{0.685 \times 1000 \times 4.184}{6.849 \times 10^3} = 0.4185 \mathrm{kJ/mol}$$

$$\Delta h_2 = \int_{40}^{100} C_p \mathrm{d}T = 0.4185 \times (40-25) = 6.278 \mathrm{kJ/mol}$$

$$h_{\text{输出,HCl溶液}} = \Delta h_1 + \Delta h_2 = -65.23 + 6.278 = -58.95 \mathrm{kJ/molHCl}$$

$$Q = \Delta H = \sum n_{\text{输出}} h_{\text{输出}} - \sum n_{\text{输入}} h_{\text{输入}}$$

$$= 6.849 \times 10^3 \times (-58.95) - 6.849 \times 10^3 \times 2.178 = -4.19 \times 10^5 \mathrm{kJ}$$

故吸收过程需移走热量 $4.19 \times 10^5 \mathrm{kJ}$。

4.2.2.3　换热过程

【例 4-15】　某厂计划利用废气的废热，进入废热锅炉的废气温度为 450℃，出口废气的温度为 260℃，进入锅炉的水温为 25℃，产生的饱和水蒸气温度为 233.7℃，30MPa（绝压）废气的平均比热容为 32.5kJ/(kmol·℃)，试计算每 100kmol 废气可产生多少水蒸气？

解： 画出流程示意图，如图 4-19 所示。

基准：100kmol 废气

锅炉的能量平衡为

废气的热量损失＝水加热产生蒸汽所获得的热量

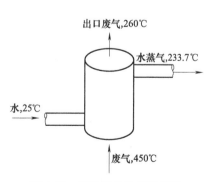

图 4-19　废热锅炉的能量平衡

即
$$mC_p\Delta t = W(h_g - h_L)$$

其中，W 为所产生蒸汽的质量，故

$$100 \times 32.5 \times (450 - 260) = W(2798.9 - 104.6)$$

$$W = 229\text{kg}$$

每 100kmol 废气所产生的水蒸气质量为 229kg。

4.2.3 化学反应过程的能量衡算

一般的化工生产过程，多数有化学反应，并伴随热效应的产生。为了使过程在工艺条件下操作，需要向系统供给或从系统中移去热量，因此热量衡算主要是计算化学反应的反应热。

对于连续操作的过程或设备来说，热量衡算也可以单位时间来进行计算；而对于间歇过程或设备来说，热量衡算是以过程或过程中某一阶段（如一釜）的时间来计算。

热量衡算是以物料衡算为基础，然后把设备中发生的化学反应中的热效应（吸热或放热）、物理变化（蒸发或冷凝）中的热效应、从外界输入热量或从系统中移去热量、随反应产物带出的热量以及通过设备器壁散失的热量等——考虑在内来计算。

4.2.3.1 反应热

在化学反应过程中，总伴有热量的放出或吸收，为使系统的温度恒定，必须供给或移去热量。在化学反应中放出的热量取决于反应条件。在标准条件下，纯组分、压力为 0.1MPa、温度为 25℃（并非一定需要），反应进行时放出的热量为标准反应热。标准反应热可以查阅文献或计算获得。

当引用反应热时，应清楚地说明其基准，例如给出化学反应方程式：

$$NO + \frac{1}{2}O_2 \longrightarrow NO_2 \qquad \Delta H_r^0 = -56.68\text{kJ}$$

方程式表明了反应物和产物的量（摩尔），指明是多少数量物质的反应热。对放热反应，焓变 ΔH_r^0 为负值，即反应热 $-\Delta H_r^0$ 为正值。上标 0 表明是标准状态下的值，而下标 r 说明化学反应的反应热。

反应物和生成物的状态（气体、液体和固体）也应该给出，如果反应状态多于一种状态，如：

$$H_2(g) + \frac{1}{2}O_2(g) \longrightarrow H_2O(g) \quad \Delta H_r^0 = -241.8\text{kJ/mol}$$

$$H_2(g) + \frac{1}{2}O_2(g) \longrightarrow H_2O(L) \quad \Delta H_r^0 = -285.8\text{kJ/mol}$$

$$H_2O(L) \quad H_2O(g) \quad \Delta h_{LV} = 44\text{kJ/mol}$$

两个反应热之差就是水的汽化潜热。

在过程计算中，用生成产物的量（mol）来表示反应热，即 kJ/mol HCl 则更为方便。

标准反应热可以用标准生成热和标准燃烧热计算得到。

(1) 标准生成热

组分的标准生成热 ΔH_f^0 定义为：在标准状态下，由构成组成的元素生成 1mol 组分时的焓差。元素生成热取为零。任何反应的标准反应热$-\Delta H_r^0$可以由反应物和生成物的生成热计算得到。反之，组分的生成热也可以由反应热计算得到。

标准反应热和生成热之间的关系如下式所示

$$\Delta H_r^0 = \sum \nu_{pj} \Delta H_{f,pj}^0 - \sum \nu_{Rj} \Delta H_{f,Rj}^0 \tag{4-54}$$

式中　ν——化学反应式中的计量系数，下标pj表示生成物组成，Rj表示反应物组成；

　　$\Delta H_{f,pj}^0$——生成物的生成热，kJ/mol；

　　$\Delta H_{f,Rj}^0$——反应物的生成热，kJ/mol。

在应用生成热时，应说明物质的状态。

（2）标准燃烧热

组分的标准燃烧热$-\Delta H_o^0$是组分和氧完全燃烧的标准反应热。燃烧热容易由实验测定。其他反应热可以由反应物和生成物的燃烧热计算得到。由燃烧热计算反应热的一般表达式如下

$$\Delta H_r^0 = \sum \nu_{Rj} \Delta H_{o,Rj}^0 - \sum \nu_{pj} \Delta H_{o,pj}^0 \tag{4-55}$$

式中　$\Delta H_{o,Rj}^0$——反应物的燃烧热，kJ/mol；

　　$\Delta H_{o,pj}^0$——生成物的燃烧热，kJ/mol。

由燃烧热或由生成热计算反应热时，反应物与生成物项的次序恰好相反。同时，与反应热相比，燃烧热较大。因此在相减之前不能圆整数值，只能圆整差值。

4.2.3.2　化学反应过程的能量衡算

对于连续操作的过程或设备来说，热量衡算也可以单位时间来进行计算；而对于间歇过程或设备来说，热量衡算是以过程或过程中某一阶段（如一釜）的时间来计算。

热量衡算是以物料衡算为基础，将在设备中所发生的化学反应中的热效应（放热或吸热）、物理变化（蒸发或冷凝）中的热效应、从外界输入热量或从系统中移去热量和经设备器壁散失的热量全都考虑进去。

对于简单化学反应过程，假定位能和动能忽略不计，系统不做功，能量平衡式可以表示为

$$Q_2 = Q_1 + Q_r + Q_t - Q_{损} \tag{4-56}$$

式中　Q_2——进入反应器物料的热量，kJ；

　　Q_1——离开反应器物料的热量，kJ；

　　Q_t——供给或移去的热量，由外界向系统供热为正，由系统向外界移去热量为负，kJ；

　　$Q_{损}$——热量损失，kJ；

　　Q_r——化学反应热，kJ。

$$Q_r = n(-\Delta H_r)$$

式中　n——产物的量，mol。

物料的热量计算可以用比热容，也可以用热焓。用比热容的计算式为

$$Q = \sum F_i C_{pi} \Delta T \tag{4-57}$$

用热焓计算式为：

$$Q = \sum F_i h_i (T, p, \pi) \tag{4-58}$$

式中　T，p，π——温度、压力和相态。

【例 4-16】 甲醇合成过程如图 4-20 所示。进入反应器的原料气组成（体积分数，%）为
CH$_4$ 1.9；CO 17.9；CO$_2$ 10.8；H$_2$ 68.5；N$_2$ 0.9。

在反应器内主要的化学反应如下

$$CO+2H_2 \longrightarrow CH_3OH \qquad\qquad ①$$
$$CO_2+3H_2 \longrightarrow CH_3OH+H_2O \qquad\qquad ②$$

其中，CO 的转化率为 88%，CO$_2$ 的转化率为 85%，原料气进料温度及反应物离开反应器温度分别为 523K 和 493K，试计算：（1）原料进料量为 100mol/h 时，离开反应器的流量？（2）反应①和②的反应热 ΔH_r^0 是多少？（3）由反应器移去的反应热又是多少？

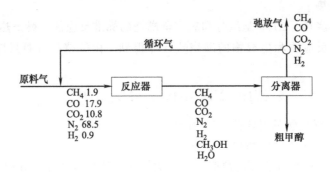

图 4-20　甲醇合成过程能量衡算

解：基准：原料气 100mol

（1）离开反应器的气体组成

CH$_4$	1.90mol
CO	$17.9 \times (1-0.88)=2.15$mol
CO$_2$	$10.8 \times (1-0.85)=1.62$mol
H$_2$	$68.5-17.9 \times 0.88 \times 2-10.8 \times 0.85 \times 3=9.46$mol
N$_2$	0.90mol
CH$_3$OH	$17.9 \times 0.88+10.8 \times 0.85=24.93$mol
H$_2$O	$10.8 \times 0.85=9.18$mol

由物料衡算及热力学数据得表 4-5。

表 4-5　物料衡算及热力学数据

物质	反应器 进口/mol	反应器 出口/mol	ΔH_{Ij} /(kJ/mol)	ΔH_{LV} /(kJ/mol)	Δh_{2j} /(kJ/mol)	Δh_{1j} /(kJ/mol)
CH$_4$	1.90	1.90	−74.50		8.00	9.42
CO	17.9	2.15	−110.57		5.75	6.65
CO$_2$	10.8	1.62	−393.54		7.95	9.29
H$_2$	68.5	9.46			5.64	6.51
N$_2$	0.90	0.90			5072	6.62
CH$_3$OH		24.93	−239.10	37.50	10.28	12.12
H$_2$O		9.18	−285.83	44.01	6.71	7.78
Σ	100	50.14				

（2）从表 4-5 可得反应①的反应热 $\Delta H_{r,1}^0$

$$\Delta H_{r,1}^0=(-239.10)-(-110.57)=-128.53\text{kJ/mol}$$

反应②的反应热 $\Delta H_{r,2}^0$

$$\Delta H_{r,2}^0 = (-239.10) + (-285.83) - (-393.54) = -131.39 \text{kJ/mol}$$

（3）应用表 4-5，将能量衡算的计算结果示于表 4-6。

表 4-6　能量衡算结果

物质	$\Delta n_j \Delta H_{fj}$ /kJ	$\Delta n \Delta H_{LV}$ /kJ	$n_{2j} \Delta H_{2j}$ /kJ	$n_{1j} \Delta H_{1j}$ /kJ
CH_4			15.20	−17.90
CO	1741.48		12.37	−119.18
CO_2	3612.42		12.88	−100.34
H_2			53.33	−445.85
N_2			5.15	−5.96
CH_3OH	−5960.75	934.88	256.39	
H_2O	−2623.92	404.01	61.63	
Σ	−3230.78	1338.89	416.96	−689.22

由表 4-6 得

$$Q_1 = -3230.37 + 1338.89 + 416.96 - 689.22 = -2164.15 \text{kJ}$$

故需移去的热量为 2164.15kJ。

4.2.4　过程的能量平衡

稳态过程时，其能量衡算方程式为

$$\sum_{i=1}^{N_s} F_i h_i + \sum \frac{\mathrm{d}Q_i}{\mathrm{d}t} + \sum \frac{\mathrm{d}W_i}{\mathrm{d}t} = 0 \tag{4-59}$$

式中　F——摩尔流率或质量流率，mol/s，kg/s；

　　　h——单位摩尔或单位质量焓，kJ/mol，kJ/kg；

　　　$\dfrac{\mathrm{d}Q_i}{\mathrm{d}t}$——通过系统边界的热量传递速率，kJ/s；

　　　$\dfrac{\mathrm{d}W_i}{\mathrm{d}t}$——以功的形式通过边界的传递速率，kJ/s。

应用式（4-59）时，所有能量传递以下面的原则决定其正负值：质量或能量流入过程系统的为正，流出过程系统的为负。

【例 4-17】　按［例 4-12］已知条件进行过程能量平衡计算（参见图 4-15）：

（1）离开换热器Ⅲ的塔底液的温度；

（2）系统的总加热量，kJ/h；

（3）冷凝器和换热器Ⅱ所需的冷却水量。

解：（1）换热器Ⅲ的能量平衡如下所示。

基准温度 25℃

输入：

进料 $10000 \times 4.017 \times (25-25)=0$

塔底液 $8333 \times 4.184 \times (99-25)=2580030kJ$

输出：

进料 $10000 \times 4.017 \times (78-25)=2129010kJ$

塔底液 $8333 \times 4.184 \times (T-25)=(34865.3T-871631.8)kJ$

       $2580030=2129010+34865.3T-871631.8$

       $T=38℃$

(2) 系统的总加热量计算

① 包括换热器Ⅲ和初馏塔的能量平衡

基准温度 80℃

输入：

进料 $10000 \times 4.017 \times (25-80)=-2290350kJ$

回流 $5000 \times 3.556 \times (80-80)=0$

加热蒸汽 Q_1

输出：

至废水处理工段的塔底液

       $8333 \times 4.184 \times (38-80)=-1464314.4kJ$

塔顶蒸汽

       $6667 \times 3.556 \times (80-80)+6667 \times 1569.9=10466523kJ$

       $Q_1-2209350=10466523-1464341.4=11211531kJ$

故 $Q_1=11.21GJ$

② 精馏塔的总能量平衡

基准温度 78.8℃

输入：

进料 $1667 \times 3.556 \times (80-78.8)=7113.4kJ$

换热器Ⅰ进料汽化热量 Q_2

       $Q_2=1667 \times 1569.9=2617023.3kJ=2.62GJ$

回流 $3150 \times 3.012 \times (71-78.8)=-74004.8kJ$

加热蒸汽 Q_3

输出：

塔顶蒸汽 $4200 \times 3.012 \times (78.8-78.8)+4200 \times 1511.8=6349560kJ$

塔底液 $617 \times 4.184 \times (99-78.8)=52146.9kJ$

       $7113.4+2617023.3-74004.8+Q_3=6349560+52146.9$

       $Q_3=3851575kJ=3.85GJ$

③ 体系的总加热量

       $Q=Q_1+Q_2+Q_3$

        $=11.21 \times 10^6+2.62 \times 10^6+3.85 \times 10^6=17.68 \times 10^6kJ=17.68GJ$

(3) 冷却水量计算

① 冷凝器Ⅰ的能量平衡

冷却水量 $W/(kg/h)$；基准温度 80℃

输入：

蒸汽　　　　　$6667 \times 3.556 \times (80-80) + 6667 \times 1569.9 = 10466523 \text{kJ}$

冷却水　　　　$W \times 4.184 \times (25-80) = -230.1W \text{kJ}$

输出：

冷凝液　　　　$6667 \times 3.556 \times (80-80) = 0$

冷却水　　　　$W \times 4.184 \times (55-80) = -104.6W \text{kJ}$

　　　　　　　$10466523 - 230.1W = -104.6W$

　　　　　　　$W = 83400 \text{kg/h} = 83.4 \text{t/h}$

② 冷凝器Ⅱ的能量平衡

冷却水量 $W/(\text{kg/h})$；基准温度 78.8℃

输入：

蒸汽　　　　　$4200 \times 3.012 \times (78.8-78.8) + 4200 \times 1511.8 = 6349560 \text{kJ}$

冷却水　　　　$W \times 4.184 \times (25-78.8) = -225.1W \text{kJ}$

输出：

冷凝液　　　　$4200 \times 3.012 \times (71-78.8) = -98673.1 \text{kJ}$

冷却水　　　　$W \times 4.184 \times (55-78.8) = -99.6W \text{kJ}$

　　　　　　　$6349560 - 225.1W = -98673.1 - 99.6W$

　　　　　　　$W = 51380 \text{kg/h} = 51.4 \text{t/h}$

③ 换热器Ⅱ的能量平衡

冷却水量 $W/(\text{kg/h})$；基准温度 25℃

输入：

冷凝液　　　　$1050 \times 3.012 \times (71-25) = 145479.6 \text{kJ}$

冷却水　　　　$W \times 4.184 \times (25-25) = 0$

输出：

产物　　　　　$1050 \times 3.012 \times (38-25) = 41113.8 \text{kJ}$

冷却水　　　　$W \times 4.184 \times (55-25) = 125.5W \text{kJ}$

　　　　　　　$145479.6 = 41113.8 + 125.5W$

　　　　　　　$W = 832 \text{kg/h}$

4.3　物料衡算和能量衡算中基本数据的获取

在化工生产过程及设备的准确设计中必须有精确的物性数据。各种物理性质是随物料而变的，此外还随温度、压力、组成以及其他有关参数而变。由于化工技术人员所遇到的物料种类及组成很多，求取物性数据时往往不易得到满意的结果，化工工程设计中需要大量的时间查找、筛选和估算物性数据。衡算时必须有足够且准确的原始数据。原始数据的来源根据计算性质而不同。对于设计一个新的工艺过程，有关数据可由实验室试验或中试提供；对于生产过程，则由生产装置测定而得。当某些数据不能精确测定或缺少时，可在工程设计计算允许的范围内推算或假设。衡算中所需的物性数据及其他有关数据，如比焓、比热容、相变热等，可从手册及有关资料中查阅获得，手册中查找不到的可以通过估算得到。

4.3.1 基本数据的查找

4.3.1.1 数据手册查找

化工物性数据为化工生产设计所必需。对工程设计人员来说，在很短的时间内从世界范围内有关的资源库中找到足够正确的化工数据是必备的基本功之一。善于使用主要的数据手册及书刊是此基本功的体现。

由于物质的多样性和物质性质的多样性，使数据手册也具备明显的多样性。全球科学家测定和正式发表的化工数据量极大，美国化学文摘（CA）每年至少收集十几万篇有价值的化工数据文献。有一些专家及专门机构从事数据的收集、整理和出版工作。国际纯粹化学和应用化学联合会早在20世纪20年代就出版了著名的《国际评选数据表》。美国石油协会（AIP）、热力学研究中心（TRC）、美国国家标准局（NBS）和国际科技数据委员会等机构进行了大量化学化工物性数据的收集和评估工作，出版了一批有影响的物性数据手册。

物性数据手册种类繁多。专用型数据手册往往是整本或整套书籍都是提供数据或只带有部分相关的其他内容。有的手册只是小部分篇幅提供数据就被称为非专用型。如Perry的《化学工程师手册》（简称佩里手册）就是非专用型，国内的《化学工程师手册》也属非专用型。数据手册除综合性和专门性外，还可分为索引型、堆集型和评审型。索引型只给出数据的文献，不给出具体值，更没有对数据的评价。如文献只给出气液平衡文献，无具体数值。索引型手册容纳信息量大，但要求读者查找原始文献，并自己作出选择，也不方便。堆集型手册把所有数据都堆集在手册中，这样免除了读者去查找原始文献的麻烦，但要读者自己评选数据。

各种数据手册，如理化手册、佩里手册、美国石油协会手册等，在使用过程中应注意其局限性。理化手册包括各种性质数据，但因其数据多少引用其他手册，数据相对比较陈旧。对于覆盖面广的手册，就可能存在对各种物质的具体性质收集不全的问题，其数据收集也可能不充分。佩里手册是化工综合手册，但数据也有限。美国石油协会手册数据量大，但主要集中在烃类，有些数据来源不太清楚，且要注意数据是否是近似计算出来的。在设计中，针对所要寻找的各类性质，最好是先寻找各种专门性质综合整理的手册。比如《化学化工数据手册》就分有机卷和无机卷等。

在使用数据手册时，还必须对数据进行合理的辨别。首先需要区分实验数据和计算数据，有大量数据直接得自实验测量，但也有不少数据来自近似公式计算，如有可能当然应该尽量选用实验数据。化工数据以实验值最可靠，当不同作者对同一物性给出不同值时，要进行数据评价。对数据评价时可用"质量码"，经数据评价的数据有更大的可靠性。经评价的数据大都集中在数据手册中。要注意不是靠一本手册或一套手册就能查到所有的数据。数据手册有专用性，即一类或同类物性集中在一本或一套手册中。由于化学工业中化合物品种极多，更要考虑不同温度、压力和浓度下，物性值的变化。化学化工数据来源主要基于实验，即使在编制数据手册和建立数据库过程中对实验数据进行了评估、筛选，采用了内插、外推、数据回归和关联等工作，参照物仍是实验数据。同时大量物性数据是温度压力的函数，而实验绝不可能把所有的温度压力条件都做齐全，因此内插（有时甚至要有限的外推）是必要的，内插应选用可靠的公式。一项化工数据常有多种测量方法，不同的方法常常有不同的实验结果。特别是由于实验方法的改进，同一实验方法在不同年代不同作者也会得出不同的结果。甚至所用的分子量不同，也会影响最终的数值。即使对于熔点这样一种最基本的数据，不同的作者在不同年代使用不同的纯品得出的数据也会有很大的差异。比如环己酮的熔点在不同的资料中给出一系列相差很大的数据，其范围为$-16.4\sim-45℃$。由于不是每个实验数据都可靠，因此对使用者来说最好是选用经过更权威的组织评选后的数据。即使从美国化学文摘找到的某些数据也是相互矛盾的，对使用者来说不可能将大量精力放在对数据的评选上，因此最好首先寻找经过评选后的数据手册。

4.3.1.2　网络数据库查找

随着互联网的发展，人类社会进入了大数据时代。从网络资源中挖掘各种信息成为一项重要的能力。绝大多数化工物性数据可以从网络资料中获得。国内外都有大量的物性数据网站，其中最重要的几个网站是美国化学工程师协会（AIChE）网站 http：//www. aiche. org、美国化学学会（American Chemical Society）网站 http：//www. chemistry. org、化学专家站点 http：//www. chemexper. com/ccd/power/index. shtml 和化学快查站点 http：//www. chemquik. com/scripts/main. asp。这里再列举几个国外比较容易接入的物性数据查找网站。

① http：//www. cheresources. com。化学工程师资源（Cheresources）主页有非常丰富的化学工程和过程设计方面的内容。其中也包含一个查找物性数据比较好的浏览型数据库，含有 470 多种纯组分的物性数据，如分子量、冰点、沸点、临界温度、临界压力、临界体积、临界压缩、无中心参数、液体密度、偶极矩、气相热容、液相热容、液体黏度、反应标准热、蒸气压、蒸发热等。

② http：//www. questconsult. com/。Quest Consultants 是一家提供过程安全和风险管理服务的公司。该公司提供了 294 种组分的热力学性质，还可以根据 Peng Robinson 状态方程计算纯组分或混合物的性质：包括气液相图、液体与气体密度、焓、热容、临界值、分子量等数据。

③ http：//webbook. nist. gov/chemistry。由美国国家标准技术研究院（NIST）开发的标准参考数据库的化学网上工具书。该数据库是一种检索型数据库，提供了 7000 多种有机物和小分支无机化合物及 8000 多个化学反应的热力学物性数据。检索方法非常简单，可通过化学物质名称、分子式、部分分子式、CAS 登记号、结构或部分结构、离子能性质、振动与电子能、分子量和作用进行检索，可检索到的数据包括分子式、分子量、化学结构、别名、CAS 登记号、气相热化学数据、凝聚相热化学数据、液态常压热容、固态常压热容、相变数据、汽化焓、升华焓、燃烧焓、燃烧熵、各种反应的热化学数据、溶解数据和气相离子能数据及其参考文献。

④ http：//www. chemfinder. com/。Chemfinder 化学搜索器是免费注册使用的数据库，是目前网上化合物性质数据最全面的资源。可通过分子式、化学物质名称、分子量或化合物的结构片段来检索，检索结果包括化合物的同义词、结构图形及物理性质，如熔点、沸点、蒸发速率、闪点、折射率、CAS 登记号、相对密度、蒸汽密度、水溶性质及特征等。该数据库目前含有 75000 种化合物的数据，其中包括几千种最常见化合物的详细资料。使用起来方便、简单。

⑤ http：//www. sigma-aldrich. com/saws. nsf/Pages/Custom＋Bulk。该网站是 Sigma-Aldrich 公司的用户手册和一个可检索数据库，可通过产品名称、全文、分子式、CAS 登记号等进行检索，检索的结果包括产品名称、登记号、分子式、分子量、贮存温度、纯度、安全数据等。

⑥ http：/pirika. com/chem。热化学性质估算网站，能够提供有机化合物热化学性质

预测，通过化学物质的结构来预测，可预测到沸点、蒸气压、临界性质、密度、液相密度、溶解参数、黏度等数据。

⑦ http：//www.matweb.com/。MatWeb 提供免费材料信息资源数据库。该数据库包括金属、塑料、陶瓷和复合物等 18548 种材料的数据，如物理性质（吸水性、吸潮性、相对密度）、机械性质（抗张强度、弹性模量等）、热力学性质（熔点等）、电性质（抗电性、偶极矩等）。

另外还有一些网站，如 http：//www.chemspider.com、http：//www.ebi.ac.uk/chebi/和 https：//www.nlm.nih.gov，都能比较方便找到绝大多数物质的基本物性数据。Chemspider 是非常好的化学物质基础数据查找网站。大多数物质同时提供实验数据和一些物性估算值。

4.3.2 物性数据估算

4.3.2.1 物性数据估算原理与方法

化学工程应用中涉及物质种类多，现有数据在数量、种类和精度等各个方面还不能完全满足实际需要。实验方法往往要消耗大量人力物力，数据精度又受实验方法和条件的制约。同时，化工过程中处理的绝大部分是混合物，不能简单地由纯物质性质相加得到。所以目前实测值远远不能满足需要，估算求取化工数据成为极重要的方法。物性估算就是利用热力学、统计力学、分子结构和分子物理性质的理论知识进行关联，以便在一定范围内、在少量可靠的实验数据的基础上推算出具有一定精度的各种物质的物性数据。

一个良好的估算方法应该是：

① 误差小，同时要注意不同物性项目对误差要求不同；

② 尽量少用其他物性参数；

③ 计算过程或估算方程不要太复杂；

④ 估算方法要尽可能具有通用性，特别是关注对极性化合物使用的可能性；

⑤ 具有理论基础的方法常常有更好的发展前景。

(1) 物性数据估算中的数学方法

估算某物质物性数据，首先需要寻找物质的性质与表征物质所在条件的参数间的函数关系。寻找这种函数关系的途径主要有两种。一是完全经验法，即将实验所得的数据整理成方程式。完全经验法得到的方程式的适用范围受到原来实验数据的限制，方程式的使用范围不能超出拟合该方程的实验数据范围。二是半经验半理论法，即通过理论推导方程式，然后实验求出方程式中的常数。由于有理论依据，得到的方程式更合理和具有一定的普遍性，加上实验数据充实验证，方程式更加接近实际。

半经验半理论法处理方式主要分三种。第一种是对理想体系加以校正，第二种是对应状态原理关联，第三种是基团贡献法。对应状态原理关联是基于均相纯物质，尽管物质所处的温度、压力可以不同，但只要它们处于相同的对应状态，所有物质都表现出相同的对比性质。基团贡献法就是根据物质的某一性质是组成该物质分子的基团性质之和。各种估算法都要求有一定的通用性，根据物质的特性参数即可以计算出物性值。物质的特性参数通常有两种，即按分子结构为基础的基团结构参数和某种特定状态性质。特定状态性质要求其值普遍易得，如临界参数、临界压缩因子、偏心因子、沸点和势能参数等。

物性估算中从实验数据到方程式的表达，需要对方程式中的参数进行拟合，常用的拟合方法有两种，解矛盾方程组法和梯度优化法。

① 解矛盾方程组法　以一组比热容数据与对应温度拟合为例，用一个温度的多项式来

表达比热容与温度的函数关系：

$$C_p = a_0 + a_1 T + a_2 T^2 + a_3 T^3 + a_4 T^4 \tag{4-60}$$

要解决的问题就转化为求方程中的 5 个待定系数。假设拟合的模式有 n 个自变量的一次拟合，则其拟合函数为

$$y = a_0 + a_1 x_1 + a_2 x_2 + \cdots + a_k x_k + \cdots + a_{n-1} x_{n-1} + a_n x_n \tag{4-61}$$

通过 $m(m \gg n)$ 次实验，测量得到 m 组 $(y_i, \, x_{1,i}, \, x_{2,i}, \, \cdots, \, x_{k,i}, \, \cdots, \, x_{n-1,i}, \, x_{n,i})$ 实验数据，如果规定拟合要求是实测值和拟合值平方差之和最小，则求

$$Q(a_0, a_1, \cdots, a_n) = \sum_{i=1}^{m} (a_0 + a_1 x_1 + a_2 x_2 + \cdots + a_k x_k + \cdots + a_{n-1} x_{n-1} + a_n x_n)^2 \tag{4-62}$$

的极小值，而该极小值问题和如下解矛盾方程组是同一问题。

$$\boldsymbol{A} \begin{bmatrix} a_0 \\ a_1 \\ \vdots \\ a_n \end{bmatrix} = \begin{bmatrix} y_1 \\ y_2 \\ \vdots \\ y_m \end{bmatrix} \tag{4-63}$$

这里

$$\boldsymbol{A} = \begin{bmatrix} 1 & x_{1,1} & \cdots & x_{n,1} \\ 1 & x_{1,2} & \cdots & x_{n,2} \\ & \vdots & \vdots & \\ 1 & x_{1,m} & \cdots & x_{n,m} \end{bmatrix} \tag{4-64}$$

一般情况下，当方程数多于变量数，且方程之间线性不相关，则方程组无解，这时方程组称为矛盾方程组。如方程组 (4-63) 中方程数为 m 个，变量数为 $n+1$ 个，由于 $m \gg n+1$，故方程组 (4-63) 在一般意义下无解，也即无法找到 $n+1$ 个变量同时满足 m 个方程。这种情况和拟合曲线无法同时满足所有的实验数据点相仿，故可以通过求解均方差 $\|\boldsymbol{AX} - b\|_2^2$ 极小意义下矛盾方程的解来获取拟合曲线中的参数。由于方程组 $\boldsymbol{A}^\mathrm{T}\boldsymbol{AX} = \boldsymbol{A}^\mathrm{T}b$ 的解就是矛盾方程组 $\boldsymbol{AX} = b$ 在最小二乘法意义下的解，这样只要通过求解 $\boldsymbol{A}^\mathrm{T}\boldsymbol{AX} = \boldsymbol{A}^\mathrm{T}b$ 就可以得到矛盾方程的解，进而得到各种拟合曲线的参数。这样求解矛盾方程组 (4-63) 的解就是求解下面的方程

$$\boldsymbol{A}^\mathrm{T}\boldsymbol{A} \begin{bmatrix} a_0 \\ a_1 \\ \vdots \\ a_n \end{bmatrix} = \boldsymbol{A}^\mathrm{T} \begin{bmatrix} y_1 \\ y_2 \\ \vdots \\ y_m \end{bmatrix} \tag{4-65}$$

将式 (4-64) 代入式 (4-65)，就可以得到求解拟合公式 (4-61) 中各项系数的计算方程

$$
\begin{bmatrix}
m & \sum\limits_{i=1}^{m} x_{1,i} & \sum\limits_{i=1}^{m} x_{2,i} & \cdots & \sum\limits_{i=1}^{m} x_{n,i} \\[2ex]
\sum\limits_{i=1}^{m} x_{1,i} & \sum\limits_{i=1}^{m} x_{1,i}^{2} & \sum\limits_{i=1}^{m} x_{1,i}\,x_{2,i} & \cdots & \sum\limits_{i=1}^{m} x_{1,i}\,x_{n,i} \\[2ex]
\vdots & \vdots & \vdots & \vdots & \vdots \\[2ex]
\sum\limits_{i=1}^{m} x_{n-1,i} & \sum\limits_{i=1}^{m} x_{n-1,i}\,x_{1,i} & \cdots & \sum\limits_{i=1}^{m} x_{n-1,i}^{2} & \sum\limits_{i=1}^{m} x_{n-1,i}\,x_{n,i} \\[2ex]
\sum\limits_{i=1}^{m} x_{n,i} & \sum\limits_{i=1}^{m} x_{n,i}\,x_{1,i} & \sum\limits_{i=1}^{m} x_{n,i}\,x_{2,i} & \cdots & \sum\limits_{i=1}^{m} x_{n,i}^{2}
\end{bmatrix}
\begin{bmatrix}
a_0 \\ a_1 \\ \vdots \\ a_{n-1} \\ a_n
\end{bmatrix}
=
\begin{bmatrix}
\sum\limits_{i=1}^{m} y_i \\[2ex]
\sum\limits_{i=1}^{m} x_{1,i}\,y_i \\[2ex]
\sum\limits_{i=1}^{m} x_{i,2}\,y_i \\[2ex]
\vdots \\[2ex]
\sum\limits_{i=1}^{m} x_{n-1,i}\,y_i \\[2ex]
\sum\limits_{i=1}^{m} x_{n,i}\,y_i
\end{bmatrix}
\tag{4-66}
$$

在方程组（4-66）中除 a_0，a_1，$\cdots$，a_{n-1}，a_n 以外，其他均为实验条件数据和实验测得的物性数据，且均为已知值，这样方程组（4-66）就是简单的线性方程组，就可以利用求解线性方程组的各种方法求解拟合参数。

② 梯度优化法　上面提到函数拟合的目标就是使拟合函数和实际测量值之间的差的平方和最小，也就是求下面函数的最小值

$$
\min Q(a_0,a_1,\cdots,a_n)=\sum_{i=1}^{m}\left[P(X_i,A)-y_i\right]^2
\tag{4-67}
$$

式中 $P(X_i,A)$ 可以是任意形式的拟合函数，而在具体的计算过程中，所有的 X_i 和 y_i 是已知的数据，这样求式（4-67）的最小值其实就是拟合系数 a_0，a_1，$\cdots$，a_{n-1}，a_n 为何值时，式（4-67）达到最小。由于这是一个平方和形式的函数，在数学上有一个简单的迭代优化计算方法，即梯度法。梯度法用负梯度方向作为优化搜索方向来解最小值问题。梯度是一个向量，如果用向量 U 来表示所有拟合系数 a_0，a_1，$\cdots$，a_{n-1}，a_n，用函数 $f(U)$ 来代替 $Q(a_0,a_1,\cdots,a_{n-1},a_n)$，则函数下降最快的方向为

$$
S_k=-\nabla f(U)
\tag{4-68}
$$

在梯度法中，新点由下式得到

$$
U^{k+1}=U^k-\lambda_k\nabla f(U^k)
\tag{4-69}
$$

式中，λ_k 是一个标量，如果要优化步长，则需要通过一维优化搜索确定。

梯度法的计算步骤如下：

① 选择初始点 U_0；

② 用数值法计算偏导数；

③ 计算搜索方向向量 $S_k=-\nabla f(U)$；

④ 在 S_k 方向上作一维搜索，即求解单变量（λ）优化问题；

⑤ 作停止搜索判断。若不满足精度要求，返回步骤②重复计算。

有些物性计算的公式是非显式的，此时需要通过求解非线性方程才能得到所需物性数据，这些非线性方程通常无法用解析的方法求解，则只有利用数值求解的方法获得所需物性数据。常用的非线性方程的求解方法有直接迭代法、松弛迭代法、牛顿迭代法和二分法。下面简单介绍一下牛顿迭代法。

以常见的饱和蒸气压计算公式

$$\ln p = A + \frac{B}{T} + C \ln T + \frac{Dp}{T^2} \tag{4-70}$$

式中，p 为饱和蒸气压，单位为 mmHg（1mmHg＝133.322Pa）；T 为温度，单位为 K；A，B，C，D 为已知系数。

因为上式两边都有未知变量，只能通过数值计算的方法求解。

牛顿迭代法首先对方程构造多种迭代格式 $\chi_{k+1} = \varphi(\chi_k)$，借助对函数 $f(x) = 0$ 的泰勒展开而得到一种迭代格式，其迭代通式为

$$\chi_{k+1} = \chi_k - \frac{f(\chi_k)}{f'(\chi_k)} \qquad (k = 0,1,2,\cdots,n)$$

对于式（4-70），其牛顿迭代的技术公式为：

$$p^{k+1} = p^k - \frac{\ln p^k - \left(A + \dfrac{B}{T} + C \ln T + \dfrac{Dp^k}{T^2} \right)}{\dfrac{1}{p^k} - \dfrac{D}{T^2}} \qquad (k = 0,1,2,\cdots,n) \tag{4-71}$$

通过编写简单的程序即可完成计算。

（2）热力学关系与物性数据

热力学数据是物性数据的重要组成部分，热力学原理是推算物性数据的理论依据之一。另一方面，表示某些物性数据间关系的经验公式在其使用范围内必须合乎热力学关系，即经受热力学一致性检验。由热力学性质的基本关系式及物性间的其他联系，可以从一些容易测量的性质来计算不容易测量的性质，如物质的熵、焓和自由能等。工程设计人员应该掌握根据热力学关系进行物性数据间的相互求算能力。仅以蒸气压的估算为例进行介绍。

蒸气压是物质的基础热力学数据，其在热力学及化学工程计算中占有非常重要的地位。纯物质的蒸气压取决于物质的本性和温度，并随温度的升高而快速上升。纯物质的蒸气压数据基本上是以 Clapeyron 方程为基础建立起来的。Clapeyron 方程的具体形式如下

$$\frac{\mathrm{d}p}{\mathrm{d}T} = \frac{\Delta H_{\mathrm{v}}}{(R\,T^2/p)\Delta Z_{\mathrm{v}}} \tag{4-72}$$

式中，p 为饱和蒸气压；T 为温度；ΔH_{v} 为汽化焓；ΔZ_{v} 为气相和液相的压缩因子之差；R 为气体常数。应用 Clapeyron 方程时，首先要确定 ΔH_{v} 和 ΔZ_{v} 与温度的关系。对 ΔH_{v} 和 ΔZ_{v} 与温度关系作不同的假设，积分就得到不同的蒸气压方程式，对这些积分所得方程作一些改进，又可以得到另外的蒸气压方程式。

一般情况下，ΔH_{v} 和 ΔZ_{v} 是温度的弱函数，均随温度的升高而减小，由于温度的影响相互抵消，所以在小的温度范围内，可以将 ΔH_{v} 和 ΔZ_{v} 的比值看作常数，这样就可以得到 Clausius-Claperon 方程。在正常沸点以下，ΔZ_{v} 随温度的变化近似常数，而 ΔH_{v} 近似温度的直线函数经积分变形就可以得到 Rankine-Kirchoff 方程。针对实际情况，在 Clausius-Claperon 方程和 Rankine-Kirchoff 方程基础上作出修正，增加方程中的常数，就可以得到其他一些修正蒸气压方程，如 Antoine 方程、Riedel 方程、Frost-Kalkawarf-Thodos 方程、Riedel-Plank-Miller 方程、Vetere 方程、Gomez-Thodos 方程和 Erpenbeck-Miller 方程。

体系的性质可分为平衡性质和传递性质两类。平衡性质即热力学性质，如温度、压力、体积、组成、熵、内能、焓和自由能等。传递性质也称迁移性质，如黏度、热导率、扩散系数等这些涉及体系在发生物质或能量传递过程时出现的非平衡特性。这些性质计算的基础是统计热力学和分子运动论与流体物性的关系，可参考相关物性估算方面的书籍。

（3）对应状态原理

对应状态原理是关联实际气体及液体物性的一个重要原理。这应状态原理提供了一个可能性：用同一个普遍性的函数来描述所有流体的 p-V-T 关系，而由于流体的许多性质可以由 p-V-T 关系求得，故可进一步使用一个普适性函数来描述其他流体性质。

两参数法的 Van der Waals 方程如下

$$\phi(p_r, T_r, V_r) = 0 \tag{4-73}$$

两参数法主要应用于气体热力学性质计算，提供了压缩因子（Z）的估算方法，并发展为估算蒸气压、蒸发焓、焓差、熵差、热容差和逸度差等。

为了更好地反映物质的特性，加入第三参数，可以更准确地计算 p-V-T 及其他各种热力学性质。常用的第三参数是偏心因子（ω）和临界压缩因子（Z_c）。对应状态原理本身只是指出个对应状态参数相互联系的规律，而参数间的具体函数形式要由实验回归得到。下面简单介绍对应状态原理在蒸气压和纯气体黏度的估算应用。

蒸气压计算以 Antoine 方程方程为例。最简单的是结合关联方程，代入沸点（T_b）及临界点，得

$$\ln p_r^s = h\left(1 - \frac{1}{T_r}\right) \tag{4-74}$$

其中，$h = T_{br}\left(\dfrac{\ln(p_c/101.325)}{1 - T_{br}}\right)$，$T_{br} = \dfrac{T_b}{T_c}$。可得

$$\ln\left(\frac{p_c}{101.325}\right) = \frac{(T_c - C)}{(T_c - T_b)}\frac{(T - T_b)}{(T - C)}\ln\left(\frac{p_c}{101.325}\right) \tag{4-75}$$

气体黏度（η_G）也是一种化工数据，η_G 的实测数据很少，可以通过关联方程计算。低压下，温度影响用 T_r 表示，根据 Lucas 方程

$$\eta_G\xi = [0.807T_r^{0.618} - 0.357\exp(-0.449T_r) + 0.340\exp(-4.058T_r) + 0.018]F_p^0 F_Q^0 \tag{4-76}$$

$$\xi = 0.03792 \times 10^7\left(\frac{T_c}{M^3 P_c^4}\right)^{1/6} \tag{4-77}$$

式中，F_p^0 和 F_Q^0 是极性校正和量子校正，前者以对比偶极矩为参照。

（4）基团贡献法

基团贡献法是工程上估算物性的常用方法之一。基团贡献法建立在分子性质具有加和性的基础之上。所谓加和性是指分子的某一性质等于组成该分子的各个结构单元的元贡献之和，而这些元贡献在不同的分子中保持同值。这里所说的结构单元是指除原子团外，原子、化学键以及某种结构等对分子性质有影响的因素。这样，分子的性质便按照所选的结构单元被分解成若干部分并加以计算。基团贡献法估算物性数据的精度与对基团的划分有关。划分方案将基团分得越精细，由此计算得到的结果越接近实际。但分得越多，则引起使用时烦琐不便。

按功能团划分基团是基本依据，因为每种功能团往往表现出其独特的物理化学性质，即使在不同类型的分子中也是如此，在同系物分子中规律性更明显。分子性质的值与基团贡献

值之间的关联有直接加和法、函数式法和统计力学模型法等。下面看看沸点（T_b）和临界性质用基团贡献法中的两种典型处理方法计算形式，即 Joback 法和 C-G 法。

Joback 法简单可靠，沸点（T_b）和临界性质计算公式如下

$$T_b = 198.2 + \sum n_i \Delta_{T_b} \tag{4-78}$$

$$T_c = T_b [0.584 + 0.965 \sum n_i \Delta_{T_i} - (\sum n_i \Delta_{T_i})^2]^{-1} \tag{4-79}$$

$$p_c = (0.113 + 0.0032 n_A - \sum n_i \Delta_{p_i})^{-2} \times 0.1 \tag{4-80}$$

$$V_c = 17.5 + \sum n_i \Delta_{V_i} \tag{4-81}$$

如果加上临近基团的影响，就可以用 C-G 法

$$T_b = 204.359 \ln(\sum n_i \Delta_{T_i} + \sum n_j \Delta_{T_j}) \tag{4-82}$$

$$T_c = 181.728 \ln(\sum n_i \Delta_{T_{ci}} + \sum n_j \Delta_{T_{Cj}}) \tag{4-83}$$

$$p_c = 0.13705 + 0.1(0.100220 + \sum n_i \Delta_{p_{ci}} + \sum n_j \Delta_{p_{cj}}) \tag{4-84}$$

$$V_c = -4.350 + \ln(\sum n_i \Delta_{V_{ci}} + \sum n_j \Delta_{V_j}) \tag{4-85}$$

由于预测方法与实验数据的比较，可清楚地看出在预测物性数据时，有 $50\% \sim 100\%$ 的误差并不是稀罕的。这样大小的误差在工程设计计算中将造成相当大的误差。这种误差的结果造成不必要的设备浪费，以及设备操作不能满意，同时使工厂的生产效率降低。

为了解决由于物性数据预测不正确而产生的问题，需要有更多的实验数据，需要有更多的纯组分和混合物的数据。特别重要的是在符合工厂日常操作条件的温度、压力和汽液接触情况之下取得的数据。

在文献上大量发表的数据中有许多是不正确的。改善仪器和实验方法能提高实验数据的正确性和可靠性。好的预测和关联方法只能建立在健全、正确和精确的实验数据的基础上。除非收集了足够的实验数据，或能得出更好的关联式和预测方法，否则设计工程师仍将由于对他的过程设计计算的正确性与可靠性没有把握而感到困难。

4.3.2.2 流程模拟软件物性计算

化工流程模拟软件中，物性数据的技术占据举足轻重的地位，没有化工物性的计算，就没有化工模拟软件。这里简要介绍 Aspen Plus 和 ChemCAD 两款流程模拟软件物性计算情况。

（1）Aspen Plus 物性计算

Aspen Plus 中物性模型必须确定所需要的参数，并要确保所有必需的参数都能得到。必需的参数可以从数据库中检索也可以在物性常数（Property Constant）表中直接输入或者使用 Property Constant Estimation System PCES 物性常数估算系统由 Aspen Plus 来估算。

Aspen Plus 的物性估算可以按两种方式进行，即独立应用物性估算（Properties Estimation）和运行类型模拟中使用流程、物性分析、Properties Plus、数据回归或化验数据分析。

Properties Estimation 的使用首先需要在 Properties/Molecular Structure 窗口上定义分子结构，利用 Parameters 或 Data 窗口输入实验数据，再在 Properties/Estimation/Input 窗口上激活 Properties Estimation 并选择物性估算选项（图 4-21）。

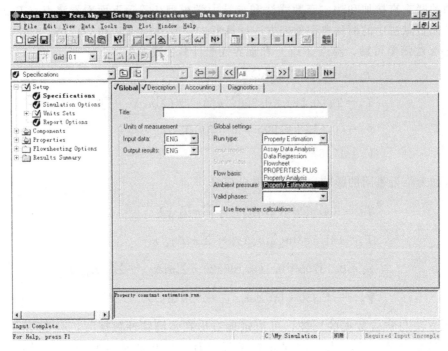

图 4-21 Aspen Plus Properties Estimation 窗口

Aspen Plus 的物性估算是以基团贡献法为基础的，根据分子结构式，系统会确定官能团。由于基团贡献法中元贡献值是由实验数据回归得到，实验数据的输入，可以改善 Aspen 估算数据的准确性。以物质的沸点为例，实验参数输入在 Properties/Parameters/Pure Comonent 上，创建一个标量参数 TB，输入实验值。窗口如图 4-22 所示。

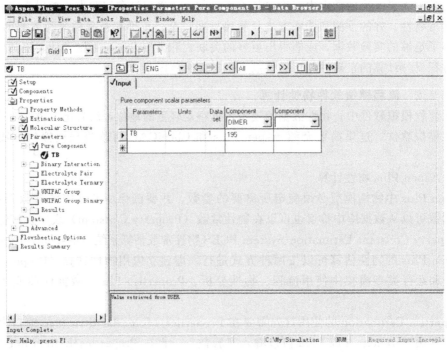

图 4-22 标量参数的输入窗口

（2）ChemCAD 物性计算

ChemCAD 具有丰富的热力学数据库，可以实现物性查询、绘图以及物性估算、用户组分处理等功能。这里简要介绍其物性查询和物性估算过程。ChemCAD 标准数据库（Standard）中内置有1999种纯物质的物性，为保证数据的权威性，这些数据仅可由系统管理员修正，用户只能用只读方式查询。一些物性与温度、压力有关，如饱和蒸气压，ChemCAD 通常使用关联方程描述它们，这些关联方程被称为库方程。ChemCAD 还在标准物性数据库中保存约6000对二元交互作用参数，供 NRTL、UNIQUAC、Margules、Wilson 和 Van Laar 活度系数方程使用。用户可以查询、修改这些参数，也可利用 ChemCAD 提供的回归工具由实验数据回归出新的参数。

① 物性查询　ChemCAD 使用的数据库包括 Standard Databank、Distillation Databank、Pool Databank 和 User Databank。

在标准数据库中查找数据过程如下。在 ChemCAD 模拟状态下，从菜单 ThermoPhysical 选择 Databank，再选择 View-Edit，如图 4-23 所示，即可调出 ChemCAD 物质选择窗口（图 4-24）。上下移动窗口右侧滑块，可看到 ChemCAD 数据库中的所有物质，其中 ID 号为1～1999者是 ChemCAD 标准数据库中存储的物质。

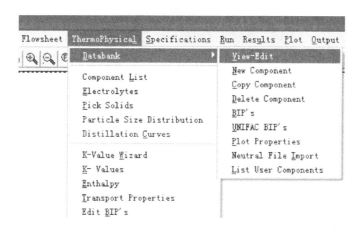

图 4-23　ChemCAD 数据库组分查询菜单

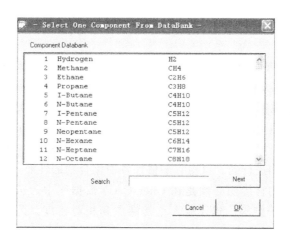

图 4-24　ChemCAD 物质选择对话框

选中某种物质，例如甲烷（Methane），再用鼠标左键双击之，将出现 view/edit component 窗口。也可使用窗口下部 Search 功能选择物质：在 Search 右侧白色文本框内，用户可以输入物质的 ID 号、英文名称或分子式，搜索到目标物质后，点击 OK 按钮即可选中。view/edit component 窗口中含有 Exit、Synonyms、Formulas、Minimum Required Data 等 16 个按钮，可分类打开各种不同物性的显示或绘图窗口。

ChemCAD 内置了大量 K 值模型，允许用户查询、修改这些 K 值模型的参数。从主菜单的 ThermoPhysical 命令中选择 Databank/Bip's，可以查看、修改 NRTL、Wilson、UNIQUAC、SRK、Peng-Robinson、BWRS 等方程中组分的二元交互作用参数。从主菜单的 ThermoPhysical 命令中选择 Databank/UNIFAC Bip's，可以查看、修改 UNIFAC 基团参数。

② 新组分物性估算　ChemAD 允许用户在数据库中添加多达 2000 个组分。它允许保存数据库中没有的化合物的数据，或者希望改变的一些标准组分的单项性质。在模拟状态下，从主菜单的 ThermoPhysical 命令中选择 Databank/New Component，可以向数据库中添加自定义组分，ChemCAD 会给添加的自定义组分自动编号。在模拟状态下，从主菜单的 ThermoPhysical 命令中选择 Databank/New Component，如图 4-25 所示，可以向数据库中添加自定义组分，ChemCAD 会给添加的自定义组分自动编号。

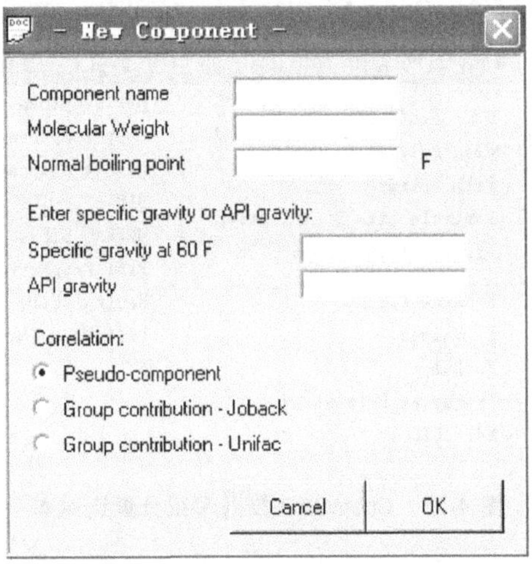

图 4-25　ChemCAD 中新物种估算对话框

ChemCAD 提供三种估算新组分物性的方法：虚拟组分法（Pseudo-component）、Joback 基团贡献法（Group contribution-Joback）和 Unifac 基团贡献法（Group contribution-Unifac）。虚拟组分法（Pseudo-component）适合估算烃，尤其是直链烃，虚拟组分的性质，这些虚拟组分可能是由纯烃的混合物所组成。这个方法是经验的，只需输入组分名称、正常沸点、相对密度或 API 重力密度。基团贡献法对单一组分物性的估计是通过它们的分子量和分子结构进行的。可用它来估计各种化合物的性质，如烃、化学物质、极性和非极性物质。分子中的官能团必须是在 ChemCAD 数据库中。选用基团贡献法时需要输入分子量和化合物的分子结构。建议输入正常沸点和相对密度。此方法可以估计这两种性质，但如果能提供它们，ChemCAD 估算的其他性质将更准确。具体的估算可以在模拟状态下，从主菜单的 ThermoPhysical 命令中进行。

思考及练习

4-1 某人称其能用 100℃ 的饱和水蒸气提供 140℃ 的热能，且每公斤水蒸气可供热量 1800kJ/kg。请验证其可靠性。

4-2 试用 Aspen Plus 或 ChemCAD 对乙烯加水制工业酒精生产工艺进行物料衡算和能量衡算。

4-3 流量为 25000kg/h 的乙醇-水混合物，在如附图的蒸馏系统中进行分离。原料含乙醇 20%（质量分数，下同）在 90.5℃ 下送入高压塔（1atm）。两塔底产品均含乙醇 1%。高压塔的馏出物含乙醇 90%，将之送入低压塔（0.1atm）继续分离。低压塔的馏出产品含乙醇 99%，假定该馏出产品为饱和液体，回流比为 2。试求：

(1) 流量 R_1、D_1、R_2 和 D_2；

(2) 两塔的回流罐温度和塔底温度；

(3) 低压塔冷凝器热负荷；

(4) 高压塔再沸器热负荷。

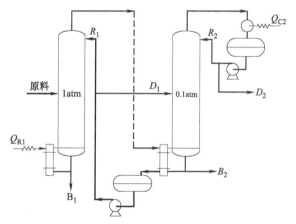

思考及练习 4-3　附图

4-4 某炭气化反应器示意图如下：

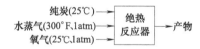

此系统在 1atm 下操作。进料流量纯炭为 4200kmol/h，水蒸气为 8000kmol/h，氧气为 1500kmol/h。离开反应器的产物中仅含有 CO、CO_2、H_2 和 H_2O，其 CO 与 CO_2 的摩尔比为 1。假定各组分的比热容均为常数，H_2O（气）为 8.8cal/(mol·K)，O_2 为 7.8cal/(mol·K)，CO 为 7.6cal/(mol·K)，CO_2 为 11.4cal/(mol·K)，H_2 为 7.0cal/(mol·K)。(1) 计算离开反应器的产物组成；(2) 计算该产物的温度。

主要参考文献

[1] 王擎天，陈敏恒，李雯慧. 化工流程粗物料衡算的计算方法之一 [J]. 计算机与应用化学，1987，4 (1)：28-39.

[2] 王擎天，陈敏恒，李雯慧. 化工流程粗物料衡算的计算方法之二 [J]. 计算机与应用化学，1987，4 (3)：233-243.

[3] 蒋柏泉. 氨合成系统的分解和物料衡算 [J]. 江西工业大学学报，1992，14 (1)：24-30.

[4] 倪进方. 化工设计 [M]. 上海：华东理工大学出版社，1994.

[5] 王静康. 化工设计 [M]. 北京：化学工业出版社，1995.

［6］ 黄璐，王保国. 化工设计［M］. 北京：化学工业出版社，2001.

［7］ 李少鳞. 化工过程的物料衡算和能量衡算.［M］. 北京：高等教育出版社，1987.

［8］ 化学工业部人事教育司. 物料衡算与热量衡算［M］. 北京：化学工业出版社，2003.

［9］ 丁文仁，何咏玲，盛丽娟. 化工系统物料衡算的信号流图法［J］. 化工进展，1984，（3）：106-114.

［10］ 刘跃进. 反应器能量平衡的焓算法与热量衡算法［J］. 化工设计通讯，1995，21（3）：3-8.

［11］ 李树林. 能量衡算［J］. 化学工程师，1988，（2）：29-32.

第5章

工艺流程设计

　　化工厂设计的核心内容是工艺设计。工艺设计决定了整个设计的概貌，是所有设计的基础。除了工艺设计以外，还有非工艺设计（如总图运输、公用工程、土建、仪表及控制、管道配置等）。非工艺设计也是以工艺设计为依据，再按各专业要求进行设计。

　　工艺设计一般包括以下内容：

　　①工艺流程设计；②物料及能量平衡；③工艺设备的设计和选型；④设备的平面和立面布置；⑤管路设计；⑥工艺操作条件的制定。

　　本章主要讲授工艺流程设计。

5.1　工艺流程设计的分类

　　工艺流程设计应根据不同的目的，不同的设计阶段，进行繁简程度不一的设计，工艺流程设计的结果是提供各种不同类型的数据包及工艺流程图。化工行业的工艺流程图一般分为以下四类：

　　①工艺流程示意图；②工艺流程简图；③工艺物料流程图；④管道及仪表流程图。

5.1.1　工艺流程示意图

　　工艺流程示意图，也称方块流程图、方框流程图、流程框图（block flowsheet），在初步设计阶段用于向决策机构、高级管理部门提供该工艺过程的简捷说明，也可供设计人员讨论工艺流程方案，是对工艺流程进行概念性设计时完成的一种流程图。例如在可行性研究报告中所提供的通常就是工艺流程示意图。

　　工艺流程示意图用方框表示各种过程。根据不同详略要求，方框可以是工艺流程的一个部分，也可以是一种单元操作，用文字在方框中标明。此外，有时还在方框内标注必要的代码，以便与后续设计阶段所产生的各种类型的流程图相互参照。方框用细线绘制。方框间用带箭头的粗线连接，表示物料或能量的走向，箭头线上可加上必要的注释。流程示意图仅需画出主要物流流程线，次要或辅助流程线可忽略，以保证图面的简洁。物料或能量用不带框的文字表示。图 5-1 为硫酸铜生产工艺流程示意图。

目前尚无绘制工艺流程示意图的明确规定，其格式可以由简单到复杂。但无论何种形式，其功能就是要将工艺过程中每一个主要工艺步骤简单明确地表示出来，如需要历经哪几个反应过程，需要哪些单元操作来分离混合物，是否有副产物，如何处理，有无循环结构等。

图 5-1　硫酸铜生产工艺流程示意图

5.1.2　工艺流程简图

工艺流程简图（simplified flowsheet）是在工艺流程示意图的基础上，进一步修改、完善，将各个工序过程换成相应设备的外形轮廓来表示相关的工艺步骤，工艺流程表达得更加清晰和详细，反映的信息更多。从图上可以看出必须对哪些生产工序、步骤和关键设备进行计算，不至于混乱、遗漏和重复，主要供化工工艺计算和设备订货使用。见图 5-2。

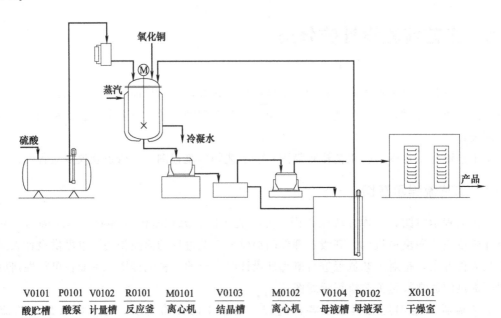

V0101	P0101	V0102	R0101	M0101	V0103	M0102	V0104	P0102	X0101
酸贮槽	酸泵	计量槽	反应釜	离心机	结晶槽	离心机	母液槽	母液泵	干燥室

图 5-2　硫酸铜生产工艺流程简图

5.1.3　工艺物料流程图

工艺物料流程图简称 PFD（process flow diagram），也称物料（能量）平衡图。它表达了一个生产工艺过程中的关键或主要设备、关键节点的物料和状态参数，如流量、组成、温度、压力、相态或物性等。工艺物料流程图是将物料衡算与能量衡算的主要结果绘制在流程图上，使设计人员对整个生产工艺过程及与其相关的工艺参数有全面的了解，是后续的设备设计、管路设计、自动控制设计等阶段的重要技术依据。

在绘制工艺物料流程图之前，必须详细分析工艺过程，对所需要的、使原料转化为产品的主要设备加以详细考虑。主要设备通常指有化学变化或有重要的物理变化在其中发生的设备，即反应器、各种单元设备如精馏塔、蒸发器、吸收塔、换热器、干燥器、除湿器和流体输送装置等必须绘出。对于诸如储罐、中间罐、搅拌器和泵等设备，以及阀门、过滤器、视镜等安装在管道上的小型设备，当物料通过时不会发生组成或重要参数的变化时，可在物料流程图中略去。工艺物料流程图一般只绘出主要管线，而平衡线、开车线、停车线、排净线等辅助管线通常不绘出，以保持图面的简洁。

工艺物料流程图中设备之间用带有流向的箭头线连接，以表示主要物流通过的工艺过程或进行循环的途径。在重要的节点（如设备的进出口、管路的分叉点或汇合点等）处要标出物流按重量、摩尔或容积为基础的流率或组成，温度、压力等重要的状态参数，密度、黏度等主要物性等。当图面空间足够大时，可以在节点处直接用引线引出表格，并在其上列出所需的参数，见图 5-3。如果空间不足，可采用在节点流线上插入带序号的菱形的表示方法，如①、⑥等，序号在图面上按由左至右、由上至下顺序编制。在图面的下方，主标题栏左侧、下图框线上侧以列表的形式分别标出每个节点的参数。

工艺物料流程图的绘制没有统一严格的规定，在不同的使用场合，可以绘制反映不同信息的物料流程图，无需强求将所有参数均列出。

能量流程图是 PFD 的另一种表达方式，也称为能量平衡图。能量流程图为每一个换热设备注明换热负荷，并在发生物理相态变化的地方表明汽化或熔融热，还必须对任何单元中发生化学反应的地方注明吸热或放热的反应热量。对重要的泵、压缩机或鼓风机应注明轴功率。图 5-4 所示为能量流程图的一种形式。

5.1.4 管道及仪表流程图

管道及仪表流程图简称 PID（piping and instrumentation diagram），又称为带控制点工艺流程图。PID 是所有设计文件中最重要、最基础的文件。PID 应表示出全部工艺设备、主物料管路、辅助管路、阀门、管件和控制点。设备的大小须按比例绘制，设备的安装高度也须按实际要求绘制。除了正常生产操作所需的设备、管路、管件和控制系统外，还要考虑非稳定状况的操作和控制，例如开停车、出现意外时的检测、报警、控制以及仪器和连锁系统的切断处理等操作手段都要在 PID 上表示出来，以确保生产的安全、稳定。除工艺部分外，公用工程的设备和管线也需在图中表示出来。如图 5-5 所示（见插页）。

管道及仪表流程图的设计，必须在充分研究工艺过程的基础上，待工艺流程完全确定后才能开始，否则容易造成大量返工，导致人力和物力的浪费。我国管道及仪表流程图的设计过程因各设计单位而异，但都大同小异，是通过各个设计阶段将工艺流程从原则流程到实际操作流程的演进过程。

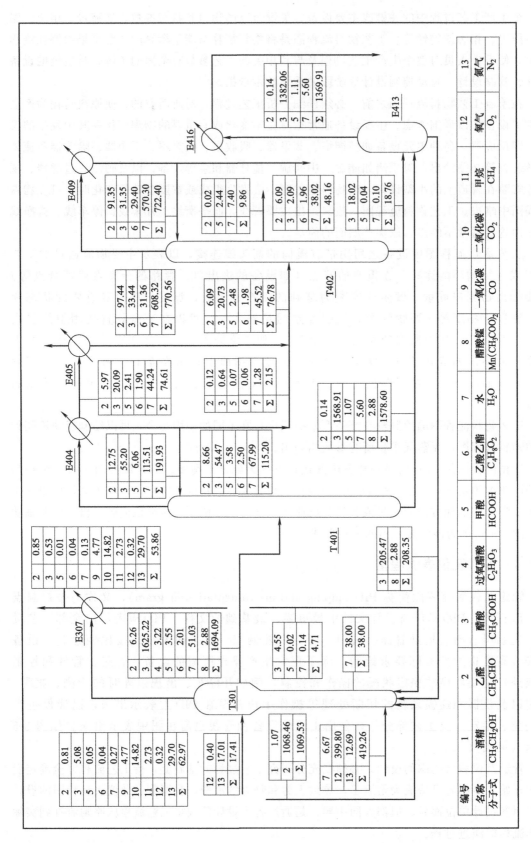

图 5-3 乙醛氧化制醋酸工艺物料流程图

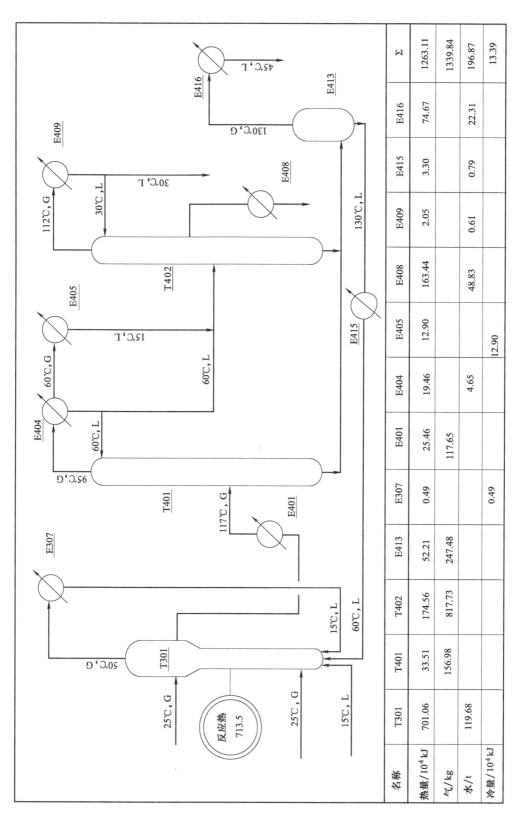

图 5-4　乙醛氧化制醋酸热量平衡图

名称	T301	T401	T402	E413	E307	E401	E404	E405	E408	E409	E415	E416	Σ
热量/10⁴kJ	701.06	33.51	174.56	52.21	0.49	25.46	19.46	12.90	163.44	2.05	3.30	74.67	1263.11
气/kg	156.98		817.73	247.48		117.65							1339.84
水/t	119.68						4.65		48.83	0.61	0.79	22.31	196.87
冷量/10⁴kJ					0.49			12.90					13.39

5.2 工艺流程设计内容

5.2.1 工艺流程设计阶段划分

工艺流程设计的主要任务是确定生产流程中所采用的单元过程及其组合顺序，并将其用图形的方式表达出来，同时给予详细的文字说明。工艺流程设计是整个工程设计的基础和核心。

化工工艺流程设计按照设计由简到繁的进程划分为若干个阶段，目前一般分为基础工程设计阶段和详细工程设计阶段。按照原化工部颁布的规范，工艺专业在这两个阶段中要提供7个版本的工艺管道和控制流程图设计，基础设计阶段需完成四个版本的设计图纸，分别命名为 A、B、C、D 版本。而详细设计阶段则需完成三个版本的设计图纸，称为 E、F、G 版本。有时可以依据实际的需要，在两个设计阶段中合并几个版本的图纸，但是无论俭省多少版本，其主要的设计内容是必不可少的。

5.2.2 工艺流程设计的主要内容

在获取必要的资料后，基础设计阶段主要完成以下内容：

① 根据设计要求完成工艺物料流程图（PFD）、管道及仪表流程图（PID）、物料及能量平衡表、设备工艺数据表及条件图、工艺操作要求的工作条件、说明和公用物料条件；

② 提出有关公用工程系统设备工艺数据表、机泵工艺数据表；

③ 进行管道水力学计算；

④ 进行泵的 NPSH 计算并提出机泵压差计算要求，提出与系统计算有关的设备标高和泵的净正吸入压头（NPSH）；

⑤ 提出全部设备的接管汇总表；

⑥ 按管道材料专业有关规定，提出管道壁厚度数据；

⑦ 提出化工工艺装置内的公用物料条件表（如工艺用水、排水、蒸汽、软水、脱盐水及精制水、压缩空气、氮气等）；

⑧ 提出控制阀和流量计数据表；

⑨ 进行安全阀与爆破片计算，并提出有关数据表；

⑩ 提出特殊管件数据表，如特殊阀门、疏水阀、限流孔板、呼吸阀、消声器等，供有关部门订货，对无定型产品，则由工艺系统专业提出条件图，交付有关专业（如管道材料专业或设备专业）做制造图；

⑪ 提出设备、管道绝热类型及厚度，提出设备、管道绝热（保温/冷）类型与要求；

⑫ 提出界区条件表。

在详细设计阶段，要完成以下工作：

① 最终的管道及仪表流程图，即施工图阶段的 PID；

② 物料及能量平衡表；

③ 生产中有关公用工程物料（如蒸汽、冷凝液、软水、脱盐水、冷却水、空气和氮气等）的平衡图（表）及特殊要求；

④ 建议设备布置图（平面、立面和工艺生产所需设置的公用工程站以及必要的安全喷

淋、洗眼器等的位置);

⑤ 工艺设备表;

⑥ 容(塔)器工艺数据表及简图;

⑦ 泵、压缩机、鼓风机等类的工艺数据表;

⑧ 换热器工艺数据表;

⑨ 工业炉(包括工业用焚烧炉)的工艺数据表及简图;

⑩ 特殊设备工艺数据表及简图;

⑪ 化验分析条件表;

⑫ 催化剂汇总表、化学药品汇总表;

⑬ 工艺控制要求(包括集中、就地检测、指示和控制等);

⑭ 各类设备(如塔、容器、换热器、反应器、工业炉、特殊设备等)的压力降;

⑮ 安全备忘录;

⑯ 化工工艺专业、操作部门提出的开停车管道、开停车公用物料用量及规格;

⑰ 工艺系统专业计算所需的物性数据,如黏度、密度、粒度、表面张力、绝热指数、等熵指数、相对湿度等;

⑱ 工艺说明书;

⑲ 技术风险备忘录(必要时)。

5.3 管道及仪表流程图的绘制

《机械制图》系列国家标准对化工制图的约束,在化工工艺流程图绘制过程中同样有效。由于化工工艺流程图特别是管道及仪表流程图的特殊性,化工行业标准 HG/T 20519《化工工艺设计施工图内容和深度统一规定》对其进行了具体的规定,在绘制管道及仪表流程图时,应参照执行。

5.3.1 图面布置与比例

(1) 图幅

管道及仪表流程图一般采用 A1 号图纸幅画,横幅绘制。简单的流程也可以使用 A2 号图纸幅面横幅绘制。如工艺流程过长,在绘制流程图时可以采用标准幅面加长的格式,每次加长为图样宽度的 1/4 倍。

当一个流程中包括有两个或两个以上相同的系统(如聚合釜、气流干燥、后处理等)时,需绘出一张总图表示各系统间的关系,再单独绘出一个系统的详细流程图,其余系统以细双点划线的方框表示,框内注明系统名称及其编号。当多个不同系统流程比较复杂时,可以分别绘制各系统单独的流程图。在总流程图中,各系统采用细双点画线方框表示,框内注明系统名称,编号和各系统图图号。如图 5-6 所示。

(2) 比例

设备图形按比例用细实线绘制于其实际高度的相对位置上。对于过大或过小的设备,可适当缩小或放大比例绘制,使得整幅图面的设备都表达清楚。因此标题栏中的"比例"一项,可不予注明。

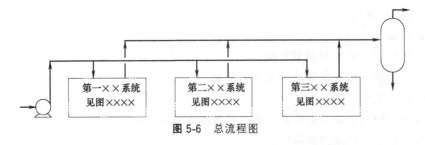

图 5-6 总流程图

(3) 图面布置

PID 图面布置如图 5-7 所示。

以高度为基准绘制的 PID，可以直观地表示出设备的安装高度，方便在工艺设计过程中检查物料流向及输送关系，并为设备布置设计打下基础。这种绘图法需要绘制高度标志并置于图的左侧。也有不按高度绘制的 PID，这时图形仅反映流程走向而不反映高度关系。

图面中央为绘制工艺流程的区域，按工艺流程的顺序从左至右将设备、管道、控制点等内容绘制在图纸上。习惯上，进出本流程的物流位置有如下划分：工艺物流通常从由图纸的左右两侧出入；放空或去泄压系统的管线在图纸上方离开；公用工程管线有两种表示方法：一种是从左右或底部出入，或就近标出公用工程代号以及相邻图纸号，另一种是在相关设备附近标注公用工程代号，然后在公用工程分配图上详细示出与该设备相接的管线尺寸、压力等级及阀门配置等。

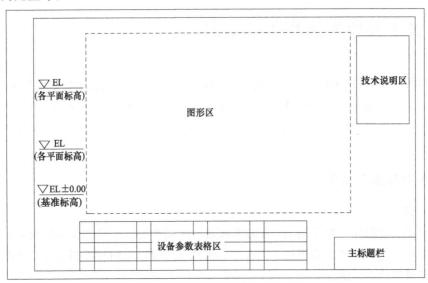

图 5-7　PID 图面布置

当一个工艺流程分成若干张图表示时，应以空心箭头表示物流方向并在空心箭头内注明所连接图纸的图号或序号，在其附近注明来或去的设备位号或管道号。空心箭头通常置于流程的左右两侧。如图 5-8 所示。

(a) 进入物流　　　　　(b) 流出物流

图 5-8　进出流程图的物流表示法

在图形区的下端，可列出本工段的设备一览表，如位号、名称、主要规格、数量等，视不同需要还可列出材质、重量等参数，以方便读图。

如有需要，可将技术说明列于图纸的右上方。

5.3.2 管道及仪表流程图的绘制要求

管道及仪表流程图是用图示的方法把化工工艺流程和所需的全部设备、管道、阀门和自动控制点表示出来，是设计和施工的依据，也是开、停车，操作运行、事故处理及装置维修保养的指南。

管道及仪表流程图按照使用目的又分为"工艺管道及仪表流程图"和"辅助及公用系统管道及仪表流程图"。工艺管道及仪表流程图以工艺过程为主体。辅助系统包括正常生产和开、停车过程中所需用的仪表用压缩空气（俗称仪表风）、工艺压缩空气、燃料、制冷剂、脱附或置换用的惰性气体、机泵的润滑油及密封油、废气、放空系统等；公用系统包括自来水、循环冷却水、软水、冷冻水、低温水、蒸汽、废水系统等。辅助及公用系统管道及仪表流程图通常按介质类型分别绘制。当系统比较简单时，也可以将相近介质的公用工程进行组合后绘制在同一张图上，如各类水，各类压缩空气，载热体等，甚至将所有辅助及公用系统绘制在一张图纸上。各种介质的管道及仪表流程图无论是单张或多张绘制，必须便于识别和区分。

管道及仪表流程图的图面主要由下列几项内容组成：
①设备图形；②管线和管件；③标注；④自动控制；⑤附注。

5.3.2.1 设备图形

PID 中的设备图形必须是能够显示出设备形状特征的主要轮廓，有时也可画出具有工艺特征的内件示意结构，如塔板、填充物、加热管、冷却管、搅拌器等。设备图形通常用细实线（0.15～0.25mm）绘制。动设备的驱动源，如水泵的电动机等一般不出现在流程图上。两个或两个以上的相同系统或设备（如一用一备的机泵），一般应全部画出。表 5-1 为常用的化工设备的图形示例，详见 HG/T 20519《化工工艺设计施工图内容和深度统一规定》。

表 5-1　设备图形示例

设备类别	代号	图 例		
塔	T	填料塔	板式塔	喷洒塔
反应器	R	固定床反应器	管式反应器	反应釜
换热器	E	换热器(简图)	固定管板式列管换热器	釜式换热器

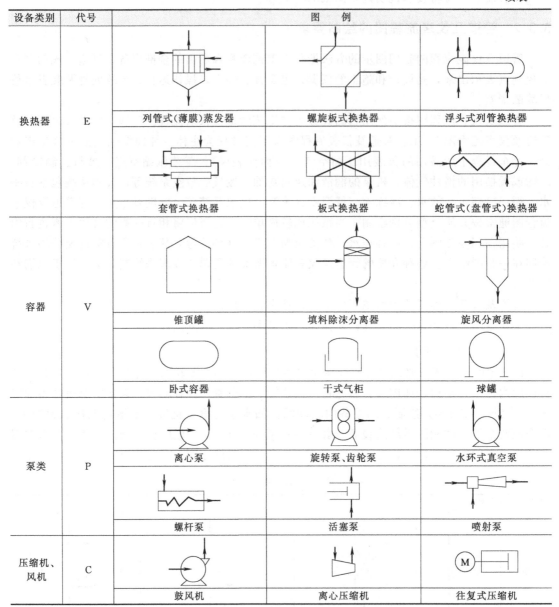

设备类别	代号	图　例		
换热器	E	列管式(薄膜)蒸发器	螺旋板式换热器	浮头式列管换热器
		套管式换热器	板式换热器	蛇管式(盘管式)换热器
容器	V	锥顶罐	填料除沫分离器	旋风分离器
		卧式容器	干式气柜	球罐
泵类	P	离心泵	旋转泵、齿轮泵	水环式真空泵
		螺杆泵	活塞泵	喷射泵
压缩机、风机	C	鼓风机	离心压缩机	往复式压缩机

　　图中各设备、机器的高低相对位置要与设备实际布置相吻合，并留出足够空间以便于管道连接和标注。设备、机器自身的附属部件与工艺流程有关者，例如活塞泵所带的缓冲罐、安全阀，容器上的液位计等，它们不一定需要外部接管，但对生产操作和检测都是必需的，有的还要调试，因此图上应予以表示。

5.3.2.2　管线和管件

　　工艺管道包括正常操作所用的物料管道，工艺排放系统管道，开、停车和必要的临时管道等。

　　在管道及仪表流程图上应绘出和标注全部工艺管道以及与工艺有关的一段辅助及公用工程管道，绘出和标注管道上的阀门、管件和管道附件(不包括管道之间的连接件，如弯头、三通、法兰等)，但为安装和检修等原因所加的法兰、螺纹连接件等仍需绘出和标注。

主要工艺物料管道用粗线（0.6～0.9mm）绘制，次要和辅助管道用中线绘制（0.3～0.5mm），保温管道要画出一小段（10mm）保温层。用箭头表示管道中物料的流动方向。对于没有明确物料流向的管道（如平衡管）则不必标绘箭头。每一根管道均需标注管道编号。

如遇管线与管线、管线与设备交叉、重叠时应将其中一线断开或曲折绕过，以使各设备之间管线表达清楚、排列整齐。

常用管线、管件和安装在管道上的小型设备的表示方法如表5-2所示。

表 5-2　常用管线、管件图例

名　称	图　例	名　称	图　例
主要物料管道(粗实线)		蒸汽伴热管道	
次要物料管道,辅助物料管道(中实线)		电伴热管道	
引线、设备、管件、阀门、仪表图形符号和仪表管线等(细实线)		原有管道、原有设备轮廓线(线宽与相接的新管线宽度相同)	
地下管道(埋地或地下管沟)		流向箭头	
坡度		夹套管(只画一段)	
管道绝热层(只画一段)		翅片管	
同心异径管		柔性管	
喷淋管		文氏管	
消声器(排大气)		消声器(在管道中)	
视镜、视盅		膨胀节	
Y 形过滤器		锥形过滤器	
阻火器		喷射器	
放空管(帽)		敞口和封闭漏斗	

在工艺流程图中，阀门符号反映出该阀门的类型和安装位置。常用阀门符号列于表5-3。

表 5-3　常用阀门符号

名　称	符　号	名　称	符　号
截止阀		闸阀	
节流阀		蝶阀	
球阀		旋塞阀	
减压阀		隔膜阀	

名　称	符　号	名　称	符　号
止回阀		疏水阀	
角式弹簧安全阀		角式重锤安全阀	
三通截止阀		角式截止阀	
呼吸阀		底阀	

5.3.2.3　标注

在 PID 中，应采用文字、数字和符号等对图形或管线进行标注。

(1) 设备位号和名称

在化工装置中，每台设备均应编制一个唯一的位号。位号既可与设备名称同时使用，也可以单独使用。位号应按图 5-9 所示规则进行编制：

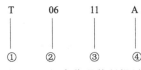

图 5-9　设备位号编制规则

其中：①为设备类别代号，见表 5-4；②为设备所在主项的编号，采用两位阿拉伯数字，从 01 起至 99 止；③为主项内同类设备的顺序号，按同类设备在工艺流程中流向的先后顺序编制，采用两位阿拉伯数字，从 01 起至 99 止；④为相同设备的数量尾号，当两台或以上设备并联时（如一用一备的机泵，并联的吸附柱等），其位号的前三项完全相同，则需编制第四项，用大写英文字母按设备的排列顺序依次编写。

表 5-4　设备类别代号

设备类别	代号	设备类别	代号
塔	T	容器(槽、罐)	V
泵	P	火炬、烟囱	S
压缩机、风机	C	起重运输设备	L
换热器	E	计量设备	W
反应器	R	其他机械	M
工业炉	F	其他设备	X

设备位号在流程图、设备布置图及管道布置图中书写时，在规定的位置画一条粗实线（设备位号线），线的上方书写设备位号，线的下方在需要时可书写设备名称。

在 PID 中，包括备用设备在内的所有设备都必须标注其位号。标注位置通常为两处：一是在设备图形的上方或下方，尽可能正对设备处排列整齐地进行标注，形式为在位号线的上下方分别书写设备位号和设备名称。二是在设备图形内或附近标

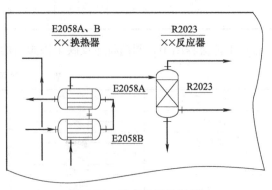

图 5-10　设备位号的标注

注位号。当几个设备或机器为垂直排列时，它们的位号和名称可以由上而下按顺序标注，也可水平标注。如图 5-10 所示。

（2）设备规格和参数

PID 上应以表格形式注明设备的主要规格和参数，如泵应标出流量、扬程和原动机功率，容器应标出直径、长度（高度）和容积，换热器应标出直径、长度（高度）和换热面积，板式塔应标出直径、高度和塔板数，填料塔应标出直径、高度和填料层高度等。根据项目的不同要求，参数内容还可能增加，如可以标出设备的重量和主要材料等。设备参数表格应置于图纸的下方，表格常见形式如表 5-5 所示。

表 5-5　设备主要参数

设备位号	设备名称	主要规格	数量
T0302	CO$_2$洗涤塔	$\phi 1200 \times 4400, 12$ 层	1
P0307	醪液循环泵	$Q=150\text{m}^3/\text{h}, H=25\text{m}, P_w=20\text{kW}$	6
R0315	主发酵罐	$V=650\text{m}^3, \phi 8000 \times 15900, A=100\text{m}^2$	3
E0603	醪 3$^{\#}$冷凝器	$\phi 700 \times 3750, A=50\text{m}^2$	1

（3）管道标注

① 管道组合号　装置中的每一条管道均应有唯一的管道组合号。管道组合号由四部分组成，即管段号、管径、管道等级和隔绝热（或隔声），如图 5-11 所示。

$$\begin{array}{cccccc} PG & 13 & 10 & - & 300 & - & A1A & - & H \\ 第 & 第 & 第 & & 第 & & 第 & & 第 \\ 一 & 二 & 三 & & 四 & & 五 & & 六 \\ 单 & 单 & 单 & & 单 & & 单 & & 单 \\ 元 & 元 & 元 & & 元 & & 元 & & 元 \end{array}$$

图 5-11　管道组合号编制规则

第一单元为物料代号。物料代号按物料的名称和状态取其英文名词的字头组成，一般采用 2～3 个大写英文字母表示，常见物料代号见表 5-6。

表 5-6　物料代号

物料类别	物料代号	物料名称	物料类别	物料代号	物料名称
工艺物料	PA	工艺空气	水	CSW	化学污水
	PG	工艺气体		CWS	循环冷却水上水
	PL	工艺液体		CWR	循环冷却水回水
	PS	工艺固体		HWS	热水上水
	PW	工艺水		HWR	热水回水
	PGL	气液两相工艺物料		RW	原水、新鲜水
	PGS	气固两相工艺物料		DNW	脱盐水
	PLS	液固两相工艺物料		SW	软水
空气	AR	空气		DW	自来水、生活用水
	CA	压缩空气		WW	生产废水
	IA	仪表空气	燃料	FG	燃料气
蒸汽、冷凝水	HS	高压蒸汽		FL	液体燃料
	MS	中压蒸汽		FS	固体燃料
	LS	低压蒸汽		NG	天然气
	TS	伴热蒸汽		LPG	液化石油气
	SC	蒸汽冷凝水		LNG	液化天然气
水	BW	锅炉给水	油	DO	污油
	FW	消防水		RO	原油

物料类别	物料代号	物料名称	物料类别	物料代号	物料名称
油	FO	燃料油	其他	H	氢
	SO	密封油		N	氮
	GO	填料油		O	氧
	HO	导热油		DR	排液、导淋
	LO	润滑油		VE	真空排放气
制冷剂	AG	气氨		VT	放空
	AL	液氨		WG	废气
	ERG	气体乙烯或乙烷		WS	废渣
	ERL	液体乙烯或乙烷		WO	废油
	PRG	气体丙烯或丙烷		FLG	烟道气
	PRL	液体丙烯或丙烷		IG	惰性气
	RWS	冷冻盐水上水		FV	火炬排放气
	RWR	冷冻盐水回水		CAT	催化剂
	FRG	氟利昂气体		AD	添加剂
				FSL	熔盐
				SL	泥浆

第二单元为主项编号，按管道所属的主项编号填写，采用两位数字，从 01 起至 99 止。

第三单元为管道序号，相同类别的物料在同一主项内以流向先后为序，顺序编号。采用两位数字，从 01 起至 99 止。

以上三个单元组成管段号。

第四单元为管道规格，一般标注公称直径，以毫米（mm）为单位，只注数字，不注单位。如 DN200 的公制管道，只需标注 200，2in（1in＝0.0254m）的英制管道，则表示为 2″。

第五单元为管道材料等级代号。管道材料等级代号由 3 部分组成，如图 5-12 所示。

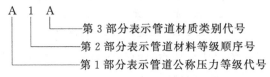

图 5-12　管道材料等级代号

第 1 部分为管道的公称压力等级代号，用大写英文字母表示。A～G 用于 ASME 标准压力等级代号，H～Z 用于国内标准压力等级代号（其中 I、J、O、X 不用），如表 5-7 所示。

表 5-7　管道的公称压力等级代号

ASME 标准压力等级代号			国内标准压力等级代号	
代号	压力等级		代号	压力等级/MPa
	/LB	/MPa		
A	150	2	H	0.25
B	300	5	K	0.6
C	400		L	1.0
D	600	11	M	1.6
E	900	15	N	2.5
F	1500	26	P	4.0
G	2500	42	Q	6.4
			R	10.0
			S	16.0
			T	20.0
			U	22.0
			V	25.0
			W	32.0

第 2 部分为管道材料等级顺序号，用阿拉伯数字 1～9 表示。在压力等级和管道材质类别代号相同的情况下，可以有九个不同系列的管道材料等级。

第 3 部分为管道材质类别代号，用大写英文字母表示，见表 5-8。

表 5-8　管道材质类别代号

代号	材质	代号	材质
A	铸铁	E	不锈钢
B	碳钢	F	有色金属
C	普通低合金钢	G	非金属
D	合金钢	H	衬里及内防腐

第六单元为绝热或隔声代号。按绝热及隔声功能类型的不同，以大写英文字母作为代号见表 5-9。

表 5-9　绝热或隔声代号

代号	功能类型	备注	代号	功能类型	备注
H	保温	采用保温材料	S	蒸汽伴热	采用蒸汽伴管和保温材料
C	保冷	采用保冷材料	E	电伴热	采用电热带和保温材料
P	人身防护	采用保温材料	W	热水伴热	采用热水伴管和保温材料
D	防结露	采用保冷材料	O	热油伴热	采用热油伴管和保温材料
N	隔声	采用隔声材料	J	夹套伴热	采用夹套管和保温材料

管道组合号中前三个单元又称为管段号，通常将管段号和管径（即第一至第四单元）分为第一组，管道等级和绝热（或隔声）（即第五和第六单元）为第二组。当工艺流程简单、管道品种规格不多时，第一组第四单元管道尺寸可直接填写管子的外径×壁厚，第二组简化为只标注管道材料代号。

PID 中全部管道都应标注管道组合号。但在满足设计、施工和生产方面的要求，并不会产生混淆和错误的前提下，管道号应尽可能减少。具体要求可参阅 HG/T 20519《化工工艺设计施工图内容和深度统一规定》。

② 管道组合号的标注　对于水平管道，宜将管道组合号平行标注在管道的上方；对于竖直管道，宜将管道组合号平行标注在管道的左侧。在管道密集、无处标注的地方，可用细实线引至图纸空白处水平（竖直）标注。也可将管段号、管径与管道等级、绝热（或隔声）代号分别标注在管道的上下（或左右）方，如图 5-13 所示。

图 5-13　管道组合号的标注

5.3.2.4　过程测量与控制系统

管道及仪表流程图应绘制和标注出全部过程测量仪表、自动控制系统及分析取样系统，其符号、代号和表示方法应符合 HG/T 20505《过程测量与控制仪表的功能标志及图形符号》的规定，并满足自控专业的相关要求。在 PID 上过程测量与控制系统的表示主要由仪表回路号和仪表位号、仪表设备与功能的图形符号及连接线组成。

(1) 仪表回路号和仪表位号

每个监测回路、控制回路均应编制一个唯一的仪表回路号，用来标志被监测或控制的变量，仪表回路号应至少由回路的标志字母和数字编号两部分组成，根据需要还可选择使用前缀、后缀和间隔符。仪表位号应是唯一的，用以定义组成监测或控制回路的每一个设备和/

或功能的用途，通过在仪表回路号的标志字母后增加变量修饰字母和增加后继字母形成。

仪表回路号的基本组成如图 5-14 所示。

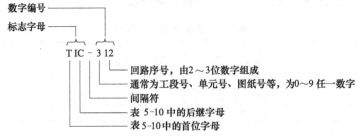

图 5-14 仪表回路号的基本组成

仪表功能标志字母如表 5-10 所示。

表 5-10 仪表功能标志字母

字母	首位字母含义		后继字母含义		
	第1列	第2列	第3列	第4列	第5列
	被测变量或引发变量	修饰词	读出功能	输出功能	修饰词
A	分析		报警		
B	烧嘴、火焰		供选用	供选用	供选用
C	电导率			控制	关位
D	密度	差			偏差
E	电压(电动势)		检测元件，一次元件		
F	流量	比率			
G	可燃气体和有毒气体		视镜、观察		
H	手动				高
I	电流		指示		
J	功率		扫描		
K	时间、时间程序	变化速率		操作器	
L	物位		灯		低
M	水分或湿度				中、中间
N	供选用		供选用	供选用	供选用
O	供选用		孔板、限制		
P	压力		连接或测试点		
Q	数量	积算、累积	积算、累积		
R	核辐射		记录		运行
S	速度、频率	安全		开关	停止
T	温度			传送(变送)	
U	多变量		多功能	多功能	
V	振动、机械监视			阀/风门/百叶窗	
W	重量、力		套管、取样器		
X	未分类	X 轴	附属设备，未分类	未分类	未分类
Y	事件、状态	Y 轴		辅助设备	
Z	位置、尺寸	Z 轴		驱动器、执行元件，未分类的最终控制元件	

（2）仪表设备与功能的图形符号

仪表设备与功能的图形符号如表 5-11 所示。图形符号采用细线，正方形边长或圆的直径宜为 11mm 或 12mm。

表 5-11　仪表设备与功能的图形符号

| 序号 | 共享显示、共享控制 | | C | D | 安装位置与可接近性 |
| | A | B | 计算机系统及软件 | 单台（单台仪表设备或功能） | |
	首选或基本过程控制系统	备选或安全仪表系统			
1	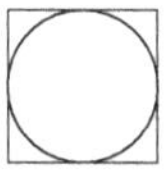 ⊙	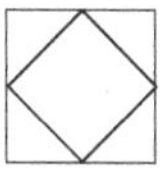 ◇	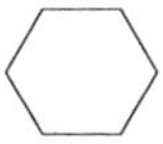 ⬡	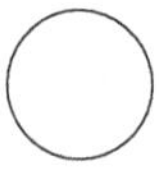 ○	·位于现场 ·非仪表盘、柜、控制台安装 ·现场可视 ·可接近性——通常允许
2	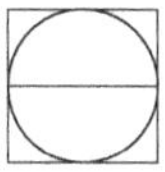 ⊙	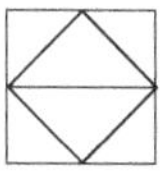 ◇	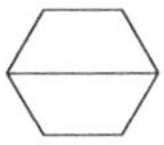 ⬡	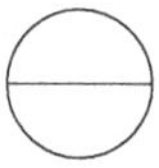 ○	·位于控制室 ·控制盘/台正面 ·在盘的正面或视频显示器上可视 ·可接近性——通常允许
3	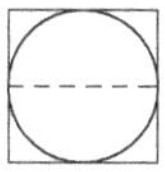 ⊙	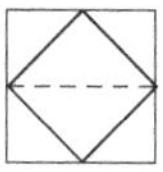 ◇	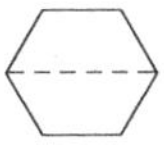 ⬡	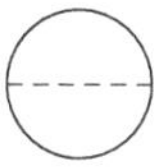 ○	·位于控制室 ·控制盘背面 ·位于盘后的机柜内 ·在盘的正面或视频显示器上不可视 ·可接近性——通常不允许
4	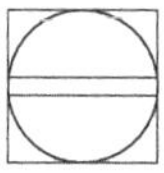 ⊙	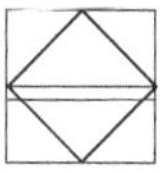 ◇	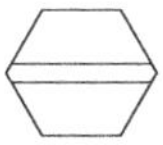 ⬡	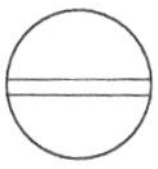 ○	·位于现场控制盘/台正面 ·在盘的正面或视频显示器上可视 ·可接近性——通常允许
5	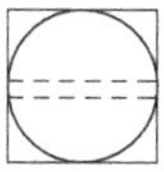 ⊙	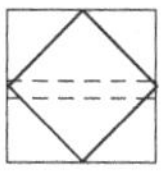 ◇	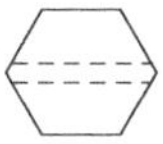 ⬡	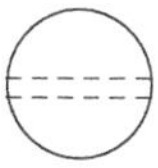 ○	·位于现场控制盘背面 ·位于现场机柜内 ·在盘的正面或视频显示器上不可视 ·可接近性——通常不允许

在图形符号中填写仪表回路号或仪表位号时，将标志字母填入上半部分，将数字编号填入下半部分，图 5-15 所示为第 4 工段、序号为 02 的安装在控制室盘面的流量记录、控制系统（回路）。

（3）连接线

仪表与工艺过程、仪表与仪表的连接线图形符号应符合 HG/T 20505 过程测量与控制仪表的功能标志及图形符号的规定。表 5-12 为常用的连接线图形符号。

图 5-15　带仪表回路号的图形符号

表 5-12　常用的连接线图形符号

序号	符号	应用
1	 ——	·仪表与工艺过程的连接 ·测量管线
2	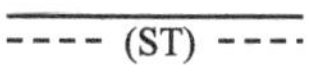 ---- (ST) ----	·伴热（伴冷）的测量管线 ·伴热（伴冷）类型：电（ET）、蒸汽（ST）、冷水（CW）等
3	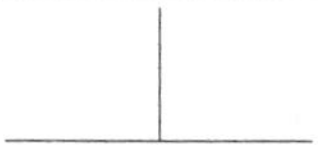 ⊥	·仪表与工艺过程管线连接的通用形式 ·仪表与工艺过程设备连接的通用形式
4	 —//—//—	·气动信号
5	 - - - - - - - - -	·电子或电气连续变量或二进制信号

序号	符号	应 用
6	✕——✕	·导压毛细管
7	∿∿∿	·有导向的电磁信号 ·有导向的声波信号 ·光缆
8	∿̃ ∿̃	·无导向的电磁信号,光,辐射,广播,声音,无线信号等 ·无线仪表信号 ·无线通信连接
9	——○——○——	·共享显示、共享控制系统的设备和功能之间的通信连接和系统总线 ·DCS、PLC 或 PC 的通信连接和系统总线(系统内部)
10	——●——●——	·连接两个及以上以独立的微处理器或以计算机为基础的系统的通信连接或总线 ·DCS-DCS、DCS-PLC、PLC-PC、DCS-现场总线等的连接(系统之间)
11	——◇——◇——	·现场总线系统设备和功能之间的通信连接和系统总线 ·与高智能设备的连接(来自或去)
12	- - ○ - - - ○ - - -	·一个设备与一个远程调校设备或系统之间的通信连接 ·与智能设备的连接(来自或去)
13	——◉——◉——	·机械连接或链接

（4）自动控制系统示例

图 5-16 所示为精馏塔塔釜液位、流量均匀控制系统。

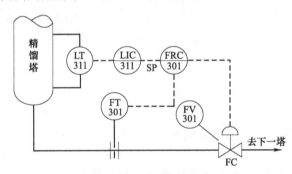

图 5-16 液位、流量均匀控制系统

图 5-17 所示为温度-流量串级控制系统。

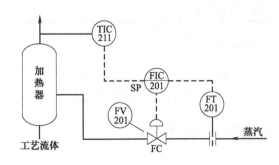

图 5-17 温度-流量串级控制系统

5.3.2.5 特殊设计及标注

设计过程中对设备（机器）、管道、阀门、管件和管道附件本身或相互之间可能有一定特殊要求，这些要求均要在管道及仪表流程图中相应部位予以表示，可以采用在图上加附注或者加简图的方式加以说明。这些特殊要求一般包括：

（1）特殊定位尺寸

设备间相对高差有要求的，需注出其最

小限定尺寸。如图 5-18 所示。

地下或半地下设备、机器在图上要表示出一段相关的地面。地面以 ///// 表示。但设备、机器的支承和底（裙）座可以不表示。

（2）特殊接管要求

液封管应标注出最小高度。当其位置与设备（或管道）有关系时，亦应标注出所要求的最小距离。见图 5-19。

图 5-18 设备间高度差的表示   图 5-19 液封管的标注

支管与总管连接，对支管上的阀门位置有特殊要求时，应标注尺寸。如图 5-20（a）所示。支管与总管连接，对支管上的管道等级分界位置有要求时，应标注尺寸和管道等级。

对安全阀入口管道压降有限制时，要在管道近旁注明管段长度及弯头数量。如图 5-20（b）所示。

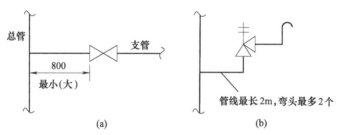

图 5-20 接管的特殊要求标注

流量前后直管段长度要求，管线的坡向和坡度要求，一些阀门、管件或支管安装位置的特殊要求，某些阀门、管件的使用要求（如在正常操作下阀门是锁开不是锁关，是否是临时使用的阀门、管件等），以及其他特殊设计要求等，要求在 PID 上加文字、数字注明，必要时还应绘制详图表示。

（3）泄放条件

流程图上应标明容器、塔、换热器等设备和管线的放空、放净去向，如排放到大气、泄压系统等。若排往下水道，要分别注明排往生活污水、雨水或含油污水系统。

对于火炬、放空管最低高度有要求时，对排放点的低点高度有要求时，均应标注出来。

设备、机器上的所有接口（包括人孔、手孔、卸料口等），开车、停车、试车用的放空口、放净口、蒸汽吹扫口、冲洗口等，在图上要清楚地标示出来。

（4）绝热

设备、管道的绝热层，伴热管和夹套管等绝热措施要在 PID 表示出来，通常是在绝热设备或管道上画出一段绝热层或伴热管，并用文字注明，如图 5-21 所示。

5.3.2.6 附注

流程图的附注内容是对流程图中所采用的所有的（设备除外）图例、符号、代号作出说

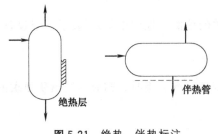

图 5-21 绝热、伴热标注

明。设计中一些特殊要求和有关事宜在图面上不宜表示或表示不清楚时，可在图上加附注，采用文字、表格、简图加以说明。例如对高点放空、低点排放设计要求的说明，泵入口直管段长度要求，限流孔板的有关说明等。当附注内容较少时，可将其放在 PID 标题栏的上方或左侧，当内容较多时，可单独绘制在一张 A3 或 A4 图纸上，作为整套 PID 的一部分。

● 思考及练习

5-1　简述工艺流程设计分哪几类，每种类型各提供什么形式的流程图，每种流程图各有什么作用。

5-2　尝试按物料衡算和能量衡算结果分别绘制工艺物料流程图（PFD）。

5-3　认真学习 HG/T 20519《化工工艺设计施工图内容和深度统一规定》关于工艺流程图的内容。

5-4　PID 中应如何表示设备？

5-5　PID 中应如何表示管线和管件？

5-6　设备位号的命名规则。

5-7　管道组合号的命名规则。

5-8　认真学习 HG/T 20505《过程测量与控制仪表的功能标志及图形符号》的规定，掌握自动控制系统在 PID 中的表示方式。

5-9　尝试严格按照要求绘制一个简单流程的全套 PID。

主要参考文献

[1]　国家医药管理局上海医药设计院. 化工工艺设计手册（上、下册）[M]. 第 2 版. 北京：化学工业出版社，2002.

[2]　冯宵，王彧裴. 化工节能原理与技术 [M]. 第 4 版. 北京：化学工业出版社. 2015.

[3]　王静康. 化工过程设计 [M]. 第 2 版. 北京：化学工业出版社，2006.

[4]　周庆海，翁维勤. 过程控制系统工程设计 [M]. 北京：化学工业出版社，1992.

[5]　时钧，汪家鼎，余国琮，陈敏恒. 化学工程手册 [M]. 第 2 版. 北京：化学工业出版社，2002.

[6]　（美）Henry. J. Sandler. 实用工艺工程设计工作方法 [M]. 朱康福等译. 北京：中国石化出版社，1992.

[7]　HG/T 20519—2009　化工工艺设计施工图内容和深度统一规定 [S].

[8]　HG/T 20505—2014　过程测量与控制仪表的功能标志及图形符号 [S].

[9]　HG/T 20507—2014　自动化仪表选型设计规范 [S].

[10]　HG/T 20699—2014　自控设计常用名词术语 [S].

[11]　HG/T 20700—2014　可编程序控制器系统工程设计规范 [S].

第6章

设备的选型与设计

设备在化工过程中完成不同的单元过程，起着反应、分离、能量交换或物料贮存等不同的作用，有如人体中的各个器官。本章讲述化工设备的选型与设计方法。

6.1 设备的选型与设计原则

工艺流程设计完成后，整个工艺过程的走向，所需设备的种类、形式和数量，管道的大小和连接方式等已基本确定。设备的选型与设计就是要依据工艺设计，对设备的信息进一步细化，以确定设备的型号、主要参数、具体结构和尺寸等，简单地说，就是要通过选型，确定什么样的设备符合工艺要求，去哪里买；通过设备设计，使生产厂家根据设计图纸，加工出合格的设备。

化工设备可以分为标准设备和非标准设备两大类。

标准设备亦称定型设备。该类设备由生产厂家按照国家、部委和行业标准的要求及市场的需求成系列地生产，如锅炉、泵、压缩机、制冷机、过滤器、膜分离装置，以及通用性较强的换热器、反应釜、贮罐和气体液体分配器等。某些通用的化工设备零部件如标准封头、各类支座和吊耳、塔内件、搅拌器、密封装置等，也常作为标准零部件。标准设备配有产品目录、说明书，上面列出了设备的主要技术参数及生产厂家。随着互联网技术的发展，标准设备的产品目录亦大量出现在网络上，为用户的搜索提供了方便。作为设计者，仅需根据工艺计算的结果，从产品目录中选取适当的设备型号、规格或标准图号。

非标准设备亦称非定型设备。由于化工生产的特殊性，许多设备需要根据特定的工艺要求对其结构、材料、管口大小及位置等进行个性化设计和制造，这类设备就是非标准设备。非标准设备在化工流程中大量存在，通常占化工装置设备投资的 $50\% \sim 90\%$。随着标准化工作的推进，化工设备标准化率会逐渐上升，在进行设备设计时，应尽量选择标准设备，确实需要采用非标准设备时，在设计过程中也应尽量选用标准零部件。

6.2 常用材料简介

化工设备由各种材料按照设备的用途加工而成，只有正确地选择材料，才能保证设备安全高效地运行。随着材料科学与工程的进展，可供化工设备使用的材料品种不断增加、功能不断增强、各种专用材料大量涌现，板材、管材及各类型材的标准不断更新，新型结构不断出现。掌握材料的分类、性能及技术参数、制造方法、加工特性、适用领域、相关标准、牌号及其命名规则、主要生产商、销售商和价格等，是化工设备设计人员正确选用材料的前提。表 6-1 简要地介绍了常用材料的分类和应用，列举了部分相关标准和牌号。

表 6-1　常用材料分类及应用

<table>
<tr><th colspan="3">材料及分类</th><th>应用</th><th>主要标准</th><th>主要牌号举例</th></tr>
<tr><td rowspan="14">金属</td><td rowspan="9">黑色金属</td><td rowspan="3">铸铁</td><td>球墨铸铁</td><td>管、管件、阀门</td><td>GB/T 1348《球墨铸铁件》</td><td>QT400-15</td></tr>
<tr><td>耐热铸铁</td><td>管式加热炉</td><td>GB/T 9437《耐热铸铁件》</td><td>HTRCr16</td></tr>
<tr><td colspan="4">其他(如灰铸铁、蠕墨铸铁、高硅耐蚀铸铁和可锻铸铁等)</td></tr>
<tr><td rowspan="2">碳钢</td><td>普通碳素钢</td><td>大量应用于化工设备的各种主体结构及零部件</td><td>GB/T 700《碳素结构钢》GB/T 709《热轧钢板和钢带的尺寸、外形、重量及允许偏差》</td><td>Q235B</td></tr>
<tr><td>优质碳素钢</td><td>锅炉、压力容器法兰、换热器管板、螺栓、螺母等</td><td>GB/T 699《优质碳素结构钢》</td><td>20,40A</td></tr>
<tr><td rowspan="4">合金钢</td><td>合金结构钢</td><td>锅炉、压力容器的常用材料</td><td>GB/T 3077《合金结构钢》 GB/T 1591《低合金高强度结构钢》</td><td>20Mn2,Q345</td></tr>
<tr><td>不锈钢</td><td>大量应用于化工设备的各种主体结构及零部件</td><td>GB/T 1220《不锈钢棒》
GB/T 3090《不锈钢小直径无缝钢管》
GB/T 3280《不锈钢冷轧钢板和钢带》
GB/T 4237《不锈钢热轧钢板和钢带》
GB/T 8165《不锈钢复合钢板和钢带》
GB/T 12770《机械结构用不锈钢焊接钢管》
GB/T 12771《流体输送用不锈钢焊接钢管》
GB/T 13296《锅炉、热交换器用不锈钢无缝钢管》
GB/T 14975《结构用不锈钢无缝钢管》
GB/T 14976《流体输送用不锈钢无缝钢管》
GB/T 20878《不锈钢和耐热钢 牌号及化学成分》</td><td>12Cr18Ni9,
022Cr19Ni10,
06Cr17Ni12Mo2Ti</td></tr>
<tr><td colspan="4">其他特种合金钢(如低温钢、锅炉钢、容器钢等)</td></tr>
<tr><td rowspan="4">有色金属</td><td colspan="2">铜及其合金</td><td>用于某些特殊用途的化工设备或零部件</td><td>GB/T 2040《铜及铜合金板材》
GB/T 29091《铜及铜合金牌号和代号表示方法》</td><td>TP2,HPb89-2</td></tr>
<tr><td colspan="2">钛及其合金</td><td>用于某些特殊用途的化工设备或零部件</td><td>GB/T 3621《钛及钛合金板材》
GB/T 3624《钛及钛合金无缝管》
GB/T 3625《换热器及冷凝器用钛及钛合金管》
GB/T 3620.1《钛及钛合金牌号和化学成分》</td><td>TA2,TC4</td></tr>
<tr><td colspan="2">铝及其合金</td><td>用于某些特殊用途的化工设备或零部件</td><td>GB/T 3190《变形铝及铝合金化学成分》
GB/T 3191《铝及铝合金挤压棒材》
GB/T 3880《一般工业用铝及铝合金板、带材》</td><td>1060,1A99</td></tr>
<tr><td colspan="2">其他(如铅、钼等)</td><td></td><td></td><td></td></tr>
<tr><td rowspan="8">非金属与复合材料</td><td colspan="2">玻璃</td><td>高温、腐蚀环境下的部件,可视部件</td><td></td><td></td></tr>
<tr><td colspan="2">陶瓷</td><td>防腐容器,塔内件</td><td></td><td></td></tr>
<tr><td colspan="2">石墨</td><td>电解阳极,换热器,设备防腐衬里等</td><td></td><td></td></tr>
<tr><td colspan="2">辉绿岩铸石</td><td>设备及管道防腐、耐磨衬里等</td><td></td><td></td></tr>
<tr><td colspan="2">工程塑料</td><td>容器,塔内件,管道等</td><td></td><td></td></tr>
<tr><td colspan="2">橡胶</td><td>柔性部件,密封件</td><td></td><td></td></tr>
<tr><td colspan="2">搪玻璃</td><td>主要作为复合材料用于腐蚀环境下的化工设备</td><td></td><td></td></tr>
</table>

材料及分类		应用	主要标准	主要牌号举例
非金属与复合材料	玻璃钢	防腐设备及管道		
	功能涂料	涂敷于设备、管道和各种结构的表面以增强其某些功能，如防腐等		

材料选用应遵循以下原则：

(1) 工程性能

材料必须满足设备发挥其正常功能所提出的各种要求。如在操作温度和压力下，设备能够安全和高效地完成化学反应、混合物分离、能量交换和物料贮存等功能，同时不被工艺介质腐蚀或与其发生化学反应。所选用的材料应具有足够的强度，以保证设备加工、运输、安装和运行的基本要求。

(2) 加工性能

材料性能必须满足加工过程中所进行的切削、卷曲、锻压和焊接等操作，不因上述加工过程而发生不利变化。

(3) 经济性

设备是化工建设项目的基本组成部分，而设备是由各种材料加工而成的，因此，材料的价格直接影响项目的总投资。选材时，应遵循价廉易得，质量保证的原则。在保证装置在使用年限内正常运行的前提下，不选用过高档次的材料，可大幅度压缩建设投入。

6.3 压力容器

压力容器是化工设备的主体，正确的设计、制造、运输、安装、检验检测、使用和维修，是保证生产正常进行，保障职工、企业和社会安全的基础。

6.3.1 压力容器的定义

《特种设备安全监察条例》中对压力容器做出了明确的定义：压力容器是指盛装气体或者液体，承载一定压力的密闭设备，其范围规定为最高工作压力大于或者等于 0.1MPa（表压），且压力与容积的乘积大于或者等于 2.5MPa·L 的气体、液化气体和最高工作温度高于或者等于标准沸点的液体的固定式容器和移动式容器；盛装公称工作压力大于或者等于 0.2MPa（表压），且压力与容积的乘积大于或者等于 1.0MPa·L 的气体、液化气体和标准沸点等于或者低于 60℃ 液体的气瓶；氧舱等。

《特种设备安全监察条例》对压力管道也做出了定义：压力管道，是指利用一定的压力，用于输送气体或者液体的管状设备，其范围规定为最高工作压力大于或者等于 0.1MPa（表压）的气体、液化气体、蒸汽介质或者可燃、易爆、有毒、有腐蚀性、最高工作温度高于或者等于标准沸点的液体介质，且公称直径大于 25mm 的管道。

化工生产过程中的贮罐、换热器、反应器、塔器和管道等只要满足上述定义所列条件，就属于压力容器或压力管道，应作为特种设备纳入国家安全监察范围。压力容器和管道的生产（含设计、制造、安装、改造、维修）、使用、检验检测及其监督检查，均应严格遵守国家相关法律法规，由获得相关资质的单位和人员实施。

与压力容器相对应的，是常压容器或称一般容器。

6.3.2 压力容器的类别、压力等级和品种划分

TSG 21—2016《固定式压力容器安全技术监察规程》根据危险程度，将压力容器划分为三类，以利于进行分类监督管理。压力容器的类别划分方法如下。

6.3.2.1 压力容器类别划分

(1) 介质分组

压力容器的介质分为以下两组，包括气体、液化气体或者最高工作温度高于或者等于标准沸点的液体。

第一组介质：毒性程度为极度、高度危害的化学介质，易爆介质，液化气体。

第二组介质：除第一组以外的介质。

(2) 介质危害性

介质危害性指压力容器在生产过程中因事故致使介质与人体大量接触，发生爆炸或者因经常泄漏引起职业性慢性危害的严重程度，用介质毒性程度和爆炸危害程度表示。

① 毒性介质　综合考虑急性毒性、最高容许浓度和职业性慢性危害等因素。极度危害最高容许浓度小于 $0.1mg/m^3$；高度危害最高容许浓度 $0.1\sim1.0mg/m^3$；中度危害最高容许浓度 $1.0\sim10.0mg/m^3$；轻度危害最高容许浓度大于或者等于 $10.0mg/m^3$。

② 易爆介质　指气体或者液体的蒸气、薄雾与空气混合形成的爆炸混合物，并且其爆炸下限小于 10%，或者爆炸上限和爆炸下限的差值大于或者等于 20% 的介质。

③ 介质毒性危害程度和爆炸危险程度的确定　按照 HG 20660—2017《压力容器中化学介质毒性危害和爆炸危险程度分类标准》确定。HG/T 20660 没有规定的，由压力容器设计单位参照 GBZ 230—2010《职业性接触毒物危害程度分级》的原则，决定介质组别。

(3) 压力容器类别划分方法

① 基本划分　压力容器类别的划分应当根据介质特性，按照以下要求选择类别划分图，再根据设计压力 p（单位 MPa）和容积 V（单位 m^3），标出坐标点，确定容器类别：

a. 对于第一组介质，压力容器的分类见图 6-1；

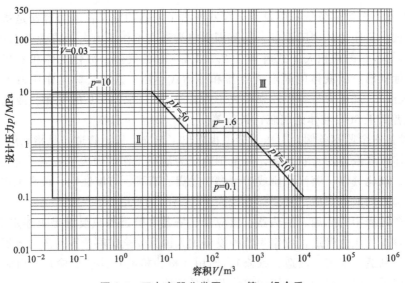

图 6-1　压力容器分类图——第一组介质

b. 对于第二组介质，压力容器的分类见图 6-2。

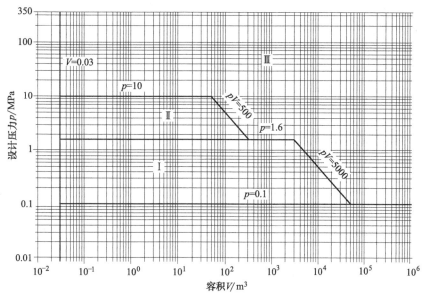

图 6-2　压力容器分类图——第二组介质

② 多腔压力容器类别划分　多腔压力容器（如热交换器的管程和壳程、夹套压力容器等）应当分别对各压力腔进行分类，划分时设计压力取本压力腔的设计压力，容积取本压力腔的几何容积；以各压力腔的最高类别作为该多腔压力容器的类别并且按照该类别进行使用管理。但是应当按照每个压力腔各自的类别分别提出设计、制造技术要求。

③ 同腔多种介质容器分类　一个压力腔内有多种介质时，按组别高的介质分类。

④ 介质含量极小容器类别划分　当某一危害性物质在介质中含量极小时，应当按其危害程度及其含量综合考虑，按照压力容器设计单位确定的介质组别分类。

⑤ 特殊情况的分类

a. 坐标点位于图 6-1 或者图 6-2 的分类线上时，按照较高的类别划分；

b. 简单压力容器统一划分为第 I 类压力容器。

6.3.2.2　压力等级划分

按压力容器的设计压力（p）划分为低压、中压、高压和超高压四个压力等级：

① 低压（代号 L）　　0.1MPa≤p<1.6MPa；

② 中压（代号 M）　　1.6MPa≤p<10.0MPa；

③ 高压（代号 H）　　10.0MPa≤p<100.0MPa；

④ 超高压（代号 U）　　p≥100.0MPa。

6.3.2.3　压力容器用途划分

压力容器按在生产工艺过程中的作用原理，划分为反应压力容器、换热压力容器、分离压力容器、储存压力容器。具体划分如下：

① 反应压力容器（代号 R）：主要是用于完成介质的物理、化学反应的压力容器，如各种反应器、反应釜、聚合釜、合成塔、变换炉、煤气发生炉等。

② 换热压力容器（代号 E）：主要是用于完成介质的热量交换的压力容器，如各种热交换器、冷却器、冷凝器、蒸发器等。

③ 分离压力容器（代号 S）：主要是用于完成介质的流体压力平衡缓冲和气体净化分离的压力容器，例如各种分离器、过滤器、集油器、洗涤器、吸收塔、铜洗塔、干燥塔、汽提塔、分汽缸、除氧器等。

④ 储存压力容器（代号 C，其中球罐代号 B）：主要是用于储存或者盛装气体、液体、液化气体等介质的压力容器，例如各种形式的储罐。

在一种压力容器中，如同时具备两个以上的工艺作用原理时，应当按工艺过程中的主要作用来划分。

6.3.3　压力容器的基本结构

压力容器通常是由钢板、钢管和各种零部件焊接而成的组合结构，可分为受压元件和附件。受压元件中，筒体和封头是主要部件。圆柱形筒体、球罐（或球形封头）、椭圆形封头、碟形封头、球冠形封头、锥形封头和膨胀节所对应的壳分别是圆柱壳、球壳、椭球壳、球冠＋环壳、球冠、锥壳和环形板＋环壳，而平盖（或平封头）、环形板、法兰、管板等受压元件分别对应于圆平板、环形板（外半径与内半径之差大于 10 倍的板厚）、环（外半径与内半径之差小于 10 倍的板厚）以及弹性基础圆平板。上述 7 种壳和 4 种板可以组合成各种压力容器结构形式，再加上密封元件、支座、安全附件及仪表等就构成了一台完整的压力容器。图 6-3 以卧式贮罐为例，展示了压力容器的基本结构。

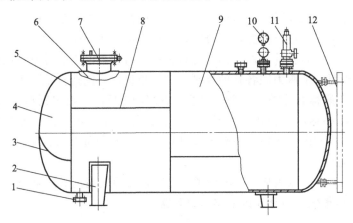

图 6-3　压力容器的基本结构

1—接管与法兰；2—支座；3—封头拼接焊缝；4—封头；5—环焊缝；6—补强圈；7—人孔；
8—纵焊缝；9—筒体；10—现场压力表；11—安全泄放装置；12—现场液面计

6.3.4　压力容器的应力分析

6.3.4.1　载荷分析

载荷是指能够在压力容器上产生应力、应变的因素。

(1) 压力载荷

压力载荷是压力容器在工作时作用在其上的内压、外压的统称。在工程设计上，通常采用表压表示压力。压力载荷除了由于介质工作时产生外，如容器盛装的液体介质，还要考虑液体静压力。

(2) 非压力载荷

非压力载荷可分为整体载荷与局部载荷。整体载荷是指作用在整台容器上的载荷，如重力载荷、风载荷、地震载荷、运输载荷和波浪载荷等。局部载荷是指作用在容器局部区域的载荷，如管系载荷、支座反力和吊装力等。

（3）交变载荷

在压力容器承受的各种载荷中，有的大小和方向基本不随时间面变化，称为静载荷。如稳定、连续生产的装置内所受到的压力载荷，设备所承受的重力载荷等。如果载荷的大小和/或方向随时间变化的，则称为交变载荷。如间歇生产时压力容器被加压和卸压所引起的压力载荷变化，装料、卸料时引起的容器支座上的载荷变化，振动引起的载荷变化等。

在进行压力容器设计时，应根据不同的载荷工况分别计算载荷。

6.3.4.2　回转薄壁容器应力分析

以任意直线或平面曲线为母线，绕同平面内的轴线（回转轴）旋转一周后形成的曲面，称为回转曲面。对于实际的壳体而言，是具有一定的壁厚的。通常将居于内、外表面之间，且与内、外表面等距离的曲面称为中间面，以回转曲面为中间面的壳体称为回转壳体，如圆柱壳、球壳、椭球壳、锥形壳以及由它们构成的组合壳等。图 6-4 以圆柱面和圆锥面为例说明回转壳体的形成过程。设壳体内外表面的距离（壳体厚度）为 δ，按照 δ 与中间面曲率半径 R 的比值大小，可将壳体分为薄壳和厚壳。工程上通常将 (δ/R) max $\leqslant 1/10$ 的壳体称为薄壳，反之称为厚壳。对于圆柱壳体（圆筒），可以其外直径（D_o）与内直径（D_i）比值进行判断，当 (D_o/D_i) max $\leqslant 1.1 \sim 1.2$ 时称为薄壁圆柱壳或薄壁圆筒，反之称为厚壁圆柱壳或厚壁圆筒。对于以各种回转薄壳组合形成的容器，统称为回转薄壁容器。在化工生产中，大部分容器均属于回转薄壁容器的范畴。

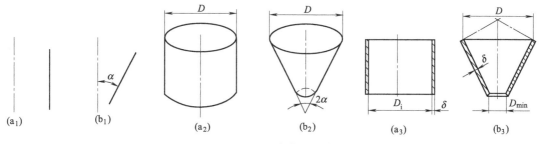

图 6-4　回转壳体的形成

压力容器在实际工况中，受到各种应力的作用，在进行设计时，需要进行详细分析计算，对不同的应力区别对待，以保证设备安全运行。下面以卧式内压容器为例作应力分析。

设回转壳体在其内表面受到介质均匀的内压 p 作用，则壳壁将在两个方向上产生拉伸应力，见图 6-5（a）。一是环向薄膜应力 σ_θ：当壳壁的环向"纤维"受到拉伸，在壳壁的纵截面上将产生环向拉伸应力，由于薄壁容器可近似于薄膜，可认为 σ_θ 沿壁厚均匀分布，如图 6-5（b）所示。二是经向（即轴向）薄膜应力 σ_m：壳壁的经向"纤维"也受到拉伸，在壳壁的横截面上将产生经向拉伸应力，同

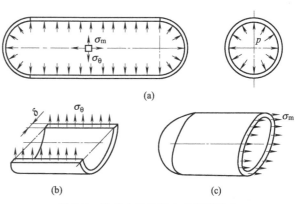

图 6-5　卧式内压容器上的薄膜应力

样，σ_m 也可认为沿壁厚均匀分布，如图 6-5 （c） 所示。

经推导，σ_θ 和 σ_m 的计算式分别为：

$$\sigma_\theta = \frac{pD}{2\delta} \tag{6-1}$$

$$\sigma_m = \frac{pD}{4\delta} \tag{6-2}$$

式中，D 为圆筒的平均直径，或称中径，上两式也被称为中径公式。

从中径公式可以得出两个重要的结论：一是内压圆筒筒壁上各点处的薄膜应力相同，但就某个具体的点而言，其环向薄膜应力 σ_θ 比经向薄膜应力 σ_m 大一倍。二是决定应力水平高低的截面几何量是壁厚与直径的比值 δ/D，而不是壁厚 δ 的绝对值。这一点，可以通过对式 （6-1） 和式 （6-2） 进行改写明显看出来：

$$\sigma_\theta = \frac{p}{2\dfrac{\delta}{D}} \tag{6-1a}$$

$$\sigma_m = \frac{p}{4\dfrac{\delta}{D}} \tag{6-2a}$$

6.3.5 主要设计参数

6.3.5.1 设计压力 p

设计压力指设定的容器顶部的最高压力。设计压力与相应的设计温度一起作为设计载荷条件。设计压力与工作压力不同，工作压力由工艺过程决定，在容器工作过程中工作压力有可能变动，容器各个位置特别是顶部和底部的压力也可能不同。容器在正常操作时其顶部可能出现的最高工作压力称为容器的最大工作压力，用 p_w 表示。容器的设计压力应高于其最大工作压力。当内压容器上设有安全阀泄放装置时，设计压力应根据不同的泄放装置确定。如设有安全阀的容器，其设计压力不得低于安全阀的开启压力，可取 $p = (1.05 \sim 1.10)p_w$。装有爆破片时，设计压力不得低于爆破片的爆破压力，根据爆破片的形式不同，可取 $p = (1.15 \sim 1.75)p_w$。

6.3.5.2 设计温度 t

设计温度 t 是容器在正常工作情况下，设定的元件的金属温度（沿元件金属截面的平均值）。当元件金属温度不低于 0℃时，设计温度不得低于元件金属温度可能达到的最高温度；当元件金属温度低于 0℃时，其值不得高于元件金属可能达到的最低温度。元件的金属温度可以通过传热计算或实测得到，也可由内部介质的最高（最低）温度确定，或在此基础上进行调整。对于一些化工过程中常见的工况，可参考以下原则确定设计温度 t：

① 若容器内介质采用直接加热（如直接蒸汽或电加热）或进入前已被加热（如锅炉汽包），t 取介质的最高温度；

② 若容器内介质采用间接加热（或冷却），t 取热载体的最高工作温度或冷载体（低于 0℃时）的最低工作温度；

③ 对于间歇操作的容器，按同一时刻最苛刻的温度与压力作为设定设计温度与设计压力的依据，不应单独将不同时刻最苛刻的温度和压力条件作为设计依据。

6.3.5.3 计算压力 p_c

计算压力是指在相应设计温度下，用以确定元件最危险截面厚度的压力。计算压力要考虑液柱静压力。通常情况下，计算压力等于设计压力加上液柱静压力。当元件所承受的液柱静压力小于5%设计压力时，可忽略不计。

6.3.5.4 许用应力 $[\sigma]^t$

许用应力是容器受压元件的材料的许用强度，取材料强度失效判据的极限值与相应的材料设计系数（又称安全系数）之比。GB 150.2—2011《压力容器 第2部分：材料》规定了钢板、钢管、钢锻件、螺柱（含螺栓）和螺母用钢棒材料在设计温度下的许用应力值，并列出了确定钢材许用应力的依据。许用应力值直接决定着容器的强度，设计时必须合理选择。

6.3.5.5 焊接接头系数φ

金属压力容器采用焊接工艺制成。由于焊接过程中接头附近金属组织生产了变化，焊缝处往往成为容器强度比较薄弱的环节。为此，在强度计算中采用焊缝处金属与母材强度的比值反映这种变化，这个比值称为焊接接头系数 φ，可按表6-2选取。

表6-2 钢制压力容器的焊接接头系数 φ

焊接接头形式		无损探伤比例	φ值
双面焊对接接头和相当于双面焊的全熔透对接接头		100%	1.00
		局部	0.85
单面焊对接接头(沿焊缝根部全长有紧贴基本金属的垫板)		100%	0.90
		局部	0.80

6.3.5.6 厚度及厚度附加量

(1) 计算厚度 δ

计算厚度是按强度设计公式依据计算压力得到的厚度。

(2) 厚度附加量

钢材的厚度负偏差用 C_1 表示，腐蚀裕量用 C_2 表示，加工减薄量用 C_3 表示。设计时要考虑的厚度附加量 $C = C_1 + C_2$，C_3 通常根据具体的设备制造工艺和钢板的实际厚度由制造商确定，不在设计人员考虑范围内。

(3) 设计厚度 δ_d

计算厚度与腐蚀裕量之和，即 $\delta_d = \delta + C_2$。

(4) 名义厚度 δ_n

设计厚度 δ_d 加上钢材厚度负偏差 C_1 后向上圆整至钢材标准规格厚度，即图样上标注的厚度。

(5) 有效厚度 δ_e

名义厚度 δ_n 减去钢材厚度负偏差 C_1 和腐蚀裕量 C_2。

对于压力较低的容器，采用强度公式得到的厚度很薄，设备往往会在制造、运输和安装过程中变型，为此，对用于制造壳体的元件另外规定不包括腐蚀裕量的最小厚度 δ_{min}。对于碳素钢、低合金钢制成的容器，δ_{min} 不小于3mm；对于高合金钢制成的容器，δ_{min} 不小于2mm。

6.3.6 内压薄壁容器筒体及封头厚度计算

6.3.6.1 筒体厚度

对于单层内压薄壁（$\delta/D \leqslant 0.1$）圆筒，可采用式（6-3）计算δ：

$$\delta = \frac{p_c D_i}{2[\sigma]^t \varphi - p_c} \tag{6-3}$$

式中　δ——计算厚度，mm；

　　　p_c——计算压力，MPa；

　　　D_i——圆筒内直径，mm；

　　　$[\sigma]^t$——许用应力，MPa；

　　　φ——焊接接头系数。

在圆筒强度校核时，可用式（6-4）进行应力强度判别：

$$\sigma^t = \frac{p_c(D_i + \delta_e)}{2\delta_e} \leqslant [\sigma]^t \varphi \tag{6-4}$$

式中　δ_e——有效厚度，mm；

　　　σ^t——设计温度下圆筒的计算应力，MPa。

圆筒的最大允许工作压力 $[p_w]$ 为

$$[p_w] = \frac{2\delta_e [\sigma]^t \varphi}{D_i + \delta_e} \tag{6-5}$$

式中　$[p_w]$——圆筒的最大允许工作压力，MPa。

6.3.6.2　标准椭圆形封头厚度

标准椭圆形封头是化工压力容器中使用量最大的封头形式，如图 6-6 所示。封头由半个椭球和一段圆柱形筒节（称为直边）构成。椭球的长轴为封头的公称直径（内径）DN，短轴为 $2h$，对于标准椭圆形封头，$DN/2h = 2$。直边高度 h_0 根据 DN 确定，当 $DN \leqslant 2000\text{mm}$ 时，h_0 取 25mm，

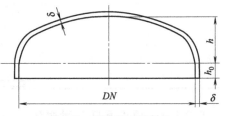

图 6-6　标准椭圆形封头

反之取 40mm。标准椭圆形封头的最大薄膜应力出现在椭球的顶点，其值与圆柱形筒体的环向薄膜应力 σ_θ 相同，封头厚度可采用内压薄壁圆筒厚度计算式（6-3）计算。

【例 6-1】　某内压立式圆柱形筒体，其设计压力 $p = 0.35\text{MPa}$，设计温度 $t = 80℃$，圆筒内径 $D_i = 1200\text{mm}$，筒体高度 $h = 4000\text{mm}$，盛装密度 $\rho = 1100\text{kg/m}^3$ 的液体介质，圆筒材料为 Q245R，钢板厚度负偏差 C_1 为 0.3mm，腐蚀裕量 C_2 为 2mm，焊接采用双面焊对接接头，局部无损探伤。试求该筒体的厚度。

解：

（1）求计算压力 p_c

$$p_c = p + \rho g h = 0.35 + 1100 \times 9.81 \times 4 \times 10^{-6} = 0.35 + 0.04 = 0.39\text{MPa}$$

液柱静压力 0.04MPa 占设计压力 0.35MPa 的 11.4%，大于 5%，不能忽略，需计入计算压力中。

（2）求计算厚度 δ

查 GB 150.2—2011，当钢板厚度为 3~16mm 时，Q245R 材料在 80℃ 的许用应力取 147MPa。焊接采用双面焊对接接头，局部无损探伤时焊接接头系数 φ 为 0.85。筒体的计算厚度 δ 为：

$$\delta = \frac{p_c D_i}{2[\sigma]^t \varphi - p_c} = \frac{0.39 \times 1200}{2 \times 147 \times 0.85 - 0.39} = 1.88\text{mm}$$

（3）求名义厚度 δ_n

设计厚度 $\delta_d = \delta + C_2 = 1.88 + 2 = 3.88$mm。设计厚度 δ_d 加上钢材厚度负偏差 C_1 后为 4.18mm，向上圆整后为 5mm。

校核许用应力：现厚度为 5mm，符合钢板厚度为 3~16mm 的许用应力取值范围。

校核最小厚度：现厚度 5mm 减去腐蚀裕量后为 3mm，满足 δ_{min} 不小于 3mm 的要求。

最后取名义厚度 δ_n 为 5mm。

6.3.7 压力容器常用法规、标准

① 《中华人民共和国安全生产法》
② 《特种设备安全监察条例》
③ TSG 21—2016《固定式压力容器安全技术监察规程》
④ TSG R0005—2011《移动式压力容器安全技术监察规程》
⑤ GB 150.1—2011《压力容器 第1部分：通用要求》
⑥ GB 150.2—2011《压力容器 第2部分：材料》
⑦ GB 150.3—2011《压力容器 第3部分：设计》
⑧ GB 150.4—2011《压力容器 第4部分：制造、检验和验收》
⑨ NB/T 47014—2011《承压设备焊接工艺评定》
⑩ NB/T 47015—2011《压力容器焊接规程》
⑪ JB 4731—2005《钢制卧式容器》
⑫ NB/T 47003.1—2009《钢制焊接常压容器》
⑬ SH/T 3074—2007《石油化工钢制压力容器》
⑭ SH/T 3075—2009《石油化工钢制压力容器材料选用通则》
⑮ NB/T 47020~47027—2012《压力容器法兰、垫片、紧固件》

6.4 标准化通用零部件

非标准设备在化工过程装备中大量存在，需要设计人员根据工艺要求进行单独设计，形成了化学工业的一大特点。化工设备是由零部件组成的，随着零部件标准化程度的逐步提高，可供设计人员选择的标准化零部件越来越多。因此，在进行非标准设备设计时，应首选标准化零部件。既可以保证设计质量，大大减轻设计工作量，又方便使用时与基础、管道或其他设备的连接。

一般地，化工设备由主体结构和附属部件组成。就容器类设备而言，其主体结构为筒体、封头和设备法兰等连接件。通用附属部件有接管与管法兰、人孔、手孔、补强圈、支座、视镜、液面计、吊装部件和凸缘等。下面列举部分常用的通用零部件标准，供读者在设计时选用。

GB/T 9019—2001《压力容器公称直径》
GB/T 25198—2010《压力容器封头》
NB/T 47020—2012《压力容器法兰分类与技术条件》
NB/T 47021—2012《甲型平焊法兰》
NB/T 47022—2012《乙型平焊法兰》
NB/T 47023—2012《长颈对焊法兰》

NB/T 47024—2012《非金属软垫片》

NB/T 47025—2012《缠绕垫片》

NB/T 47026—2012《金属包垫片》

NB/T 47027—2012《压力容器法兰用紧固件》

GB/T 13402—2010《大直径钢制管法兰》

GB/T 9124—2010《钢制管法兰技术条件》

GB/T 9112—2010《钢制管法兰　类型与参数》

GB/T 9113—2010《整体钢制管法兰》

GB/T 9114—2010《带颈螺纹钢制管法兰》

GB/T 9115—2010《对焊钢制管法兰》

GB/T 9116—2010《带颈平焊钢制管法兰》

GB/T 9117—2010《带颈承插焊钢制管法兰》

GB/T 9118—2010《对焊环带颈松套钢制管法兰》

GB/T 9119—2010《板式平焊钢制管法兰》

GB/T 17395—2008《无缝钢管尺寸、外形、重量及允许偏差》

GB/T 8163—2008《输送流体用无缝钢管》

GB/T 14976—2012《流体输送用不锈钢无缝钢管》

NB/T 47065.1-5—2008《容器支座》

HG/T 21514—2014《钢制人孔和手孔的类型与技术条件》

HG/T 21515—2014《常压人孔》

HG/T 21516—2014《回转盖板式平焊法兰人孔》

HG/T 21517—2014《回转盖带颈平焊法兰人孔》

HG/T 21518—2014《回转盖带颈对焊法兰人孔》

HG/T 21519—2014《垂直吊盖板式平焊法兰人孔》

HG/T 21520—2014《垂直吊盖带颈平焊法兰人孔》

HG/T 21521—2014《垂直吊盖带颈对焊法兰人孔》

HG/T 21522—2014《水平吊盖板式平焊法兰人孔》

HG/T 21523—2014《水平吊盖带颈平焊法兰人孔》

HG/T 21524—2014《水平吊盖带颈对焊法兰人孔》

HG/T 21525—2014《常压旋柄快开人孔》

HG/T 21526—2014《椭圆形回转盖快开人孔》

HG/T 21527—2014《回转拱盖快开人孔》

HG 21595—1999《常压不锈钢人孔》

HG/T 21528—2014《常压手孔》

HG/T 21529—2014《板式平焊法兰手孔》

HG/T 21530—2014《带颈平焊法兰手孔》

HG/T 21531—2014《带颈对焊法兰手孔》

HG/T 21532—2014《回转盖带颈对焊法兰手孔》

HG/T 21533—2014《常压快开手孔》

HG/T 21534—2014《旋柄快开手孔》

HG/T 21535—2014《回转盖快开手孔》

HG 21601—1999《常压快开不锈钢手孔》

HG 21505—1992《组合式视镜》

HG/T 21575—1994《带灯视镜》

HG 21588—1995《玻璃板液面计标准系列及技术要求》

HG 21591.1—1995《视镜式玻璃板液面计（常压）》

HG/T 21574—2008《化工设备吊耳及工程技术要求》

HG 21506—1992《补强圈》

JB/T 4736—2002《补强圈》

6.5 化工过程常见设备的设计与选型

6.5.1 液体输送设备

在化工生产中，大量处理的是液态物质，因此，液体的输送在化学工艺中就显得尤其重要。习惯上将输送液体的设备称为泵，通过泵向液体输入能量，将其从低位打至高位，从低压区送至高压区，或克服输送沿程的机械能损失，从而完成工艺要求的物料走向、流量等技术指标。

6.5.1.1 泵的分类与主要类型

泵的分类法有很多，如按泵的工作原理可将其分为叶片式、容积式和其他（如流体作用式等）；按其输送的物料来命名，有水泵、油泵、泥浆泵等；按泵的结构进行命名，有悬臂泵、齿轮泵、液下泵等。以下是常见的泵分类法。

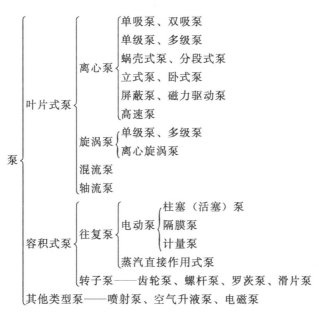

离心泵是叶片式泵的典型代表，基本部件是旋转的叶轮和固定的泵壳，其结构如图 6-7 所示。叶轮具有若干弯曲的叶片，紧固于泵轴上并安装在泵壳内，泵轴由原动机（通常是电动机）驱动旋转。泵壳中央设有吸入口，侧面切线方向设有排出口。工作时，叶轮带动叶片间的液体旋转，使其在离心力的作用下自叶轮中心甩向外周并获得了能量，流向叶轮外周的液体的静压强增高，流速增大。液体离开叶轮进入泵壳后，因泵壳内流道逐渐扩大而使液体减速，部分动能转换成静压能。具有较高压强的液体从泵的排出口排出泵体，被输送到所需的场所。当液体自叶轮中心甩向外周时，在叶轮中心产生低压区，致使液体由泵的吸入室被吸进叶轮中心。因此只要离心泵正常工作，液体便连续地被吸入，提高压强后被排出。

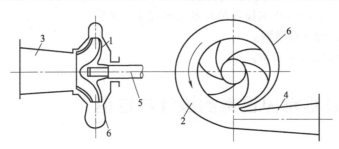

图 6-7　离心泵结构示意图

1—叶轮；2—压水室；3—吸入室；4—扩散管；5—泵轴；6—泵壳

由于化工生产中被输送液体的性质、压强和流量等差异很大，为了适应各种不同要求，离心泵的类型也是多种多样的。按泵送液体的性质可分为水泵、耐腐蚀泵、油泵和杂质泵等；按叶轮吸入方式可分为单吸泵和双吸泵；按叶轮数目又可分为单级泵和多级泵。各种类型的离心泵按照其结构特点各自成为一个系列，并以一个或几个汉语拼音字母作为系列代号、在每一系列中，由于有各种规格，因而附以不同的字母和数字予以区别。

往复泵依靠在泵缸内作往复运动的活塞给液体传递能量，是典型的容积式泵。图 6-8 为往复泵结构和工作原理示意图。当活塞向右移动时，活塞与阀门间的空间增大，形成低压，可将液体经吸入阀吸入泵缸内，而此时排出阀因受排出管内液体压力作用而关闭。当活塞移到右端点时，工作室容积达到最大值，吸入的液体量也最多。此后，活塞便改为由右向左移动，泵缸内液体受到挤压而使其压强增大，致使吸入阀关闭而推开排出阀将液体排出。当活塞移到左端点后排液完毕，完成一个工作循环。活塞往复一次，只吸入和排出液体各一次，其排液是不连续的。

表 6-3 列举了几种常见泵的技术参数。

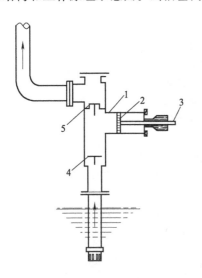

图 6-8　往复泵结构和工作原理示意图

1—泵缸；2—活塞；3—活塞杆；
4—吸入阀；5—排出阀

6.5.1.2　泵的选型

化工过程中，泵的用途、使用场合、物料性质各异，在选泵时必需满足以下基本原则：

① 满足工艺上对流量、扬程、压力、温度和汽蚀余量等参数的要求。

表 6-3　常见泵的技术参数

指标	叶片式			容积式	
	离心式	轴流式	旋涡式	活塞式	回转式
液体排出状态	流率均匀			有脉动	比较均匀
稳定性	不恒定,随管路情况变化而变化			恒定	
液体品质	均一液体,或含固体的液体	均一液体	均一液体	均一液体	均一液体
流量/(m³/h)	1.6～30000	150～245000	0.4～20	0～600	1～600
扬程特点	对应一定流量,只能达到一定的扬程			对应一定流量,可达到不同扬程,由管路系统确定	
扬程	10～2600m	2～20m	8～150m	0.2～100MPa	0.2～60MPa
汽蚀余量/m	4～8	—	2.5～7	4～5	4～5
最高效率范围	0.5～0.9	0.7～0.9	0.25～0.5	0.7～0.85	0.6～0.8
效率特点	在设计点最高,偏离越远,效率越低			扬程高时,效率降低较小	扬程高时,效率降低较大
流量与轴功率的关系	流量减小时轴功率减小	流量减小时轴功率增加	流量减小时轴功率增加	当排出压力一定时,流量减小轴功率减小	当排出压力一定时,流量减小轴功率减小
构造特点	结构简单,转速高,运转平稳,造价低,体积小,重量轻,安装检修方便	与离心式基本相同,叶轮叶片较离心式简单,制造成本低		结构复杂,转速低,排液量小,振动大,体积大,造价高	同离心式
流量调节方法	出口节流或改变转速	出口节流或改变叶片安装角度	旁路调节	旁路、转速和行程调节	旁路调节
自吸作用	一般没有	没有	部分型号有	有	有
启动操作	出口阀关闭	出口阀全开	出口阀全开	出口阀全开	出口阀全开
适用范围	黏度较低的介质	大流量、低扬程和黏度较低的介质	小流量、较高压力的低黏度清洁介质	高压力、小流量的清洁介质	中低压力、中小流量和黏性高的介质

　　流量、扬程、压力、温度和汽蚀余量等参数是工艺对泵的基本要求,特别是流量和扬程两个参数,所选泵型必须完全满足。在确定泵的流量时,除了满足工艺计算书上的流量要求外,还要综合考虑装置的富余能力及系统内各设备的协调和平衡,以及工艺过程影响流量变化的范围。由于实际工艺设备和管道的复杂性,压力降计算的可靠性有所下降,在实际操作过程中,还会出现结垢、积炭等现象,造成系统压力降产生波动,因此,在选泵时,应留有充分的余地,一般要求泵的额定流量不小于装置的最大流量,或取正常流量的 1.1～1.15 倍,泵的额定扬程为装置所需扬程的 1.05～1.1 倍,如有实际操作数据,应尽量参考(参见文献 [1])。

　　② 满足介质特性的要求。

　　输送易燃、易爆、易挥发、有毒或贵重介质时,要求泵的轴封性能可靠,或选用屏蔽泵、磁力驱动泵、隔膜泵等无泄漏泵。

　　输送腐蚀性介质时,要求与物料接触的部件采用耐腐蚀材料,密封性能要求高。

　　输送易汽化液体时,应选用轴封可靠的高压低温泵。

　　输送黏性液体可选用齿轮泵、隔膜泵、螺杆泵、浆料泵等泵型。

　　输送含固体颗粒介质时,要求过流部件采用耐磨材料,必要时轴封应采用清洁液体冲洗。

　　③ 满足现场安装要求。

　　对安装在有腐蚀性气体存在场合的泵,要求采取防大气腐蚀措施;对安装在室外环境温度低于−20℃的泵，要求考虑泵的冷脆现象，采用耐低温材料；对安装在爆炸性危险区域的泵，应根据危险区域等级，采用防爆电动机。

④ 对泵连续运转周期的要求。

对每年计划停车一次进行大检修的企业，泵的连续运转周期一般应大于 8000h；对于要求长周期运行的石油、石化和天然气工业用泵，其连续运转周期应大于 3 年。

此外，在选泵时还应考虑泵的性能、能耗、可靠性、价格、供货周期和制造水平等因素。最后，综合以上各种要求，从泵样本或产品目录中选出合适的型号，对泵的各项性能参数进行校核后确定泵的类型、型号、技术参数和生产商。

表 6-4 为典型化工用泵的特点和选用要求，供读者参考。

表 6-4　典型化工用泵的特点和选用要求

泵名称	特　点	选 用 要 求
进料泵(包括原料泵和中间给料泵)	(1)流量稳定 (2)一般扬程较高 (3)有些原料黏度较大或含固体颗粒 (4)泵入口温度一般为常温，但某些中间给料泵的入口温度也可大于 100℃ (5)工作时不能停车	(1)一般选用离心泵 (2)扬程很高时，可考虑容积式泵或高速泵 (3)泵的备用率为 100%
回流泵(包括塔顶、中段及塔底回流泵)	(1)流量变动范围大，扬程较低 (2)泵入口温度不高，一般为 30~60℃ (3)工作可靠性要求高	(1)一般选用离心泵 (2)泵的备用率为 50%~100%
塔底泵	(1)流量变动范围大(一般用液位控制流量) (2)流量较大 (3)泵入口温度较高，一般大于 100℃ (4)液体一般处于气液两相态 (5)工作可靠性要求高 (6)工作条件苛刻，一般有污垢沉淀	(1)一般选用离心泵 (2)选用低汽蚀余量泵，并采用必要的灌注头 (3)泵的备用率为 100%
循环泵	(1)流量稳定，扬程较低 (2)介质种类繁多	(1)选用离心泵 (2)按介质选用泵的型号和材料 (3)泵的备用率为 50%~100%
产品泵	(1)流量较小 (2)扬程较低 (3)泵入口温度低(塔顶产品一般为常温，中间抽出和塔底产品温度稍高) (4)某些产品泵间歇操作	(1)宜选用单级离心泵 (2)对纯度高或贵重产品，要求密封可靠，泵的备用率为 100%，对一般产品，备用率为 50%~100%。对间歇操作的产品泵，一般不设备用泵
注入泵	(1)流量很小，计量要求严格 (2)常温下工作 (3)排压较高 (4)注入介质为化学药品，往往有腐蚀性	(1)选用柱塞或隔膜计量泵 (2)对有腐蚀性介质，泵的过流元件通常采用耐腐蚀材料 (3)一般间歇操作，可不设备用泵
排污泵	(1)流量较小，扬程较低 (2)污水中往往有腐蚀性介质和腐蚀性颗粒 (3)连续输送时要求控制流量	(1)选用污水泵、渣浆泵 (2)常需采用耐腐蚀材料 (3)泵备用率为 50%~100%
燃料油泵	(1)流量较小，泵出口压力稳定(一般为 1.0~1.2MPa) (2)黏度较高 (3)泵入口温度一般不高	(1)根据不同的黏度，可选用转子泵或离心泵 (2)泵的备用率为 100%
润滑油泵和封液泵	(1)润滑油压力一般为 0.1~0.2MPa (2)机械密封封液压力一般比密封腔压力高 0.05~0.15MPa	(1)一般随主机配套供应 (2)一般为螺杆泵和齿轮泵，但大型离心压缩机组的集中供油往往使用离心泵

6.5.2　气体输送、压缩、真空设备

气体输送、压缩和真空设备简称为气体压送机械，在化工生产中广泛使用，其作用是通过对气体输入能量，达到改变其压强的目的，主要应用于以下三个方面。

① 输送气体。通过提高气态物料的压强，克服输送过程中的阻力，将物料送至目的地。

② 形成高压。某些化学反应及单元操作要求在高于常压下进行，如合成氨、压缩式制冷等，往往需要借助外力将压力提高。

③ 产生真空。某些化工过程要求在低于常压下进行，如抽滤、多效蒸发等，需要从系统中抽出气体以产生真空。

气体压送机械主要有两种分类方法。一是按结构和工作原理不同，分为离心式、往复式、旋转式和流体作用式等。二是按出口气体的压强或压缩比来分类，大致分为四大类。

① 通风机，出口压强大于 14.7kPa（表压，下同）；

② 鼓风机，出口压强为 14.7～294kPa，压缩比小于 4；

③ 压缩机，出口压强大于 294kPa，压缩比大于 4；

④ 真空泵，出口压强为大气压，压缩比由真空度决定。

6.5.2.1　离心式通风机、鼓风机和压缩机

离心式通风机、鼓风机和压缩机的工作原理与离心泵相似，通过原动机带动叶轮旋转，使气体获得能量而提高压强。

离心式通风机都是单级的，根据产生的出口压强不同又细分为低压离心通风机（出口压强低于 1kPa），中压离心通风机（出口压强为 1～3kPa），高压离心通风机（出口压强为 3～15kPa）。低压离心通风机结构如图 6-9 所示。风量、风压、轴功率与效率是离心式通风机的四项主要性能参数，可结合设备具体的使用场合，对照产品目录进行选型。

离心式鼓风机的工作原理与离心式通风机相同，通常为多级，以产生较大的送气量。由于压缩比不高，离心式鼓风机无需设置气体冷却装置，结构较简单。

离心式压缩机也称为透平压缩机，主要结构和工作原理都与离心式鼓风机相似，但级数更多，转速也较高，以产生更高的出口压强。压缩机工作过程中，气体

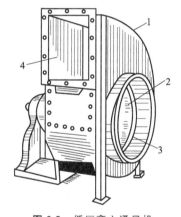

图 6-9　低压离心通风机
1—机壳；2—叶轮；3—吸入口；4—排出口

压缩比高，体积变化大，温升明显，故设备通常被分成若干段，每段包括若干级，叶轮直径逐级缩小，并设置段间气体冷却器。离心式压缩机由于流量大、出气连续均匀、气体无需接触润滑油、噪声低、结构可靠等优点，已在化工生产中广泛使用。

6.5.2.2　往复式压缩机

往复式压缩机是最为常用的气体压缩设备，它依靠活塞在气缸内作往复运动而将气体吸入、压缩和排出，主要部件除活塞和气缸外，还有吸气阀和排气阀、曲轴和连杆等。往复式压缩机排气为间歇式，为了均匀供气，通常设有储气罐作为附件。多级压缩机通常设有级间冷却器，大型压缩机还设有润滑油循环冷却器。图 6-10 所示为小型移动式空气压缩机。

往复式压缩机有各种分类方法，按气体在压缩机中的受压次数可分为单级、双级和多级

压缩机，按压缩机产生的出口气体压力可分为低压（小于0.98MPa）、中压（0.98～9.8MPa）和高压（9.8～98MPa）压缩机，按排气量可分为小型（小于10m³/min）、中型（10～30m³/min）和大型（大于30m³/min），按气体在活塞一侧或两侧吸、排可分为单动和双动往复压缩机，按气缸的布置方式可分为立式、卧式、L形、W形或V形压缩机，按出口压缩气体的含油量可分为有油和无油压缩机，按所压缩气体的种类可分为空气压缩机、氨压缩机、氢压缩机等。

图 6-10　小型移动式空气压缩机
1—储气罐；2—曲轴箱；3—气缸；
4—传动皮带；5—电动机

6.5.2.3　旋转式鼓风机、压缩机

旋转式鼓风机、压缩机和真空泵的共同特点是有一个或一对旋转的转子，通过转子的旋转向气体传递能量，使其压强提高。这类设备排气连续均匀，适用于大流量低压强的工作场合。下面重点介绍罗茨鼓风机、螺杆压缩机和液环压缩机。

（1）罗茨鼓风机

罗茨鼓风机的基本结构如图6-11所示。其内有两个腰形或三角形转子，转子与转子之间、转子与机壳之间的间隙很小，既保证了转子的自由转动，又不至于产生过多的气体泄漏。两个转子以相反方向旋转，使气体从机壳的一侧吸入，加压后从另一侧排出。改变转子的旋转方向，可使吸入和排出口互换。罗茨鼓风机的风量与转速成正比，并且几乎不受出口压强变化的影响。其输出气量范围为2～200m³/min，出口压强小于80kPa，在40kPa附近效率较高。在进行罗茨鼓风机管路设计和操作时要注意其出口阀门不能完全关闭，通常采用循环支路回流调节流量，也可采用变频调速技术通过改变转子转速调节流量。此外，罗茨鼓风机的操作温度不宜过高，一般认为，当温度超过85℃后，转子因受热膨胀导致碰撞甚至卡死。

（2）螺杆压缩机

螺杆压缩机的结构如图6-12所示。压缩机机体内平行地配置着一对相互啮合的螺旋形

图 6-11　罗茨鼓风机

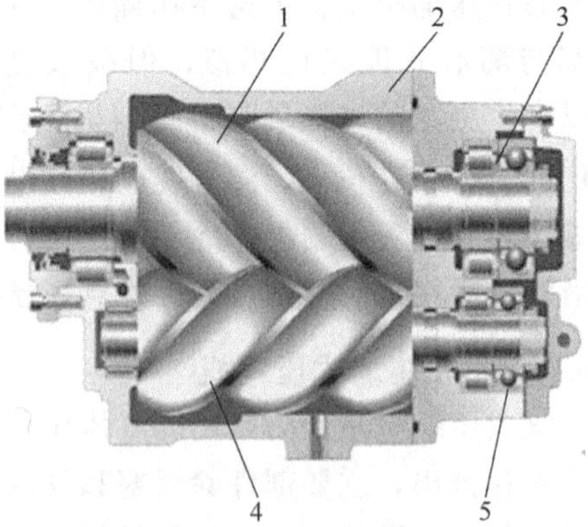

图 6-12　螺杆压缩机结构示意图
1—阳转子；2—机体；3—圆柱滚子轴承；
4—阴转子；5—滚珠轴承

转子，通常与原动机相连接的转子在节圆外具有凸齿，称为阳转子或阳螺杆；不与原动机相连接的转子在节圆内具有凹齿，称为阴转子或阴螺杆。工作时，阳转子带动阴转子旋转，由于齿间容积的不断变化，从而完成从吸入口吸气、压缩气体和向排出口排气的过程，因而螺杆压缩机属于容积式压缩机。

螺杆压缩机零部件少，运转可靠、寿命长，大修周期可达 4 万～8 万小时；具有强制输气的特点，排气量几乎不受排气压力的影响；对气体的适应性强，可输送含液、含粉尘、易聚合气体；动力平衡性好，操作简便。该类压缩机在空气压缩、制冷和化工生产中已得到广泛应用，通常在压力小于 4.5MPa、气量大于 0.2m³/min 的工况下可获得较佳的使用性能。

（3）液环压缩机

液环压缩机的主要部件为一个类似椭圆的机壳和一个旋转的叶轮。工作时，机壳内盛装适量的液体，叶轮旋转带动液体旋转，在离心力的作用下，液体被抛向机壳，形成一层椭圆形的液环，并在椭圆形长轴两端形成两个月牙形空间。当叶轮旋转一周时，月牙形空间内的小室逐渐变大和变小各两次，因此气体从两个吸入口进入机内，而从两个排出口排出。液环压缩机可产生 490～588kPa 的输出压强，在 147～177kPa 处效率较高。由于液环的阻隔，通常被输送的气体不与机壳接触，因此在输送腐蚀性气体时，仅需叶轮采用耐腐蚀材料，降低了造价。

对压缩机进行选型时，首先应满足工艺对排气量和排气压强的要求，其次考虑被压缩气体的性质、厂房结构、操作和控制、维修保养、噪声、能耗和价格等因素。应当特别指出的是，压缩机产品目录上排气量参数是指标准状态（20℃，101.33kPa）下气体体积，单位通常为 m³/min，排气压强单位通常采用 Pa、kPa 或 MPa（表压）。

6.5.2.4 真空泵

真空泵的作用是将设备或系统中的气体抽出，以产生低于大气压的真空环境。以下介绍三类化工流程中常用的真空泵。

（1）水环真空泵

水环真空泵的叶轮装在泵壳内偏心位置上，工作时，泵内装有一定量的水（或其他液体），叶轮旋转带动水形成水环，在不同位置上，水环与叶轮上的叶片之间形成容积不同的空间。气体从大空间处被吸入，随着空间变小而被压缩，直至被排出，所产生的真空度最高约可达到 83.4kPa。水环真空泵的优点是结构简单、紧凑，维修容易，性能稳定、操作简便、使用寿命长，特别适合抽吸含液体的气体，以及有腐蚀性或爆炸性的气体。但其效率不高，约为 30%～50%，真空度易受泵体内液体的温度影响。

（2）喷射式真空泵

喷射式真空泵实际上是一个真空系统，利用喷嘴原理使流体流动时的静压能与动能相互转换而产生真空。喷射式真空泵工作时，高压的工作流体从喷嘴喷出，其静压能转变为动能而形成高速射流，在泵室中产生负压，设备或系统中的气体在压力差的推动下进入泵室，在喉管内与工作流体混合，进行能量交换，进入扩散管后，流速逐渐降低，压强升高，最后从出口排出。水和水蒸气是最常用的工作流体。

喷射式真空泵虽然有效率不高、工作流体耗量大等弱点，但其结构简单、紧凑，没有运动部件，操作和维护容易，故在石油、化工、食品、医药生产中的蒸馏、蒸发、干燥等单元过程被广泛采用。在安装时，往往将喷射泵置于高位，以充分利用大气腿的作用提高效率。图 6-13 为喷射式真空系统流程示意图。

（3）往复式真空泵

往复式真空泵的构造和工作原理与往复式压缩机基本相同，但压缩比较高，余隙容积较小。往复式真空泵所抽送的气体不允许带液，因此，含有可凝组分的气体进入泵前必须先经过冷凝器，含有液滴的气体必须先经过气液分离器。由于被抽送的气体直接与气缸、活塞和吸入排出阀门等部件接触，应避免用于抽送强腐蚀性气体。

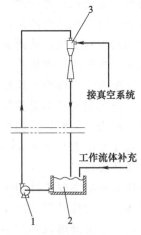

接真空系统

工作流体补充

图 6-13　喷射式真空系统流程示意图
1—循环泵；2—工作液体循环池；3—喷射器

6.5.3　固体输送设备

在化工生产中，常常会处理固态原料、辅料、产品、燃料和废渣，与流体相比，固体物料的输送难度较大。目前常用的输送设备分类如下：

6.5.3.1　机械输送设备

固体物料机械输送设备主要有带式输送机、螺旋输送机、斗式提升机和索道输送设备四大类。

（1）带式输送机

带式输送机又称皮带运输机（如图 6-14 所示），具有使用灵活方便，输送能力强，动力消耗较小等优点，它既可用于水平输送，也可用在有一定倾角的场合；既可用于短距离直线输送，在多台机组合时，也可实现中长距离、转向或大提升高度输送；既可输送粉状、颗粒状、片状等松散物料，也可输送包装好的物件；既可固定安装，也可制成移动式；既可短时或间歇操作，也可连续运转，因而在工业上得到广泛应用。

（2）螺旋输送机

螺旋输送机通常有一个圆形或槽状的机壳，其内装有一个由电动机带动的螺旋输送杆，通过转动可将物料从输送机的入口送至出口（见图 6-15）。由于其密闭性好，故适用于输送粉尘大的物料；又由于螺旋输送杆直接对物料产生推力，也常用于输送潮湿、高黏度或浆状物料；有时也用于输送和混合同时进行的场合。螺旋输送机既可以作为标准设备在专业厂家购买，也可以作为非标设备自行设计和加工。

（3）斗式提升机

斗式提升机常用于垂直提升固体物料。目前我国生产的斗式提升机有采用橡胶带为牵引构件的 D 型、以锻造的环形链条为牵引构件的 HL 型

图 6-14　带式输送机

和以板链为牵引构件的 PL 型等。

（4）索道输送设备

对于地理条件复杂、距离较远固体物料输送，往往采用索道输送的方式，如硫酸厂硫铁矿石的输送等。索道输送设备需根据具体条件进行设计和加工。

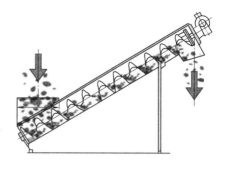

图 6-15　螺旋输送机原理

6.5.3.2　流体输送设备

（1）气流输送设备

将粉粒状物料悬浮在气流中进行输送，称为气流输送或气力输送。气流输送虽然动力消耗较大，但其系统密闭性好，可以防止物料损失和粉尘飞扬，实现均匀定量输送；也可以在风送过程中实现风选，以除去铁、石块等较重的杂质；系统运动部件较少，工作可靠，操作方便，优点很多，故在生产中被广泛应用。气流输送系统分为吸送和压送两种。当系统压力低于大气压时称为吸送式气力输送系统，系统压力高于大气压力的则称为压送式气力输送系统。

气流输送系统通常按非标设备进行设计，主要考虑被输送物料的物性参数、输送量、气速、混合比、漏风量、系统流体力学特性与压力损失、空气量及系统压力差、风机型号及台数等。

（2）液流输送设备

将固体物料与液体输送剂按一定的比例混合形成浆料，使其具有流动性，在管道内进行输送，这种输送方式称为液流输送或液力输送。水是最常用的输送剂，称为水流输送或水力输送。如将矿物、煤等与水按比例混合成浆料，可通过管道实现大运量、长距离、高效率的稳定输送。水力输送通常可分为以位差为动力在管道或槽内实现的自流输送和以泵为动力源在压力管道中实现的压力输送，也可以是两者结合的混合式输送。

液流输送设备大部分为非标设备，需根据使用情况进行个性化设计。

6.5.4　非均相分离设备

非均相混合物分离的方法有很多，本章着重介绍离心机、过滤机、旋风分离器三种设备的设计和选型方法。

6.5.4.1　离心机

离心机是利用离心力对液态非均相混合物进行分离的设备。其主要部件是一个高速旋转的转鼓，鼓壁上可以有孔，也可以无孔，转鼓的轴可水平或垂直布置。离心机工作时，物料在转鼓内绕中心轴作匀速圆周运动，作用于其上的离心力可表示为

$$F = mR\omega^2 \tag{6-6}$$

式中　F——离心力，N；

m——物料质量，kg；

R——转鼓半径，m；

ω——旋转速度，1/s。

物料在离心力场中所受离心力与重力之比称为离心分离因数，以 α 表示

$$\alpha = \frac{R\omega^2}{g} \tag{6-7}$$

式中，g 为重力加速度；α 是衡量离心机特性的重要参数，其值越大，表示离心力场越强，离心机的分离能力也越强。由式 (6-7) 可知，α 与转鼓半径及转速的平方成正比，通常采用增加转速的方法提高离心分离因数，并适当控制转鼓半径，以保证转鼓有足够的机械强度。

离心机的种类很多，按操作原理可分为沉降式、过滤式和分离式；按操作方式可分为间歇式和连续式；按转鼓轴线方向可分为立式和卧式；按离心分离因数的大小，可将 $\alpha < 3000$（通常为 $600 \sim 1200$）的称为常速离心机，$\alpha = 3000 \sim 50000$ 的称为高速离心机，$\alpha > 50000$ 的称为超高速离心机。

三足离心机是工业上应用最广、性能最稳定的离心机之一，其结构简单、运转平稳、适应性强、制造方便，适用于分离周期较长、处理量不大、要求滤渣含液量较低的场合，缺点是生产能力较低、工人劳动强度大。图 6-16 所示为三足离心机。

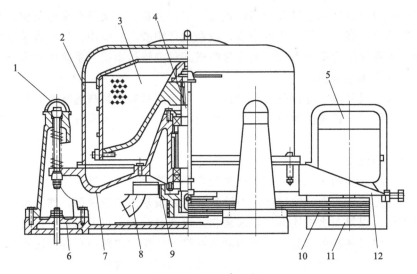

图 6-16　三足离心机

1—悬挂支承装置；2—机壳；3—转鼓；4—主轴装置；5—电动机；6—机座；
7—底盘；8—排液管；9—制动装置；10—皮带；11—离心离合器；12—电机架

为了减小转鼓的振动和便于拆卸，三足离心机将转鼓、机壳、电动机和转动装置都固定在机座上，机座则借拉杆悬挂在三个支柱上，故称为三足离心机。这种离心机以间歇操作、人工在上部或下部卸料为主，有过滤式和沉降式两种。国产三足离心机转鼓直径通常为 $450 \sim 1500$mm，有效容积为 $20 \sim 400$L，转速为 $730 \sim 1950$r/min，离心分离因数为 $450 \sim 1170$。按其卸料方式可分为上部卸料和下部卸料两大系列。

SS 型为人工上部卸料离心机，具有结构简单，性能可靠，操作维修方便，过滤时间可随意掌握，滤渣能充分洗涤，固相颗粒不易破坏等优点，价格较为便宜，技术成熟，使用范围也最广。SB 型为密闭式、人工上部卸料、间歇操作离心机，适合于分离含固相颗粒大于等于 0.01mm 的悬浮液，固相颗粒可为粒状、结晶状或纤维状等形态，也可供成件物品（如纱束、纺织品等）的脱水。SD 型三足式吊袋离心机是在 SS 型三足式离心机基础上的改型产品，除保留了 SS 型离心机的优点外，还明显降低了劳动强度，卸料快捷，便于清洗滤袋，提高了生产效率，避免了因人工卸料造成对成品的污染和抛撒。适合于分离含固相松散度高、粒度始终、不易压缩、需要洗涤、液相黏度较小的悬浮液，广泛用于化工、制药、食品、轻工、采矿、环保等行业。

SG/SGZ、LGZ 系列离心机是立式刮刀下部卸料，连续运转，间歇出料，程序控制的全自动过滤型离心机。工作时，电动机驱动转鼓旋转，达到进料转速状态时，待分离的物料经进料管进入高速旋转的转鼓内，进料达到预定容积后停止进料，升至高速分离，在离心力作用下，物料通过滤布（滤网）实现过滤，液相穿过滤层转鼓孔甩至空腔经出液管排出，固相则被截留在转鼓内形成圆桶状滤饼，随后可对滤饼进行洗涤，达到分离要求后，转速降到卸料转速状态，刮刀装置动作，将滤饼从转鼓内壁刮下经离心机下部出料口排出。该系列离心机可按使用要求设定程序，自动完成进料、分离、洗涤、脱水、卸料（SG 为手动卸料）等工序，可实现远距离控制，自动化和程度高，处理量大，适用于含细粒度和中等粒度固相的悬浮液的固液分离，也可用于纤维状物料的固液分离，如：石膏、硫铵、硫酸铜等化工行业、食盐、食品添加剂、淀粉、制糖、调味品等食品行业，抗生素、维生素等制药行业，以及矿物、环保等其他行业。

表 6-5 所列为 SD 型三足离心机主要参数。

表 6-5　SD 型三足离心机主要参数

型号	SD600	SD800	SD1000	SD1200
转鼓直径/mm	600	800	1000	1200
转鼓高度/mm	320	340	380	460
转鼓转速/(r/min)	1500	1200	1000	900
分离因数	750	640	560	545
有郊容积/L	45	90	140	250
装料限重/kg	60	120	150	350
电机功率/kW	3	5.5	7.5	11
总重/kg	560	980	1300	1800

6.5.4.2　板框过滤机

板框过滤机是一种被广泛使用的间歇式加压过滤设备，它的主要部件有滤板、滤框、滤布和机座。机座有一对平行的横梁，其一端是固定的尾板，另一端是连接在压紧装置上的活动压板。侧面带有支耳的正方形滤板和滤框交替排列在横梁上，滤板和滤框架之间放置滤布，通过压紧装置推动压板将其压紧。滤板和滤框的数量可根据生产需要在机座长度范围内进行增减。图 6-17 为板框过滤机示意图。过滤过程开始时，滤浆以一定的压强进入过滤机，沿总给料管从各滤框上的通道进入框内，在压力差的作用下，滤液分别穿过两侧滤布并沿滤

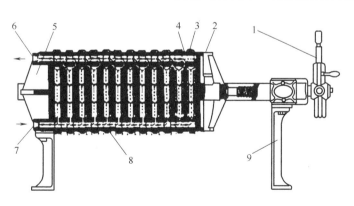

图 6-17　板框过滤机

1—压紧装置；2—活动压板；3—滤框；4—滤板；5—固定尾板；
6—滤液出口；7—滤浆进口；8—滤布；9—机座

板上的沟槽流入总排液管排出设备，固体则被截流于滤框内。当滤框被滤渣充满后，过滤停止，打开压紧装置将滤板、滤框和滤布松开，卸下滤渣，清洗滤布，整理滤板和滤框，过滤周期完成。

板框过滤机结构简单，制造、安装方便，操作简单，过滤面积较大，操作压强高，适应能力强，但是其操作劳动强度大，加上间歇式操作、分离效率较低、滤布损耗大、管理不严时滤液滤渣污染操作环境，都是制约其发展的因素。目前已有自动化程度较高的板框过滤机出现，使上述问题在一定程度上得到改善。

板框过滤机的操作表压通常在 0.3～0.8MPa 范围内，最高可达 1.5MPa。滤板和滤框可由金属、塑料或木材制造，边长为 320～1000mm，厚度为 25～50mm。我国板框过滤机执行 JB/T 4333.1～4《厢式压滤机和板框压滤机》系列标准。

除板框过滤机外，还有加压叶滤机、转鼓真空过滤机等过滤设备。过滤机的规格代号按 GB/T 7780《过滤机 型号编制方法》的要求执行。

6.5.4.3 气固分离设备

旋风分离器利用惯性离心力的作用将固体颗粒从气流中分离出来，是最常见的气固分离设备之一。其上部为圆筒形，下部为圆锥形。气固混合物从圆筒的切向进入，受器壁的约束向下作螺旋运动，在惯性离心力的作用下，固体颗粒被抛向器壁并沿壁向下，最终从锥底出口离开；净化后的气体沿中心轴向上作螺旋运动，由顶部排气管排出。图 6-18 所示为旋风分离器的工作原理。旋风分离器结构简单，造价低廉，没有运动部件，操作不受温度、压力的限制，操作范围宽，分离效率高。其缺点是气体在器内流动阻力大，固体颗粒对器壁有磨损，气体流量的变化对分离效率有较大影响，不宜处理高黏度、湿度的气体等。

从气流中除去微小固体颗粒的操作称为除尘，常用的方法有沉降除尘、布袋除尘、泡沫除尘、电脉冲除尘等。

沉降除尘器利用重力沉降的作用除尘，最简单和常见的是降尘室。在气体通道中设置若干垂直挡板的除尘气道，气道具有相当大的横截面积和一定长度，气固混合物进入降尘室后，因流道截面增大而流速降低，固体颗粒在重力的作用下沉降到室底而与气体分离。图 6-19 为降尘室示意图。在设计时，气体流速是控制因素，一般应使流动状态处于层流区域，以保证颗粒的沉降，以及防止已沉降的颗粒被重新扬起。降尘室结构简单、阻力小，但体积大，分离效果较差，通常适用于分离直径在 $75\mu m$ 以上的粗粒。

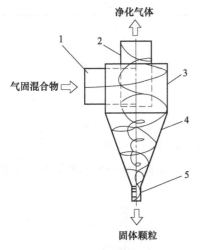

图 6-18 旋风分离器工作原理
1—气液混合物入口；2—净化气体出口；
3—筒体；4—锥底；5—固体颗粒出口

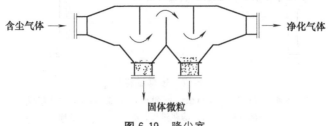

图 6-19 降尘室

袋式除尘器又称布袋除尘器，利用布袋截留尘埃，具有分离效率高，气体阻力小等优点，但不适应高温、高湿混合气体的分离，布袋损耗率也较高。袋式除尘器主要由壳体、滤袋及其骨架、清灰装置、灰斗和排灰阀等组成。含尘气体进入除尘器后，较大粒径的粉尘直接落入灰斗，完成预分离；含有微粒的气流通过滤袋，微粒被截留，净化后的气体排出设备。随着设备的运行，滤袋中截留的粉尘不断增多，当运行阻力增大至设定值后，触发清灰程序启动，自动控制系统停止过滤程序，开启脉冲压缩空气逆向对滤袋喷射，使其膨胀、震动，尘粒落入灰斗中被排出。清灰结束后，系统重新进入过滤状态。滤袋是袋式除尘器的关键部件，通常根据要求捕集颗粒的最小粒径、风量、含尘量、温度、允许的压力损失等指标进行选择。目前广泛采用的是化纤类滤袋。

泡沫除尘器采用湿式除尘方式，可用于净制湿度较高的含尘气体。泡沫除尘器的壳体通常为圆形或方形，中间设有筛板。液体由筛板一侧流入，另一侧流出。含尘气体则从筛板下面进入，先接受筛板漏下的液体洗涤，除去粒径较大的颗粒，然后向上穿过筛孔及其上的液层，形成气液错流。鼓泡过程在筛板上形成泡沫层，提供了很大的气液两相界面，可有效地捕集微小尘埃。当尘埃粒径大于 $5\mu m$ 时，泡沫除尘器的分离效率可达 99%，阻力较小。图6-20 所示为泡沫除尘器原理。

6.5.5 热交换器

化工过程涉及化学反应、物质输送、混合物分离等单元过程，需要耗费大量能量。所涉及的能量主要有热能、电能、动能、位能、化学能等，其中热能是化学工业中最主要的能量形式，传导、对流与辐射是热量传递的三种基本方式。在工业上，热量通过热交换器进行交换，通常为两种或三种传热基本方式的组合，可涉及两种或两种以上流体间、流体与固体间、固体与固体间或者热接触且具有不同温度的同一种流体间的热量传递。通过这种传递，可使热量由高温物流传递至低温物流，达到满足工艺对温度的要求、回收余热、提

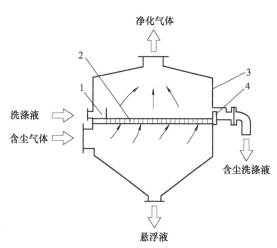

图 6-20　泡沫除尘器原理
1—进液室；2—筛板；3—外壳；4—出口堰

高系统热效率、节能减排的目的。因此，热交换器无论在数量和固定资产投资方面都在化工过程装备中占有很大比例。据统计，在化工厂里，热交换器的投资 $10\%\sim20\%$，在炼油厂中，约占 $35\%\sim40\%$。GB/T 151《热交换器》是该类设备设计和选型的基本依据。

6.5.5.1 热交换器的分类

为了适应化学工艺过程的各种换热工况，热交换器有多种形式，每种形式的热交换器都有其自身的特点，只有熟悉和掌握这些特点，才能灵活地结合生产工艺的具体情况，进行合理的选型和正确的设计。

热交换器亦称换热器。根据其使用的场合、换热原理可有不同的分类方法。

(1) 按传热机理分类

① 直接接触式换热器　在直接接触式换热器内，冷热流体直接接触、混合换热，故该类型的换热器又称为混合式换热器，常见的有冷却塔、冷却冷凝器等。直接接触换热传热效

率高、单位容积提供的传热面积大、设备结构简单、价格低廉，但仅适用于工艺上允许物料混合的过程。

② 蓄热式换热器　蓄热式换热器的核心部件是蓄热体。换热器以间歇形式操作，热流体先通过换热器，将热量蓄存到蓄热体中，然后通入冷流体，接受蓄热体中的热量。蓄热式换热器结构紧凑、价格便宜、单位体积传热面积大，多用于气-气换热过程。但由于冷热流体均需与蓄热体接触，这种换热形式不适用于冷热流体不能混合的过程。

③ 间壁式换热器　间壁式换热器在冷热物流间设置固体间壁将其隔开，热量从热物流传给间壁，再由间壁传给冷物流。通过这种间接传热方式，达到冷热物流间只有热量交换而无质量交换的目的。间壁式换热是化工生产中使用最广的换热形式，常见的间壁有金属或非金属的管或板，管壳式换热器、板式换热器等是间壁式换热器的典型代表。

④ 中间载热体式换热器　中间载热体式换热器将热流体的热量通过中间载热体传给冷流体，从而允许冷热流体间隔一定距离，在工程应用上有其特殊的意义。热管换热器属中间载热体式换热器。

(2) 按用途分类

换热器在化工生产中被广泛应用，习惯上按其具体的使用场合为其命名，如用在液体气化过程的称为蒸发器，用于为蒸馏塔输入热量的称为重沸器或再沸器，用于气体冷凝的称为冷凝器，用于加热过程的称为加热器，用于冷却过程的称为冷却器，用于工艺物料间换热的称为换热器等。根据其结构特征还可有立式冷凝器、卧式加热器、中央循环管式蒸发器、自然循环外加热式蒸发器等。

6.5.5.2　间壁式换热器

(1) 管壳式换热器

管壳式换热器又称列管式换热器，且单位体积换热面积大、结构可靠、适应性强、操作弹性大，在过程工业中被广泛采用，使用量在热交换器中占85%～90%。固定管板式换热器是管壳式换热器的基本形式，如图6-21所示，其换热管采用焊接或胀接法与管板连接，壳体亦焊接在管板上，形成一个不可拆卸的整体。换热管将空间分隔为管程和壳程两部分，热量通过管壁进行交换，而管程和壳程物料不相接触。

在管壳式换热器的实际应用中，会遇到各种不同的工况，如无相变过程换热，气-气、气-液、液-液换热；蒸发、冷凝、蒸发-冷凝等相变过程换热；工艺物料与公用工程间换热、工艺物料间换热；各种安装位置如立式、卧式、浸没式、外挂式等；工艺参数如温度、压力、流量等；物料的性质如腐蚀性、燃爆性、多相混合物等；设备的制造、安装、清洗、维修等。为了适应各种工况对换热器的特殊要求，在固定管板换热器的基本结构上派生出多种形式的管壳式换热器。如为了解决管束与壳体因热膨胀系数差异而产生的热应力问题，可在固定管板式换热器的壳体上设置膨胀节，也可采用浮头式、U形管式或填料函式换热器。为了提高传热系数，管程常采用多程以提高流速，壳程常采用圆缺形或盘环形折流板，换热管也可根据所处理的不同流型将光滑管改为各种强化传热管型。

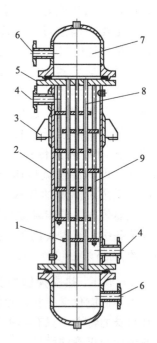

图 6-21　固定管板式换热器
1—折流板；2—壳体；3—支座；
4—壳程物料进/出口；5—管板；
6—管程物料进/出口；7—管箱；
8—换热管；9—拉杆、定距管

(2) 其他类型换热器

① 蛇管式换热器　蛇管式换热器又可分成沉浸式和喷淋式两种。

a. 沉浸式蛇管换热器。蛇管多以金属管子弯绕而成，或制成适应容器情况的形状，沉浸在容器的另一种流体中，两种流体分别在管内、外进行换热。图 6-22 为几种常见的沉浸式蛇管的形状。这种换热器用作反应设备中的传热面是相当普遍的，在深度冷冻和制氧工业中用得也较多。其特点是：结构简单，造价低廉，必要时其换热面可用特殊材料制造（如铅、高硅铁、硼硅玻璃和聚四氯乙烯等），操作敏感性较小。但由于管外流体的流速通常较小，导致传热系数低，传热效率不高。

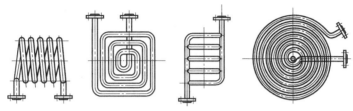

图 6-22　蛇管的形状

b. 喷淋式蛇管换热器。将蛇管成排地固定在钢架上，需要冷却的工艺流体在管内流动，冷却水由管排上方的喷淋装置均匀淋下，如图 6-23 所示。这种换热器与沉浸式蛇管相比，主要优点是管外流体的传热系数有所增大，便于检修和清洗。其缺点是体积庞大，管外容易积垢，冷却水易溅洒使工作环境变差。

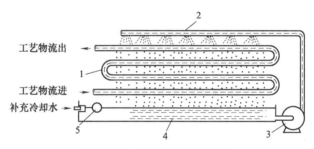

工艺物流出

工艺物流进

补充冷却水

图 6-23　喷淋式蛇管换热器
1—换热蛇管；2—淋洒器；3—循环泵；4—受液池；5—液位控制阀

② 套管式换热器　套管式换热器是将两种不同直径的直管组合成一同心套筒，两端用 U 形构件将内管连接并根据实际需要排列组合而成，如图 6-24 所示。冷热流体可安排逆流式，内外管径可根据流体流量调节，以获得较高流速和传热系数。但其单位传热面积金属消耗量较大，紧凑性也较差。这种换热器一般适用于流体流量较小和所需传热面不大的场合。

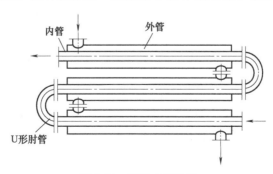

内管　　　外管

U形肘管

图 6-24　套管式换热器

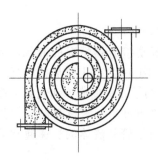

图 6-25　螺旋板式换热器

③ **螺旋板式换热器**　螺旋板式换热器是由两张平行的钢板卷制成具有两个螺旋通道的螺旋体，并在其上安有端盖和接管等而构成，如图 6-25 所示。其螺旋通道的间距由焊接在钢板上的定距条来保证。这种换热器的特点是传热效率高（通常比管壳式换热器高 20%左右），制造简单，材料利用率高，能精密控制出口温度，流道不易污塞。适用于处理含固体颗粒或纤维的悬浮液以及其他高黏性的流体。

④ **板式换热器**　板式换热器由一组长方形的换热板、密封垫片以及压紧装置等组成。两相邻换热板的边缘用垫片夹紧。其内部两种流体的流向，如图 6-26 所示。换热板通常压制成表面为波纹形和槽形，以增加板的刚度和增大流体的湍流程度。板式换热器流道的当量直径小，波纹使截面变化复杂，流体的扰动作用激化，因而具有较高的传热系数。同时，还具有结构紧凑，使用灵活，清洗和维修方便等优点。但由于密封周边长，渗漏的机会加大。此外，由于流道狭窄和孔道的限制，难以实现大流量的操作。

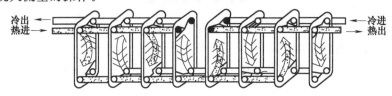

图 6-26　板式换热器流向示意图

⑤ **板翅式换热器**　板翅式换热器的主体结构是在两块平行的金属薄板（亦称隔板）之间放置波纹状或其他形状的金属翅片，两侧边缘以封条密封而组成单元体。对单元体进行不同的组合和排列，并用钎焊将它们连接而组成板束，如图 6-27 所示。把若干个板束按需要组装在一起，可形成并流、逆流或错流板翅式换热器。板翅式换热器传热系数比管壳式换热器高 3～10 倍，传热效果好；单位体积内的换热面积可达到 2500～4370m²/m³ 是管壳式换热器的十几到几十倍，结构紧凑；通常由铝合金等轻金属制成，重量只有管壳式换热器的 1/10 左右；波纹翅片既作为传热元件，又为设备提供支撑，使得换热器结构牢固、强度高；可适应多种换热工况。但其也存在流体流道狭小、流动阻力大、易堵塞、清洗和维修困难、耐腐蚀性差等缺点。

⑥ **夹套式换热器**　夹套式换热器是兼具容器和换热功能的设备，在化工生产中得到广泛应用。其基本结构是在容器的外部设置夹套，作为热（冷）载体通道。夹套式换热器将在 6.5.6 反应器一节中结合釜式反应器做详细介绍。

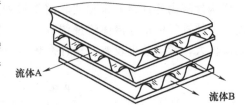

图 6-27　板翅式换热器的板束

6.5.5.3　换热器的设计与选型

(1) 基本要求

换热器首先要满足工艺对换热速率的要求。在此前提下，应做到安全、可靠、经济地长期运行。作为热量交换设备，换热器的热利用效率、有效能效率以及在节能减排中的作用等将是对其设计、制造和使用者的重要考核指标。

(2) 选择换热器的类型

换热器的形式多种多样，选择适当的设备形式是设计的第一步，需要考虑多方面因素，主要有：

　　① 热负荷；

　　② 流体的性质与流量；

　　③ 操作温度、压力及允许压降范围；

　　④ 设备的结构、材料、尺寸及空间的限制；

　　⑤ 对清洗、维修的要求；

　　⑥ 设备价格。

　　流体的性质对换热器类型的选择往往会产生重大影响，如流体的物理性质（比热容、热导率、黏度等）、化学性质（如腐蚀性、热敏性）、结垢情况等因素对传热设备的选型都有影响。例如硝酸加热器，由于流体的强腐蚀性限制了设备结构和材料的选择范围。对于热敏性大的液体，能否精确控制它在加热过程中的温度和停留时间往往成为选型的主要前提。流体的洁净程度和是否容易结垢，有时在选择过程中往往也起决定作用。换热介质的流量、操作温度、压力等参数在选型时也很重要。例如板式换热器虽然高效紧凑，性能良好，但是由于受结构和垫片性能的限制，当压力或温度稍高时，这种型式就不适用了。

　　（3）安排介质流程和流向

　　以管壳式换热器设计为例，应根据介质的性质及工艺要求安排其流程。通常安排以下介质走管程：

　　① 腐蚀性介质，以减少受腐蚀的部件，壳体可采用普通材质从而降低设备造价；

　　② 有毒、易燃易爆介质，以降低泄漏概率；

　　③ 易结垢、易析出结晶、清洁程度较低的介质，以便于对传热面等的清洗；

　　④ 高压或真空介质，以减少对壳体机械强度的要求；

　　⑤ 高温或冷冻介质，以减少散热量；

　　⑥ 黏度小、流量大或 Re 大的介质。可提高传热系数，降低过程压降；

　　⑦ 需要提高流速以增大对流传热系数的流体。可以通过调整管程数以增大流速。

　　饱和蒸气通常安排走壳程，因为蒸气洁净、对流传热系数与流速无关，还可以方便冷凝液排出。被冷却的流体也宜安排在壳程，可利用壳体向环境散热，以增强冷却效果。

　　在流向安排上，无相变的液体换热通常安排下进上出，以保证换热空间满液；冷凝过程通常安排上进下出，方便排除冷凝液；蒸发过程通常安排下进上出，保证二次蒸气排出，如有完成液（浓缩液）则从设备下方排出。换热器管壳程上下或左右两端适当位置应设置排出口，以便开车时排除不凝性气体、停车时排除残液等。排出口可用小直径管口或凸缘，如仅在连续生产过程开停车时使用，可直接用盲板或堵头代替阀门，以降低泄漏机率并节约成本。

　　（4）流速的选择

　　介质在换热器中的流速直接影响传热系数的大小和污垢的形成，从而对总传热系数乃至传热面积即设备的大小产生影响，从这个角度看，流速越大则设备投资越小。但高流速又导致高阻力，使得换热器的操作费用上升。平衡这对矛盾的科学方法是以总费用最小为目标函数对过程进行最优化分析。根据工程经验，建议管壳式换热器内介质流速在表 6-6 所列范围内选取。

　　（5）计算热负荷 Q 和平均传热温差 Δt_m

　　热负荷 Q 又称传热速率，是工艺对换热器的基本要求。平均传热温差 Δt_m 与换热流程安排、终端温差等有关，需要计算确定。

表 6-6　管壳式换热器介质流速范围

管程		壳程	
介质类型	流速/(m/s)	介质类型	流速/(m/s)
冷却用淡水	0.7~3.5	水及水溶液	0.5~1.5
冷却用海水	0.7~2.5	低黏度油类	0.4~1.0
低黏度油类	0.8~1.8	高黏度油类	0.3~0.8
高黏度油类	0.5~1.5	油类蒸气	3.0~6.0
油类蒸气	5.0~15.0	气液混合物	0.5~3.0
气液混合物	2.0~6.0		

（6）初步估算传热系数 K_0 并计算传热面积 A_0

总传热方程是管壳式换热器设计计算的基础，如式（6-8）所示。

$$Q = KA\Delta t_m \tag{6-8}$$

式中　Q——热负荷，W；

　　　K——总传热系数，W/(m^2·K)；

　　　A——传热面积，m^2；

　　　Δt_m——平均传热温差，K。

当换热管为薄圆筒壁并忽略污垢热阻时，总传热系数 K 可由式（6-9）计算：

$$\frac{1}{K} = \frac{1}{h_i} + \frac{b}{\lambda} + \frac{1}{h_o} \tag{6-9}$$

式中　h_i——管内对流传热系数，W/(m^2·K)；

　　　h_o——管外对流传热系数，W/(m^2·K)；

　　　b——管壁厚度，m；

　　　λ——管壁热导率，W/(m·K)。

当换热过程积垢严重时，还需加上污垢热阻对式（6-9）进行修正。

通过式（6-9）计算总传热系数 K，代入总传热方程式（6-8），根据工艺对传热速率和传热温差的要求，即可得出管壳式换热器所需的传热面积。

在设计之初，会出现由于换热器形式、传热面积、管径、管数等参数尚未确定，h_i 和 h_o 难以计算而使整个设计陷入困境的现象。为此，可根据经验值先估计总传热系数的初值 K_0，代入式（6-8）算出相应的传热面积 A_0，进行换热器其他参数的设计计算。当条件满足 h_i 和 h_o 的计算要求后将其算出，代入式（6-9）计算出修正的总传热系数 K_1，代入式（6-8）算出 A_1。如此循环直至前后两次 A 值满足误差要求为止。为了保证换热器的操作弹性，通常在传热面积计算值的基础上增加 10%~25% 作为安全裕度。

表 6-7 给出常见工况下 K 的经验值。

表 6-7　总传热系数 K 的经验值

管内（管程）	管间（壳程）	传热系数 K/[W/(m^2·K)]
水(0.9~1.5m/s)	净水(0.3~0.6m/s)	582~698
水	水(流速较高时)	814~1163
冷水	轻有机物 $\mu < 0.5 \times 10^{-3}$ Pa·s	464~814
冷水	中有机物 $\mu < (0.5~1) \times 10^{-3}$ Pa·s	290~698
冷水	重有机物 $\mu > 1 \times 10^{-3}$ Pa·s	116~467
盐水	轻有机物 $\mu < 0.5 \times 10^{-3}$ Pa·s	233~582
有机溶剂	有机溶剂(0.3~0.55m/s)	198~233
轻有机物 $\mu < 0.5 \times 10^{-3}$ Pa·s	轻有机物 $\mu < 0.5 \times 10^{-3}$ Pa·s	233~465
中有机物 $\mu < (0.5~1) \times 10^{-3}$ Pa·s	中有机物 $\mu < (0.5~1) \times 10^{-3}$ Pa·s	116~349

管内（管程）	管间（壳程）	传热系数 $K/[W/(m^2 \cdot K)]$
重有机物 $\mu > 1 \times 10^{-3} Pa \cdot s$	重有机物 $\mu > 1 \times 10^{-3} Pa \cdot s$	$58 \sim 233$
水 $(1m \cdot s^{-1})$	水蒸气（有压力）冷凝	$2326 \sim 4652$
水 $(1m \cdot s^{-1})$	水蒸气（常压或负压）冷凝	$1745 \sim 3489$
水溶液 $\mu < 2.0 \times 10^{-3} Pa \cdot s$	水蒸气冷凝	$1163 \sim 4071$
水溶液 $\mu > 0.2 \times 10^{-3} Pa \cdot s$	水蒸气冷凝	$582 \sim 2908$
有机物 $\mu < 0.5 \times 10^{-3} Pa \cdot s$	水蒸气冷凝	$582 \sim 1193$
有机物 $\mu = (0.5 \sim 1) \times 10^{-3} Pa \cdot s$	水蒸气冷凝	$291 \sim 582$
有机物 $\mu > 1.0 \times 10^{-3} Pa \cdot s$	水蒸气冷凝	$116 \sim 349$
水	有机物蒸气冷凝	$582 \sim 1163$
水	重有机物蒸气（常压）冷凝	$116 \sim 349$
水	重有机物蒸气（负压）冷凝	$58 \sim 174$
水	饱和有机溶剂物蒸气（常压）冷凝	$582 \sim 1163$
水	SO_2 冷凝	$814 \sim 1163$
水	NH_3 冷凝	$698 \sim 930$
水	氟利昂冷凝	756
水	气体	$17 \sim 280$
水沸腾	水蒸气冷凝	$2000 \sim 4250$
轻油沸腾	水蒸气冷凝	$455 \sim 1020$
气体	水蒸气冷凝	$30 \sim 300$
水	轻油	$340 \sim 910$
水	重油	$60 \sim 280$

（7）选型或设计

在设计换热器时，应当尽量按照 GB/T 151《热交换器》的要求选用标准换热器形式。选型时，可根据上述对换热器的基本要求，在国家标准系列换热器型号中选择适当的换热器，并根据换热器参数对流速、管内外对流传热系数、总传热系数和传热面积进行校核和重新选型。

自行设计换热器时，应按下述步骤进行：

① 确定换热管直径。根据换热介质的理化性质、流速及换热器结构、加工和维修等要求确定换热管直径。管径越小，换热器单位体积的换热面积越大、结构越紧凑、金属耗量越少、传热系数越高，但流体阻力增大、清洗困难、结垢和堵塞的风险加大。通常对黏度高、洁净度差的介质采用大管径。常见的换热管外径有 $\phi 19mm$、$\phi 25mm$、$\phi 32mm$ 和 $\phi 38mm$ 等。建议采用无缝钢管。

② 确定换热管长度。换热管长度直接影响设备长度，应在换热器安装位置、换热面积、传热系数、设备结构和维修等方面综合考虑。换热管通常不建议拼接，如需拼接，则要严格执行 GB/T 151《热交换器》的要求，因此在确定管长时，还须考虑所采购钢管的原始长度，以尽量减少因切割所产生的边角料。常见换热管长度有：1.5m、2.0m、3.0m、4.5m、6.0m 和 9.0m 等。

③ 确定换热管排列形式并布管。按照传热面积、管径、管长等参数计算出换热管数，在管板上进行布置，称为布管。换热管的排列形式有正三角形、转角三角形、正方形和转角正方形等。换热管中心距宜不小于 1.25 倍的换热管外径。换热管通过焊接或胀接固定在管板上，管板与换热管形成换热器管程与壳程的间壁，承受着两侧流体带来的各种应力。无论从节约材料还是从减少应力的角度，都提倡在满足强度要求的前提下，尽量采用薄管板。一旦完成布管，换热器的直径亦已确定，并根据标准系列进行圆整。

④ 校核参数。计算管程、壳程介质流速，确定壳程折流板数量及结构，确定管程数，

计算管内外对流传热系数 h_i 和 h_o，按式（6-9）算出总传热系数 K_1，按式（6-8）计算传热面积 A_1 并与 A_0 进行比较，如有较大出入，可从①开始重新计算，若管径和管长不作变更，则仅从步骤③起重复计算，直至前后两次传热面积的误差满足要求为止。

⑤ 其他结构设计。上述结构参数确定后，可进行换热器封头、管箱、缓冲挡板、导流筒、接管、支座等部件的设计，如有必要，还应在壳体上设计膨胀节。如非固定管板式换热器，应进行浮头、U 形管和填料函的设计。

⑥ 介质流动阻力（压强降）校核。换热器阻力的大小关系到换热器的面积和操作费用的多少。当换热的主体结构确定后，应进行阻力校核。介质通过换热器的压强降可以通过公式计算。不同的操作压力下，压强降的大致范围如表 6-8 所示。

表 6-8　壳式换热器压强降范围

操作压力 p/MPa	压强降 Δp	操作压力 p/MPa	压强降 Δp
真空 0~1.0（绝）	$p/10$	1.0~3.0（表）	0.035~0.18MPa
0~0.07（表）	$p/2$	3.0~8.0（表）	0.07~0.25MPa
0.07~1.0（表）	0.035MPa		

6.5.6　反应器

化学工业通过化学反应将原料加工成产品，化学反应在反应器中进行，反应器是化工生产的核心设备。广义的反应包括化学反应、生物化学反应以及相关过程工业中所发生的改变物质基本结构的过程，其种类繁多、机理各异，对承载反应的装置——反应器提出各种要求。为此，反应器的类型、结构以及机理有着很大的差异。反应器设计得好坏，直接影响化学反应的进程、转化率、选择性，同时对反应前后过程也将产生深远的影响。选择合理的反应器的形式和操作方法，计算温度、压力、组成、进出料流量等工艺参数，考虑物料的停留时间、传热传质情况，确定反应器的体积和主要部件尺寸是反应器设计的主要内容。

6.5.6.1　反应器类型

化学反应的复杂性决定了反应器多样性。工业上反应器按大类可分为化学反应器、生物反应器、电化学反应器和微反应器等，按反应物系的相态可分为均相和非均相反应器，按操作方式可分为连续、间歇和半连续反应器，按形状结构可分为釜式和管式反应器，按物料的流动状态可分为泡状流、活塞流和全混流反应器，按传热状况可分为绝热式、等温式和非等温非绝热式反应器。每种类型又可分为各种亚型，如表 6-9 所示。

表 6-9　反应器分类

分类依据	反应器类型	
应用类型	化学反应器、生物反应器、电化学反应器和微反应器等	
物料相态	均相反应器	气相、液相反应器
	非均相反应器	气-液相、气-固相、液-液相、液-固相、气-液-固相反应器
操作方式	稳定操作	连续式反应器
	非稳定操作	间歇式、半连续式反应器
形状结构	釜式（槽式）	单釜式、多釜串联式反应器
	管式反应器	固定床、流化床（自由床、内构件床）、移动床、空管式、塔式（空塔、搅拌塔、鼓泡塔、填充塔等）、螺杆式（单螺杆、多螺杆）、滴流床反应器等
流动状态	泡状流、活塞流和全混流反应器	
传热状况	绝热式、等温式和非等温非绝热式反应器	

由化学反应的复杂性和多样性，使得反应器设计成为化工设备设计中的难点。从学科发展的角度，过程模拟等技术尚难以准确地对各类反应进行再现，反应的设计主要依据设计者的工程经验，对现有的同类反应器进行参照。对于一些全新的反应过程，则仍以逐级放大试验的传统方法为主。以反应类型选择反应器通常有以下原则：液相、液-固相、液-液相、气-液相和某些气-液-固三相反应优先选用标准系列反应釜，气相反应可选用加压反应釜或管式反应器，大规模的气相反应、特别是伴有强热效应的气相反应选用管式反应器。固定床反应器是管式反应器中比较成熟的类型，在气-固反应中大量使用。流化床技术逐渐成熟，反应效率高、生产能力大、容易控制，多用于放热量大、停留时间短、不怕返混的反应。

6.5.6.2　反应釜的设计与选型

釜式反应器也称为反应釜，由于其适应性强、结构简单可靠、价格适中，应用相当广泛。反应釜可用于连续过程或间歇过程，可单个使用也可多个串联或并联使用，可用于均相或多相（液-液、气-液或液-固）反应，可在不同温度和压力条件下运行。其机械搅拌灵活性大，物料停留时间可以得到有效控制，可以生产不同规格和品种的产品。这种设备形式除了用于反应，还在混合、浓缩、结晶、溶解、萃取、洗涤、水解等过程得到广泛应用。目前国家已有 K 型和 F 型两大类反应釜系列标准，有大量厂商生产和供应此类设备，材质有不锈钢、碳钢和搪玻璃等，设计时可根据反应特性在标准系列中选用，也可对其部分参数进行调整后订制。

图 6-28 为反应釜结构示意图。

反应釜可分为容器、换热元件和搅拌装置三大部分。

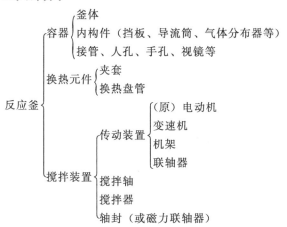

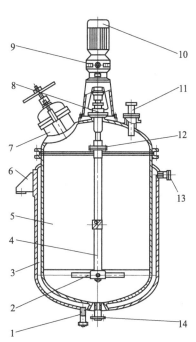

图 6-28　反应釜结构示意图
1—冷凝水出口；2—搅拌桨；3—夹套；4—搅拌轴；
5—筒体；6—支座；7—人孔；8—轴封；9—变速机；
10—电动机；11—进料口；12—联轴器；
13—蒸汽入口；14—出料口

(1) 容器

容器釜体可参照压力容器设计方法，通过反应器处理量和反应停留时间决定釜体容积，并考虑装料系数 φ（物料在容器内的充装比例）。对于普通反应物料，φ 可取 0.6～0.85，对于比较平稳的反应，可取其上限，即 φ 取 0.8～0.85，以充分利用设备空间；若反应过程产生泡沫或沸腾，φ 取 0.6～0.7。工艺设计给定的釜体容积为筒体与下封头容积之和。筒体的长径比可参照表 6-10 选取。依据容积和长径比，即可确定筒体的直径与高度。

表 6-10 反应釜筒体长径比

反应种类	物料特征	长径比
一般化学化反应	液相、液-固相、液-液相	1～1.3
	气-液相	1～2
聚合反应	悬浮液、浮化液	2.08～3.85
发酵类生物反应	发酵液	1.7～2.5

(2) 换热元件

对于有换热要求的反应，反应釜需设置换热元件，用热载体向反应提供热量，或用冷载体取出反应热。反应釜常见的换热元件有夹套和内置换热盘管两大类。最常见的夹套为 U 形或圆筒形整体夹套，此外还有型钢、半圆管和蜂窝夹套。整体夹套结构简单可靠，加工难度低，最高工作温度可达 300～350℃，最高工作压力为 0.6～1.6MPa，是反应釜首选的换热元件。但夹套也存在着换热效率较低，传热状况不佳，物料单位体积换热面积小，物料存在一定温度梯度等问题。内置的换热盘管可较好地解决上述问题，但却存在占用反应釜有效容积、使反应釜内部结构变复杂、增加加工和检修难度等问题。

(3) 搅拌装置

在反应釜内进行的过程大都需要通过搅拌进行强化，搅拌系统主要涉及原（电）动机、变速机、联轴节、搅拌轴和搅拌器，密封式反应釜还涉及轴封装置，还有安装在釜体内的挡板和导流筒等附属装置。反应釜内的物料具有不同的物性，而不同的过程又对搅拌提出不同的要求。在目前的技术水平下，尚难以对所在反应过程进行数值模拟，而工程经验特别是反应釜的放大经验又十分缺乏，因此，搅拌装置的设计成为反应釜设计的难点。目前工程设计上，仍主要采用设计计算与工程经验相结合的方法进行搅拌系统的设计。

在反应釜内旋转的搅拌器把机械能传递给流体，并在其附近形成高湍动的充分混合区，产生高速射流推动液体在釜体内循环流动，这种循环流动的途径称为流型。流型与搅拌效果、搅拌功率密切相关，而流型又与搅拌器形式与转速、釜体内部构件的几何特征、流体的性质等因素密切相关。对于搅拌机顶插式中心安装的立式圆筒，主要有以下三种基本流型：①径向流。其特征是流体的流动方向垂直于搅拌轴，沿釜体径向流动，碰到釜壁后分成向上和向下两个流股，然后回到搅拌器叶端而不穿过叶片，形成上下两个循环。②轴向流。流体流动方向平行于搅拌轴，经搅拌器推动后向下流动至釜体底部，然后翻上形成上下循环流股。③切向流。流体绕釜体中心轴线作旋转运动，流速高时可在液体表面形成漩涡。在实际的搅拌过程中，往往三种流型同时存在，而某一种占有主导地位。径向流和轴向流对混合过程起主要作用，而切向流的混合效果差，应加以抑制。抑制切向流的有效方法是在反应釜筒体内垂直装挡板。通常均匀安装四块挡板，挡板宽度为筒体直径的 1/12～1/10。当反应釜内设有换热盘管时，可部分或完全代替挡板功能。导流筒是垂直安装在容器内、上下开口的圆筒，其上端在静液面以下，下端在搅拌器上方（涡轮式桨式）或套住搅拌器（推进式），直径约为筒体内径的 70%。安装导流筒后，人为地将筒体截面分成了两个等面积的区域。在搅拌器的作用下，导流筒内的流体向下流动，外部的流体向上流动，形成较规则的轴向流型。

在进行搅拌系统设计或选型时，首先要确定反应过程所需的流型，然后选择搅拌器的类型。表 6-11 是常见搅拌器所产生的流型，表 6-12 是八种常见搅拌器的适用过程及技术参

表 6-11　搅拌器流型分类

径流式		轴流式		混流式	
平直叶桨式		推进式		折叶桨式	
平直叶圆盘涡轮式		锚式		六折叶开启涡轮式	
六直叶开启涡轮式		框式		六箭叶圆盘涡轮式	
后弯叶圆盘涡轮式		螺带式		六折叶圆盘涡轮式	
锯齿圆盘式		螺杆式			
布鲁马金式					
后弯叶开启涡轮式					
三叶后掠式					

表 6-12　常见搅拌器的适用过程及技术参数

搅拌器形式	流动状态			搅拌目的									搅拌容器容积 /m³	转速 /(r/min)	最高黏度 /Pa·s
	对流循环	湍流扩散	剪切流	低黏度混合	高黏度混合传热	分散	溶解	固体悬浮	气体吸收	结晶	传热	液相反应			
桨式	★	★	★	★	★		★	★		★	★	★	1～200	10～300	50
涡轮式	★	★	★	★	★	★	★	★	★	★	★	★	1～100	10～300	50
推进式	★	★		★			★	★		★	★	★	1～1000	10～500	2
折叶开启涡轮式	★	★		★			★	★	★		★	★	1～1000	10～300	50
布鲁马金式	★	★	★	★	★		★			★	★		1～100	10～300	50
锚式	★				★		★						1～100	1～100	100
螺杆式	★				★		★						1～50	0.5～50	100
螺带式	★				★		★						1～50	0.5～50	100

注：有★者表示适用，空白者表示不适用或情况未详。

选定了搅拌器类型后，根据反应过程的工艺要求，计算搅拌器尺寸、搅拌转速、搅拌功率、搅拌轴，进而选定原动机、变速机、机架和联轴器。如果反应釜内进行的是非常压反应，则要采用轴封。填料、机械密封是常用的轴封方法。

除了顶插式中心搅拌方式外，还可以选择垂直偏心式、底插式、侧插式、斜插式、卧式等搅拌方式。这些方式可产生更为复杂的流型，以适应特殊的过程需求。

6.5.6.3 主要标准

HG/T 2268—2009《钢制机械搅拌容器技术条件》

HG/T 3109—2009《钢制机械搅拌容器型式与基本参数》

GB/T 7996—2013《搪玻璃容器公称容积与公称直径》

GB/T 25026—2010《搪玻璃闭式搅拌容器》

GB/T 25027—2010《搪玻璃开式搅拌容器》

HG/T 2051.1—2013《搪玻璃搅拌器　锚式搅拌器》

HG/T 2051.2—2013《搪玻璃搅拌器　框式搅拌器》

HG/T 2051.3—2013《搪玻璃搅拌器　叶轮式搅拌器》

HG/T 2051.4—2013《搪玻璃搅拌器　桨式搅拌器》

HG/T 2052—2013《搪玻璃设备　传动装置》

6.5.7 塔器

塔器可用于传质分离、化学反应和热量交换等多种过程，是化工过程中的主要设备形式。塔器专用性强，通常需要根据工艺要求进行单独设计。

6.5.7.1 塔器的总体结构

塔器的外部由筒体、上下封头、裙座、以及各类接管、人孔、塔节法兰、吊柱等零部件组成，室外安装的大直径及大高度的塔还要设置扶梯与操作平台。塔器总体结构如图 6-29 所示。塔器属于立式容器，但其长径比大，大型塔器通常露天安放，在进行塔体的强度设计时除了要考虑其所受的内压外，还要增加风载荷、地震载荷等因素。

塔体通常由钢板卷焊而成。塔径在 800mm 以上的塔一般通过焊接形成整体，塔内件的装卸和维修人员的进出通过人孔完成。塔径在 800mm 以下则按一定高度设置塔节，塔节间用法兰连接。

塔器的高度和直径由其内部过程决定。以传质分离过程为例，根据分离要求和气液平衡数据计算出所需的理论塔板数，根据传质元件的分离能力计算实际板数或等板高度，根据各组分的物性及操作状况计算板间距，考虑进出管口及人孔空间后便可得到塔体传质分离段的高度初值；根据操作要求决定塔釜持液量，根据雾沫夹带状况决定塔釜及塔顶汽液分离高度。将上述高度加和并圆整后即为塔体高度。对裙座进行设计，可得到全塔高度。塔器直径由塔内汽液流量决定，如果各功能段间汽液流量相差较大，可考虑采用变径塔体。

对于热效应较大的传质过程，如溶解热较大的吸收过程，可在塔外设换热器，将塔内物料引出实现换热；也可在塔内设置换热装置，如在塔盘上设 U 形换热管、

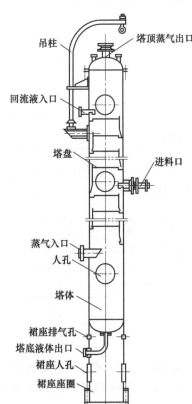

图 6-29　塔器总体结构

在塔节间设列管式或蛇管换热塔节等。

6.5.7.2 塔器的内部结构

在化工过程中，塔器常被用于精馏、吸收、萃取、吸附、增湿和离子交换等单元，精馏塔和吸收塔最为常见。为了满足过程中质量和热量的传递，使分散相充分均匀地分散在连续相中，各种形式的塔内件不断出现，占主导地位的是板式塔和填料塔。

(1) 板式塔

板式塔有较复杂的内件及动量、热量和质量交换过程，塔板（塔盘）是板式塔的主要内件。塔板上设气液传质区域，液相自受液盘进入塔板，沿塔的径向流动，经溢流堰至降液管，流至下一级塔板。气相沿塔的轴向由下而上运动，从塔板传质区的气相通道以错流鼓泡的方式进入塔板上面的液层，并分散在液层中进行传热传质过程，然后穿过液层上方气液分离区进入上一级塔板。气液传质元件是塔板分离效率高低的关键，习惯上以此为塔器命名的依据，如采用浮阀为气液分离元件的塔器被称为浮阀塔，依此有筛板塔、泡罩塔、栅板塔、舌形板塔、斜孔板塔、喷射板塔等。浮阀、筛板和泡罩是主要的塔板形式。

塔盘形式有整块式和分块式两种。

整块式塔盘用于塔径较小的塔，通常与设有塔节的塔相配套。根据塔径设计塔节高度，如塔径 $DN=300\sim500mm$ 时，塔节高度 $H_T=800\sim1000mm$；塔径 $DN=600\sim800mm$ 时，塔节高度 $H_T=1200\sim1500mm$。考虑塔板间距后即可确定每个塔节的塔板数。定距管支承式塔盘最为常用，在塔节下部设支座，最下一层塔盘置于其上，通过拉杆和定距管依次向上安装塔盘；塔盘周边设塔盘圈，通过填料、压圈、压板结构完成塔盘与塔体间的密封。此外还有采用支柱和支承板的重叠式塔盘。

分块式塔盘适用于塔径较大的塔，通常与设有人孔的整体式塔相配套。塔盘被分割成若干块，按大类分为通道板和塔盘板，塔盘板又可细分为矩形板和弓形板。塔盘下方的塔体上设支撑圈，板与支撑圈、板与板之间有特殊的结构用螺栓紧固密封。当维修人员从人孔进入塔后，首先拆卸通道板，维修完成后最后安装通道板。当塔径为 $800\sim2400mm$ 时，分块式塔盘采用单液流程，即与整块式塔盘一样，塔盘一侧为受液盘，另一侧为降液管，液相沿塔的径向一次性流过塔盘，在传质区完成与上升气流的传热传质过程。对于塔径大于 $2400mm$ 的塔，为了避免由于液相流程过长、液层厚度差太大而出现传质不均的现象，采用双液流程。双程塔盘分为中间受液盘两侧降液管和中间降液管两侧受液盘两种形式塔盘，交替安装，使液相流程减半。

(2) 填料塔

填料是填料塔的气液传质元件。填料的种类很多，可将填料分为散装填料和规整填料两大类，常用的散装填料有拉西环、鲍尔环、矩鞍环、十字环等，规整填料有波纹板、压延波纹板、波网填料等，制造填料的材料有不锈钢、陶瓷、塑料等。填料塔塔体结构较板式塔简单，通常填料分段设置，每段填料上方设有液体分布器或再分布器，填料上有压板，下有填料支撑件，如栅板等。填料塔操作时，液相由上而下、气相由下至上逆流接触，完成传热传质过程。

6.5.7.3 常用标准

HG 20652—1998《塔器设计技术规定》

SH 3098—2011《石油化工塔器设计规范》

JB/T 4710—2005《钢制塔式容器》

JB 1205—2011《塔盘技术条件》

JB/T 1118—2001《F1 型浮阀》

JB/T 1212—1999《圆泡帽》

HG/T 21639—2005《塔顶吊柱》

HG/T 21574—2008《化工设备吊耳及工程技术要求》

6.5.8 贮罐

贮罐用于贮存物料，是石油、化工、粮油、食品、消防、交通、冶金、国防等行业重要的基础设施，也是化工流程中的主要单元设备之一。

贮罐有多种分类方法，根据贮罐的形状可将其分为矩形贮罐、圆柱形贮罐、球形贮罐和特殊形贮罐等，根据其安装形式可分为立式贮罐、卧式贮罐，根据贮罐容积的可变性有固定容积式和可变容积式贮罐，根据其安装位置可分为地上贮罐、地下贮罐、半地下贮罐，根据其工作温度可分为低温罐、常温罐和高温罐，根据其封头形式有平板、锥形、球形、碟形、椭圆形等固定封头贮罐和浮头式贮罐，根据其贮存的物料的相态有气罐、液罐和粉料、颗粒等固体贮罐，根据贮罐材料可分为碳钢、不锈钢、铝合金、搪玻璃、陶瓷、工程塑料和玻璃钢等贮罐，按其用途有原料贮罐、产品贮罐和中间罐、回流罐、缓冲罐和混合罐等，按贮罐的容积可分为小型、中型、大型和超大型贮罐等。

6.5.8.1 贮罐的主要类型

(1) 立式贮罐

立式贮罐具有占地面积小、等截面和受力理想等优点，是在化工生产中最常见的贮罐类型，如图 6-30 所示。

(a) 小型立式贮罐　　　　　　　　　(b) 大型立式贮罐

图 6-30　立式贮罐

图 6-30（a）所示为小型立式贮罐，容积通常在几百立方米升至几十立方米间，主要用于工艺过程中暂存物料。其结构主要有圆柱形筒体、各种形式的上下封头、支座或吊耳、进出料管口、现场及远传仪表接口等。

图 6-30（b）所示为大型立式贮罐，容积通常在几百立方米至几万立方米之间，主要用于原料及产品的贮存，如原油贮罐、燃油贮罐、润滑油贮罐等。大型立式贮罐由基础及罐体两部分构成。贮罐基础应能够承载满载后贮罐的重量，保证贮罐长期稳定地运行，通常有砂

垫基础、砂置换基础、钢筋混凝土圈梁基础、砂基础、碎石基础、砂桩基础、支承桩基础和摩擦桩基础等形式。罐体分为罐底、罐壁、罐顶及贮罐附件几大部分。罐底由钢板拼装而成，罐底中部的钢板为中幅板，周边的钢板为边缘板。通常中幅板受力较理想，可采用较薄的钢板，边缘板受力复杂，采用较厚的钢板。为了消除和补偿因基础下沉所产生的变形及保证罐内物料排净，罐底通常设一定坡度。罐壁由多圈钢板组对焊接而成，分为套筒式和直线式，不同高度的钢板可采用变厚度设计，下部厚度较大上部较小。罐顶是大型立式贮罐的关键部件，通常有固定顶（锥顶、拱顶）、浮顶和内浮顶三种形式。固定顶中的拱顶是大型立式贮罐采用最广泛的罐顶形式，常用的容积范围为 $100\sim10000m^3$，国内最大的达到 $30000m^3$。拱顶由中心顶板和多块扇形顶板组对焊接而成球冠状，整个罐顶与罐壁板上部的包边角钢圈焊接成一体。大型立式贮罐常见的附件有物料进出管口、人孔、通气孔、消防孔、防爆孔、排污孔、阻火器、呼吸阀、梯子、护栏、平台、加热或冷却装置、液面测量装置、搅拌装置等。

（2）卧式贮罐

卧式贮罐是另一类常用的贮罐类型，在高度受限制的场合有明显优势，如工艺过程中的回流罐、高位槽、分相器、气体或液体分配器，加油站中的地下贮油罐等。卧式贮罐的容积通常在 $100m^3$ 以下，由筒体、两端墙头、支座及物料进出管口、排净口、液位测量装置、人孔、安全阀等附件组成。如图 6-31 所示。

（3）球罐

球罐又称球形贮罐，以其形状而得名，如图 6-32 所示。球罐为大容量、承压容器，广泛应用于石油、化工、冶金等部门，它可以用于液化石油气、液化天然气、液氧、液氨、液氮及其他介质的储存容器，也可作为压缩气体（空气、氧气、氮气、城市煤气）的贮罐。球罐的操作温度通常为 $-50\sim50℃$，操作压力一般在 3MPa 以下，容积一般在 $500\sim6000m^3$ 范围内。随着制造技术的不断提高，球罐的容积已提高至数万立方米，如法国制成了容积为 $87000m^3$ 的球罐。

图 6-31 卧式贮罐

图 6-32 球罐

与圆筒形贮罐相比，在相同容积和压力下，球罐的表面积最小，故所需钢材面积少；在相同直径和压力下，球罐壁内应力最小，而且均匀，其承载能力比圆筒形容器大 1 倍，故球罐的壳壁厚度只需相应圆筒形容器壁板厚度的一半左右。采用球罐，可大幅度减少钢材的消耗，一般可节省钢材 30%～45%。此外，球罐占地面积较小，基础工程量小，可节省土地面积和基础造价。但球罐的设计、制造、焊接和组装技术要求高、检验工作量大，因此制造费用较高。

球罐的形状有圆球形和椭球形。绝大多数为单层球壳。低温低压下贮存物料时则采用双层球壳，两层球壳间填以绝热材料作为保温层。单层圆球形球罐是采用量最大的球罐形式，其球壳是由多块压制成球面的球瓣以橘瓣式分瓣法、足球式分瓣法或足球橘瓣混合式分瓣法组焊而成，球罐的支撑结构最常见的为赤道正切式。

6.5.8.2 常用标准

常用贮罐已实现了系列化和标准化，在进行贮罐设计时，可根据工艺要求，优先选用标准化产品，或者按照标准绘制加工图样。

以下是常用贮罐标准：

HG/T 3145—1985《普通碳素钢及低合金钢贮罐标准系列分类与技术条件》

HG/T 3146—1985《平底平盖贮罐系列》

HG/T 3147—1985《平底平顶贮罐系列》

HG/T 3148—1985《平底锥顶贮罐系列》

HG/T 3149—1985《90°无折边锥形底、平顶贮罐系列》

HG/T 3150—1985《90°无折边锥形底、椭圆形封头（悬挂式支座）贮罐系列》

HG/T 3151—1985《90°无折边锥形底、椭圆形封头（支腿）贮罐系列》

HG/T 3152—1985《立式椭圆形封头（悬挂式支座）贮罐系列》

HG/T 3153—1985《立式椭圆形封头（支腿、裙座）贮罐系列》

HG/T 21502.1—1992《钢制立式圆筒形固定顶储罐系列》

HG/T 21502.2—1992《钢制立式圆筒形内浮顶储罐系列》

SH 3046—1992《石油化工立式圆筒形钢制焊接储罐设计规范》

HG/T 3154—1985《卧式椭圆形封头贮罐系列》

GB 12337—2014《钢制球形储罐》

GB/T 17261—2011《钢制球形储罐型式与基本参数》

SH 3136—2003《液化烃球形储罐安全设计规范》

HG/T 21504.1—1992《玻璃钢储槽标准系列（$VN0.5m^3 \sim VN100m^3$）》

HG/T 21504.2—1992《拼装式玻璃钢储罐标准系列（$VN100m^3 \sim VN500m^3$）》

SH/T 3167—2012《钢制焊接低压储罐》

6.5.9 干燥设备

6.5.9.1 干燥器设计要点和主要类型

在过程工业中，干燥的目的是去除物料中的水分或溶剂，以便于加工、贮藏、包装、运输和使用。按大类可将干燥分为机械除湿法、加热干燥法和化学除湿法。

机械除湿采用压榨、离心和过滤等方法将物料中一部分水分挤出。除去水分的多少主要取决于湿物料的性质，以及施加的外力的大小，通常只能部分去除物料中的自由水分，而残留水分可达40%～60%，一些高效的机械除湿法，物料残留水仍有5%～10%。机械除湿法一般用作初级除湿。

加热干燥法借助热能加热物料，汽化物料中的水分，是过程工业中常用的干燥方法。热空气是采用最多的干燥载体。被预热后的干空气送入干燥器，与物料接触，使物料温度升高，水分汽化，并随空气带离干燥器。干燥过程的效率与湿物料性质、热空气的状态以及干燥过程中热量和质量的传递有直接关系。加热干燥法可去除物料中的自由水和大部分结合水，达到工艺要求的含水量。

化学除湿法是利用化学吸湿剂去除湿物料中的少量水分。由于吸湿剂的除湿能力有限，该法常用于实验室的深度除湿，极少用于大规模化工生产中。

加热干燥过程的通用计算主要涉及湿气体性质、湿物料性质、物料衡算与热量衡算、热量与质量传递等四部分。

湿气体性质主要解决相对湿度 φ、湿含量 x、热含量 I 及干基比热容 c_H、露点 t_d、湿球温度 t_w、绝热饱和温度 t_{as} 和湿比容 v 的计算，以及 t-x 图的绘制等。湿物料性质要计算和分析湿度 m、湿含量 M、湿分与物料的结合方式、湿物料的吸湿平衡状态、物料的分散度和湿物料的热导率等。物料衡算与热量衡算解决去除多少湿分、消耗多少干燥介质、消耗多少热量等。干燥过程是热空气向湿物料传递热量，使其中水分汽化，从物料内部向表面传递，最终脱离物料的热量与质量传递过程，可将该过程细分为外部和内部热量与质量传递过程，这两个过程在机理上有较大区别，计算方法也不尽相同。热量与质量传递部分要解决以传导、对流或辐射方式传递给湿物料的热量、湿物料干燥过程和湿分传递机理、干燥速率曲线等问题。

目前在工业上被广泛应用的干燥器主要有厢式、带式、流化床、气流、喷雾、滚筒、回转圆筒、红外线和远红外线、微波和高频干燥器等多种类型，以及由此而派生出来的各类亚型和它们之间形成的组合型干燥器。部分已经形成标准设备，如厢式、滚筒、红外线和远红外线、微波和高频干燥器等；有些是需要根据实际工况进行设计和加工的非标设备，如流化床和气流干燥器等。设计者应熟悉各类干燥器的特点，在节能高效经济的前提下，选择合适的干燥器形式。在完成上述干燥过程的通用计算后，根据所选定的干燥器形式，进行其特定参数的设计和计算。

6.5.9.2 常用标准

JB/T 7250—1994《干燥技术—术语》

JB/T 6924—1998《干燥设备产品型号编制方法》

JB/T 5520—1991《干燥箱技术条件》

JB/T 11363—2013《箱式干燥器》

JB/T 5279—2013《振动流化床干燥机》

JB/T 10178—2000《卧式流化床干燥机》

JB/T 10280—2001《喷雾造粒流化床干燥机》

JB/T 8714—2013《离心式喷雾干燥机》

JB/T 8852.2—2000《转筒干燥机》

JB/T 10207—2013《耙式真空干燥机》

JB/T 10176—2012《旋转闪蒸干燥机》

JB/T 10278—2001《气流干燥机》

JB/T 11283—2012《沸腾干燥机》

JB/T 11359—2013《带式干燥机》

6.6 化工设备图

6.6.1 化工设备图概述

非标设备在化工装置中占有很大的比例，这类设备需要设计人员根据工艺要求进行设计并绘制设备图。设备图表示设备的详细结构、尺寸和技术要求，设计人员依据设备图布置设备、设计建筑结构，设备制造厂依据设备图加工零部件、组装设备，安装人员依据设备图在现场进行设备就位和安装，业主方依据设备图对设备进行操作、保养和维修。化工设备图是设备设计、制造、运输、安装、使用和维修的依据。

化工设备图应在机械制图相关国家标准、行业标准的框架内，结合化工设备的特点进行绘制。化工设备图主要由设备装配图、部件（装配）图和零件图组成。根据需要，还可能绘制图纸目录、管口方位图、向视图、焊接图、局部放大图和相关表格图等，有时还会随图附上设计文件。在上述图样中，装配图是核心图样，部件图和零件图可根据设备的复杂程度在表示清晰的前提下决定绘制与否。

化工设备图在设备的全生命周期内各个阶段所起的作用是不同的。

① 设备制造。按化工设备的制造程序，设备厂家在接到化工设备图后，由生产调度工程师读图，按图纸要求将零件加工任务分派到各个车间。如设备筒体制造，可分到以钢板切割、卷板、焊接等加工为主的钣金车间；法兰、换热器管板等，可分到机加工车间等。各车间依据零件图进行零件加工，之后将零件编号送至总装车间。总装车间按部件装配图将零件组装成各个部件，再根据设备装配图，将各个零部件组装成设备，并按照技术要求进行检验、涂装。

② 设备布置和管路设计。设计人员依据设备装配图了解设备的外形及尺寸，以及人孔、视镜、投料孔等有特殊操作要求的位置，进行设备布置和厂房建筑结构、操作平台等的设计；根据设备的重量、固定形式及连接尺寸进行设备基础及支承结构设计；根据各管口的大小、方位、连接面形式进行配管设计，绘制管路布置图。

③ 设备的包装与运输。设备制造完毕后，需按设备装配图上的技术要求或相关标准进行包装。无论是陆路还是海上运输，均需要从图纸中获取设备外形尺寸、重量等技术参数。如系出口设备，还需依据图纸上的参数进行通关申报。

④ 设备安装。安装现场工程师根据设备图纸参数，决定吊装方式及起重设备。如塔器是采用整体还是分段吊装，起重设备的起吊重量、最大高度等。对一些大型设备，安装工程师甚至要与建筑工程师协商调整厂房建设进度以方便设备吊装。设备就位时，安装工程师要根据图纸的指引决定设备的方位、固定方式和校准误差等。

⑤ 设备使用与维护。当化工装置建设完毕并交付使用后，业主方工艺工程师和设备工程师必须认真研读设备图纸，对设备的结构、作用、特性了如指掌，以便在设计的安全范围内，最大限度地发挥设备的效能，并定期对设备进行检测，对重点部位进行维护、对易损部件及时更换。

⑥ 设备报废。在设备报废时，工程师要通过设备图掌握设备的结构和材料特点制定拆除方案，选择合适的方法、位置对设备进行安全拆除，对各种类型的零部件进行分类处理。

化工设备图是与设备相关的最重要的技术文件，其作用伴随设备的全生命周期。规范地绘制化工设备图，将设计者的思想通过图纸传递给阅图者；熟练地阅读化工设备图，将设计者的要求准确地还原，是每一位化学工程师必备的基本功。

6.6.2 设备装配图

设备装配图是表示设备的结构、形状、技术特性、各零部件间的关系、主要加工和安装尺寸、与设备基础和其他设备的连接关系以及加工和检验要求等的技术图样。设备装配图最主要的作用就是表示各零部件间的装配关系，指引设备总装车间按图纸的要求将零部件装配成设备。其次，装配图在设备包装、运输、安装、使用和维修中也发挥着重要的作用。

6.6.2.1 装配图的图面布置

化工设备装配图按机械制图相关国家标准的要求绘制。绘图前应根据设备的外形合理选择纵向或横向图幅，以将设备结构表示清晰为原则选择合适的图幅，在图面美观的前提下尽量选用较大比例绘图以充分利用图纸幅面。化工设备装配图主要有以下内容：

① 一组视图，包括主视图、俯（左）视图、局部放大图、简单零件图、管口方位图等；
② 尺寸，包括结构、装配、安装尺寸和其他特殊尺寸；
③ 零部件编号及明细栏；
④ 管口符号及管口表；
⑤ 技术特性表；
⑥ 技术要求；
⑦ 标题栏；
⑧ 其他。

设备装配图的图面布置是指上述八项内容在图面上放置的位置。图 6-33 为横向图幅常见的图面布置。

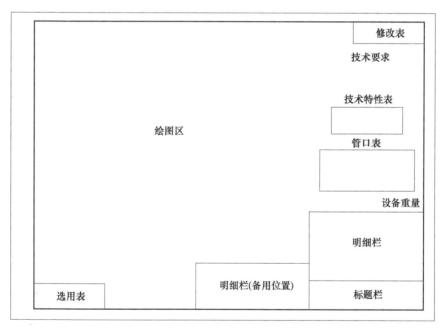

图 6-33　装配图图面布置

6.6.2.2 化工设备的视图表达

化工设备种类多、结构复杂，但有如下共同特点：设备主体主要由筒体与封头组成，多为薄壁回转结构；设备尺寸相差悬殊；设备上管口与开孔（人孔、手孔、视镜等）多；标准化、通用化、系列化零部件多；大量采用焊接结构。这些特点导致化工设备图样形成自身特有的表达方式。

(1) 视图的配置

由于设备多为回转体，故通常采用两个基本视图即可将设备主体结构表示清楚。对于立式设备，通常采用主视图和俯视图表示，而卧式设备则采用主视图和左视图表示。对于部分长径比较大的设备，当受图幅的限制，俯（左）视图难以与主视图按投影关系配置时，允许将其绘制于图面任意位置中，甚至置于另一张图纸上，但需要明确地标注。在图面允许的前提下，部分通用或可以清晰表示的零部件可以直接画在装配图上，以减少图纸的数量。

（2）**断开和分段（层）画法**

对于长径比较大的设备，为了合理使用图幅及采用更大的比例将设备结构清楚地表达出来，可采用双点画线将设备断开，把相同或重复的部分略去，使图形缩短。对于断开后不能表示清楚的结构，如塔节，可以采用局部放大的方式表达。也可以将设备分段编号后，将各段分置于图面的各个合适的位置。采用这种表达方式后，往往会影响设备整体结构的表达，可通过采用缩小比例的单线整体设备简图弥补。整体图除了表示出设备的完整结构外，还应标明设备的总高（总长）等外形尺寸、主要零部件间的定位尺寸、管口标高及重要的安装和连接尺寸，对于板式塔，还应在整体图上用单线画出所有塔盘及标明编号。

（3）**局部放大图**

由于化工设备的尺寸相差悬殊，在基本视图上往往很难将某些重要的零部件表示清楚，这时就需要绘制局部放大图。如塔体与裙座等重要的焊接结构、特殊的法兰连接结构等，均需要采用局部放大图表示。

（4）**夸大及简化画法**

对于设备的壁厚、法兰、垫片等与设备主体尺寸相差很大的零部件，其结构很难按正常比例在基本视图中表达清楚，在不至于引起误解的前提下可采用各种夸大画法，如用单线表示或不按比例绘制等。

对于化工设备中的通用零部件和常见的结构，可采用简化画法以减少绘图工作量。如法兰、人（手）孔、视镜、液位计，以及螺栓、螺母和垫片等紧固件可以采用简化画法。外购件只需按其尺寸比例画出外形轮廓。一些不至于引起误会的剖面线可以采用涂颜色表示甚至不画。

（5）**多次旋转的表达方式**

将设备管口及其他附件，分别按不同的方向和角度旋转至与正投影面平行的位置，在主视图上，表示出管口及其他附件在设备主轴线上的位置，对立式设备而言为高度，对卧式设备而言则为长度。至于它们在设备周向上的位置，则可以通过俯（左）视图或管口方位图表示。为了不至于混乱，每个管口以英文小写字母编号，对于尺寸和功能相同的管口（如液位计上下两个管口）可采用同一英文字母，并用阿拉伯数字做下标以示区别。在不同视图和管口表上，同一管口标注相同字母。

图 6-34 为立式压缩空气贮罐装配图（见插页）。

6.6.3 部件装配图

部件装配图简称部件图，其作用介于零件图与设备装配图之间，它是零件图的上级图纸，设备制造厂根据部件图将零件装配成设备的部件。部件图又是设备装配图的下级图纸，制造厂根据设备装配图将各零部件装配成设备。对于简单的设备，通常无需绘制部件图，这时只有设备装配图与零件图二级图纸关系。对于复杂的设备，则要绘制部件图才能将设备结构和加工关系表示清楚，有时甚至出现多级部件图的复杂关系。如塔节结构的泡罩塔通常需绘制塔节部件图，其下又可有塔盘部件图，还可有泡罩部件图等。图 6-35 所示为化工设备图各类图样间结构关系。

下列结构的化工设备需绘制部件图：

① 因加工工艺或设计需要，必须在各零件组合并进行二次机械加工后才能使用的部件。如带短节的设备法兰、某些大直径的换热器管板或塔器的塔节等，均需在完成部件制造后对密封面进行二次机械加工。

② 结构独立、复杂或大量重复，在装配图上无法表示清楚的部件。如塔节、塔釜、裙座、搅拌传动装置等。

③ 铸制、锻制的部件。

部件装配图的绘制要求与设备装配图基本一致。

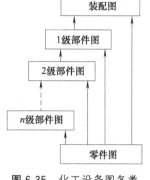

图 6-35 化工设备图各类图样间结构关系

6.6.4 零件图

零件图表示零件的结构，供生产车间加工零件时使用。零件图相对简单，可采用较小的图幅及简单标题栏，但应注意零件及图纸编号应与上一级图纸严格对应。对于一些简单的零件，在装配图有足够空间的情况下，可以直接绘制于装配图上，如图 6-34 中件 2、9 和 12。标准件只需在装配图明细栏中标注标准号及规格，无需绘制零件图。

● **思考及练习**

6-1 在化工设备的大类中，标准设备和非标准设备是如何划分的，各有什么特点，在设计过程中应如何选用。

6-2 熟悉各种材料的特性、牌号和用途，学会合理选用材料。

6-3 碳钢、不锈钢各有哪些主要牌号，列举主要使用例，了解这些材料目前的售价。

6-4 掌握压力容器的划分，学会计算压力容器的壁厚。

6-5 认真学习 GB 150《压力容器》。

6-6 哪些零部件属于标准化通用零部件，其相应的标准有哪些，如何选用。

6-7 如何区分管法兰与压力容器法兰。

6-8 泵有哪些类型，如何选用。

6-9 换热器有哪些类型，如何选用。

6-10 认真学习 GB/T 151《热交换器》。

6-11 各类搅拌桨有什么作用，如何选用。

6-12 区分整体式塔盘与分块式塔盘的作用。

6-13 在进行塔器强度设计时，要考虑哪些因素。

6-14 塔器设计要遵守哪些标准。

6-15 贮罐分哪几大类，各适用于什么场合。

6-16 化工设备图由哪几种技术文件组成。

6-17 设备装配图的绘制目的是什么，主要有哪些内容。

6-18 什么情况下需要绘制零部件图。

6-19 零部件图与装配图之间的关系如何表示。

主要参考文献

[1] 李国庭等. 化工设计概论［M］. 第 2 版. 北京：化学工业出版社，2015.

［2］　王非，林英. 化工设备用钢［M］. 北京：化学工业出版社，2008.

［3］　董大勤，高炳军，董俊华. 化工设备机械基础［M］. 第 4 版. 北京：化学工业出版社，2012.

［4］　全国化工设备设计技术中心站机泵技术委员会. 工业泵选用手册［M］. 第 2 版，北京：化学工业出版社，2011.

［5］　王荣祥，郭亚兵，张永鹏，任效乾. 流体输送设备［M］. 北京：冶金工业出版社，2002.

［6］　黄璐，王保国. 化工设计［M］. 北京：化学工业出版社，2001.

［7］　邢子文. 螺杆压缩机——理论、设计及应用［M］. 北京：机械工业出版社，2000.

［8］　吴思方. 发酵工厂工艺设计概论［M］. 北京：中国轻工业出版社，1995.

［9］　朱有庭，曲文海，于浦义. 化工设备设计手册［M］. 北京：化学工业出版社，2005.

［10］　郑津洋，桑芝富. 过程设备设计［M］. 第 4 版. 北京：化学工业出版社，2015.

［11］　冯连芳，王嘉骏. 反应器［M］. 北京：化学工业出版社，2010.

［12］　金国森等. 干燥设备［M］. //《化工设备设计全书》编辑委员会. 化工设备设计全书. 北京：化学工业出版社，2002.

［13］　刘相东，于才渊，周德仁. 常用工业干燥设备及应用［M］. 北京：化学工业出版社，2005.

［14］　钟理，伍钦，马四朋. 化工原理（上册）［M］. 北京：化学工业出版社，2008.

［15］　黄少烈，邹华生. 化工原理［M］. 北京：高等教育出版社，2002.

［16］　李云，姜培正. 过程流体机械［M］. 第 2 版. 北京：化学工业出版社，2008.

［17］　刘巍，邓方义. 冷换设备工艺计算手册［M］. 北京：中国石化出版社，2008.

［18］　王红林，陈砺. 化工设计［M］. 广州：华南理工大学出版社，2001.

［19］　李平，钱可强，蒋丹. 化工工程制图［M］. 北京：清华大学出版社，2011.

［20］　周大军，揭嘉，张亚涛. 化工工艺制图［M］. 第 2 版. 北京：化学工业出版社，2012.

［21］　林大钧，于传浩，杨静. 化工制图［M］. 北京：高等教育出版社，2007.

［22］　林大钧. 简明化工制图［M］. 第 3 版. 北京：化学工业出版社，2016.

第7章

工厂与车间布置设计

工厂布置和车间布置均属布置设计，是化工设计的重要组成部分。工厂布置主要涉及化工厂各功能区在建设用地上的布置，而车间布置则主要为生产设备在生产区域中定位。两者间是全局和局部的关系，要求不同，所绘制的图样也有很大区别，本章分别进行叙述。

7.1 工厂布置

工厂布置亦称为总平面布置、总图布置、总图运输等。对于新建或改、扩建的化工项目，需要根据厂址所在地的行政规划、自然条件和社会、环境、安全生产等方面的要求，并考虑建设用地的具体情况，对项目中生产、贮存、物料运输和输送、公用工程、安全、后勤、办公、生活保障等各部分功能区进行总体布局，以确定其相对位置关系和运输路径，满足技术先进、布置合理、安全、环境友好、卫生、节能的要求，使项目获得良好的社会、经济和环境效益。

7.1.1 化工厂选址

现代化学工业的规模化效应日益凸显，大投入带来了高利润，化工企业（尤其是大型石油化工联合企业）是由先进的技术、复杂的工艺，交错的物流和能流所组成的庞大化工系统。化工产品的链条式结构使上游化学品工厂建设带动一大批下游工厂，化工厂的运作又必须有一批设备制造、维修等附属企业进行保障。大型化工企业建成后对所在地国民经济、社会发展、市政建设产生重要影响，对运输业、商业、服务业、医疗卫生、教育、房地产业甚至农业等都有积极的拉动作用。由于化学工业的特殊性，其对自然环境的扰动较为强烈，安全生产、环境友好等问题备受关注。大型化工企业占地面积大，充分利用土地资源、最大限度地保护耕地是设计者的责任和义务。综合上述因素，化工厂选址时应考虑如下因素：

7.1.1.1 总体原则

符合国民经济发展、化工产业布局和园区规划的要求，高效利用土地和保护耕地，符合环境保护、安全卫生、矿产资源、文物保护、交通运输等方面的要求和规定，做到有利于社会稳定，技术上可行，社会、经济和环境效益良好。

7.1.1.2 重点调研和评价内容

① 厂址安全；

② 产业战略布局；

③ 周边环境现状及环境污染敏感目标；

④ 当地城市规划和工业园区规划；

⑤ 当地土地利用规划及土地供应条件；

⑥ 当地自然条件；

⑦ 交通运输条件及原料、产品的运输方案；

⑧ 公用工程的供应或依托条件；

⑨ 废渣、废料的处理以及废水的排放；

⑩ 地区协作及社会依托条件；

⑪ 未来发展。

7.1.1.3 选址要求

① 尽量选用不宜耕作的荒地、劣地或填海区域，不得占用基本农田；

② 远离大中型城市城区、社会公共福利设施和居民区；

③ 充分考虑工业生态和循环经济的要求，优先选择进入可形成原料或主副产品互补关系的园区或靠近该类企业；

④ 优先选择环境容量大，有利于废弃物处理或扩散的区域；

⑤ 优先选择具有良好的地形、地貌、地质、水文和气象条件的区域；

⑥ 避免造成大量居民拆迁；

⑦ 有可靠的水源、电源和其他能源供应，有可满足生产的后勤保障和生活设施；

⑧ 靠近原料供应和产品消费中心，或有便捷的交通设施以利于原料和产品的集散和运输；

⑨ 在厂址选择时应同时落实水源地、排污口、固废填埋场、道路、铁路、码头及其他厂外相关配套设施的用地。

7.1.1.4 禁止建厂地区

① 发震断层和抗震设防烈度为 9 度及以上地区；

② 生活饮用水源保护区，国家划定的森林、农业保护及发展规划区，自然保护区、风景名胜区和历史文物古迹保护区；

③ 山体崩塌、滑坡、泥石流、流沙、地面严重沉降或塌陷等地质灾害晚发区和重点防治区，采矿塌落、错动区的地表界限内；

④ 蓄滞洪区、坝或堤决溃后可能淹没的地区；

⑤ 危及到机场净空保护区的区域；

⑥ 具有开采价值的矿藏区或矿产资源储备区；

⑦ 水资源匮乏的地区；

⑧ 严重的自重湿陷性黄土地段、厚度大的新近堆积黄土地段和高压缩性的饱和黄土地段等工程地质条件恶劣地段；

⑨ 山区或丘陵地区的窝风地带。

7.1.1.5 石油化工项目选址例

21 世纪第二个十年刚开始，大型石化项目和大型钢铁项目相继落户广东省湛江市东海岛。作为现代过程工业的代表，大型钢铁和石化项目的选址有一定的代表性。

(1) 中科炼化项目

中科合资广东炼化一体化项目是目前我国最大的合资炼化项目，由中国石油化工股份有限公司与科威特国家石油有限公司按股比 50：50 合资建设。项目选址位于湛江经济技术开发区东海岛新区，总用地面积约 12.26km²，其中首期用地 6.33km²；首期总投资约 90 亿美元，规划炼油 1500 万吨/年，生产乙烯 100 万吨/年，配套建设湛江港东海岛港区 30 万吨级原油码头。中科合资广东炼化一体化项目于 2011 年 3 月 4 日获国家发改委核准。

中科炼化项目选址所在的东海岛是中国第五大岛、广东省第一大岛，陆地面积 286km²，现有人口约 16 万人。东海岛拥有丰富的未开发的土地资源，具有建设国际深水大港、发展现代大工业的优越条件，主要体现在以下五个方面：

① 拥有可建设大型油轮码头的深水岸线。湛江港湾面积 269km²，现有生产性泊位 38 个，其中万吨级以上 26 个，拥有全国第一座最大的 30 万吨级陆岸原油码头、华南地区最大的 25 万吨级铁矿石码头和亚洲地区最深的 30 万吨级航道。项目选址北临湛江港，岸线长 3.05km，离－21.9m 的深水航道不到 500m，可建设 30 万吨级大型油轮码头。

② 可充分利用湛江港的管道运输网络，大大降低运输成本。湛江管道运输现有三套系统：一是湛江至茂名石化的原油管道，长 115km，输送能力 800 万吨/年；二是湛江至西南成品油管道，长 1740km，输送能力 1000 万吨/年；三是湛江至珠三角成品油管道，长 1135km，输送能力 1200 万吨/年。中科广东炼化一体化项目选址只需铺设 42km 的管道就可以与湛江港石化码头及管网连接，通过该管网，成品油可直接运往珠三角地区和中国的大西南地区。

③ 东海岛有足够的环境承载力。湛江市具有大气环境容量和排放总量控制指标的优势。湛江三面环海，东海岛四面环海，海区开阔，与外海水体交换较易，东海岛大气和近岸海域环境承载容量大，区域大气环境优越，对大型石化项目有足够的环境承载力。

④ 有现成工业用地可供项目使用。中科炼化项目用地 12.26km²，其中，陆域面积 8.7km²，海滩回填面积 3.56km²。陆域用地区域人口密度低，征地、搬迁安置工作易于开展，海域使用报批工作已完成，各项用地手续齐备，可提供项目使用。

⑤ 交通条件十分优越。中科炼化项目选址距离火车站、机场、高速公路均在 30km 范围之内；正在建设中的东海岛铁路和 60m 宽的疏港公路贯穿项目选址所在地东海岛新区，连接湛江疏港公路、渝湛高速公路，与国道、省道相连，共同构成现代化公路网络。

(2) 石化产业园区

根据《广东省湛江市东海岛石化产业园区专项规划》，将在中科炼化项目旁规划建设石化产业园区。东海岛石化产业园区重点发展七个产业链：①炼油和乙烯产业链；②焦炉煤气和氮气利用产业链；③氯碱和聚氨酯产业链；④丙烯酸产业链；⑤碳四产业链；⑥芳烃及其后加工产业链；⑦精细化工产业链。规划实施后，预测至 2020 年，园区项目总投资将达到 1600 亿元，年销售收入将达 3000 亿元，新增工业增加值 1000 亿元。

东海岛石化产业园区位于中科炼化项目西北侧，规划面积约 30.4km²。加上中科炼化项目、预留管廊及其他港口和工业用地，湛江东海岛石化工业区总占地规模约为 46.12km²。

(3) 钢铁产业园区

宝钢广东湛江钢铁基地项目于 2013 年 5 月在湛江东海岛全面开工建设，项目建设规模为年产精品钢 1000 万吨，主要产品有热轧薄板、热轧高强度板、普冷板、热镀锌板、热镀铝锌板等，项目计划总投资 432 亿元。项目首期用地约 13km²，紧邻中科炼化项目东侧。为了构建以钢铁产业为主导的现代产业体系，湛江市还在东海岛规划建设 30km² 的钢铁配套产业园区，拟建设钢铁配套项目 50 个，计划总投资 38.61 亿元，这批配套项目建成投产达产后，预计可新增产值 96.9 亿元。

东海岛石化钢铁项目将实施循环经济模式，综合利用各装置能源和物料资源，采用国际和国内先进的生产工艺和污染控制技术，严格按照国际最先进的环保标准进行设计和管理，打造国家级循环经济示范区。

图 7-1 为广东省湛江市东海岛石化钢铁项目远景土地利用规划图（2009—2020）。

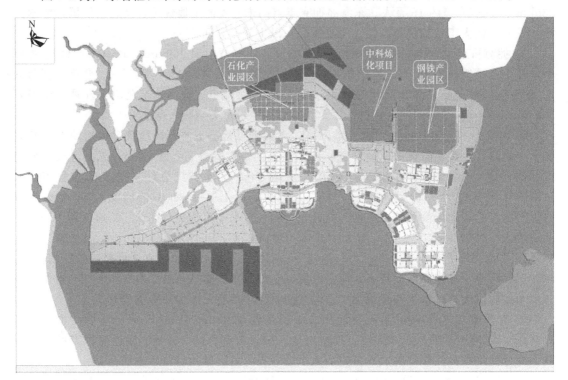

图 7-1　东海岛石化钢铁项目远景土地利用规划图（2009—2020）

7.1.2　化工厂总平面布置

7.1.2.1　总平面布置的目的、任务

在厂址确定后，根据其所在地区的自然条件和社会环境以及城市规划、环境保护和安全生产等方面的要求，对工程的多个组成项目和协作项目统一进行区域性总体布局和土地利用的全面规划，合理确定其位置关系和运输路径。在此基础上，确定工厂生产装置、各类设施之间的相对关系和空间位置。绘制工厂的总平面布置图。

7.1.2.2　常用术语

在进行化工厂总平面布置设计时，常用到以下术语：

① 厂区。由工厂所属工艺装置及各类设施组成的区域。

② 生产区。由生产和使用可燃物质和可能散发可燃气体、有毒气体、腐蚀性气体的工艺装置区、储运区或设施组成的区域。

③ 动力及公用工程设施。指为工艺生产过程提供水、电、汽等设施的统称。

④ 辅助设施。非工艺流程设施但对生产过程提供支持的必要设施。

⑤ 液体储罐区。由若干个储罐组集中布置的区域，含与之配套的泵区、配电、消防设施等。

⑥ 仓库设施。储存大宗生产原料、成品、半成品、备品备件的建（构）筑物和堆场等。

⑦ 装卸运输设施。为完成特定物流而设置的专用铁路线、道路、码头、栈桥等及相关的设施和装卸机具。

⑧ 管理设施。为全厂统一管理和生产调度而设置的设施。

⑨ 装置设备区。指工艺装置内用于完成生产过程的设备、管道等集中布置的区域。

⑩ 街区。被通道分隔、用于完成特定功能的独立区域。

⑪ 通道。街区建筑红线（或设计边界线）之间或街区建筑红线（或设计边界线）与围墙之间，用于集中布置系统道路、铁路、地上管廊、地下管线、皮带输送走廊和进行绿化的条状地带。

⑫ 管线。各种材质的管道、电力电缆、电信电缆和光缆等的总称。

⑬ 厂间管道。在同一个园区内的多个厂区之间或厂区与厂外设施之间，用于输送生产原料、产品、蒸汽等的地上管道、地下管道、线缆等。

⑭ 人员集中场所。指固定操作岗位上的人员工作时间为 40 人·小时/天以上的场所。

⑮ 爆炸危险源。在发生泄漏事故状态下，在所在装置区可能形成蒸气云爆炸（VCE）的设备。

⑯ 高毒泄漏源。有高毒气体泄漏可能的设备。

7.1.2.3 竖向布置

通常化工厂所选用的地块的原始自然形貌与生产要求有很大差距，需要通过竖向布置设计确定工厂建（构）筑物、道路、沟渠、管网和厂区地块的设计标高，通过土石方工程对厂址地形进行改造。厂区竖向布置应与区域总体布置和总平面布置相协调，在满足生产工艺、物料输送及运输、管道敷设对坡度、坡向和高程要求的前提下，充分利用和合理改造自然地形，科学设置场地标高，防止厂区受洪水、潮水及内涝的威胁，力求场地平整土石方量最小、挖填接近平衡、调运路程最短，以减少工程量和建设投资。

化工厂场地可以处理成平坡或台阶两种方式。所谓平坡式是一个或几个具有连续坡度和坡向的整平面，整平面之间的连接平缓，没有显著高差变化；台阶式为两个或两个以上不同标高的整平面，相邻整平面间具有标高差，且以边坡或挡土墙的形式连接。对于场地自然坡度不大于 1.0%，或坡度在 1.0%～2.0% 之间但宽度不大于 500m，或为破碎的微丘地形的厂区，宜采用平坡式布置。当自然坡度大于 2.0% 时，厂区竖向宜采用台阶式布置形式，但台阶的最小宽度应满足一个完整装置或设施的合理布置及相应通道的用地要求。厂区应具备完整和有效的排雨水系统。街区（单元）的竖向布置要综合考虑生产、操作及检修的要求，工艺装置的地坪标高可高出临近地坪 0.15～0.3m，街区（单元）内外的地坪标高相互协调、排水沟（管）及道路的连接合理。

7.1.2.4 厂区布置

现代化工企业是一个综合的大系统，在进行总平面布置时，需按设施在生产过程所发挥的作用进行归类并划分为功能区，在厂址中确定各功能区的具体位置。石油化工厂设施按表7-1 进行分区，其他类型化工厂可参照。

在进行功能区布置时，首先应满足生产要求，并综合考虑经济、安全、管理、工厂运行和发展等因素。按生产工艺流程，结合厂址所在地的风向、装置间的物料输送、公用工程的衔接和厂外运输等条件来确定。各功能区内部布置应紧凑合理,并与相邻的功能区相协调。生产关系密切、功能相近或性质类同的设施可采用联合、集中的布置方式,如将有毒、有味或散发粉尘的装置或设施集中布置。动力、循环水等公用工程应靠近负荷中心,当工厂占地面积广并有多个负荷中心时,可设置多组公用工程装置,分别靠近不同负荷中心,但全厂公用工程应联网,以便于生产调度。建筑物的布置应结合地理位置和气象条件等,选择合理的朝向,使人员集中的建筑物有良好的采光及自然通风条件。

表 7-1 石油化工厂设施分区

序号	功能分区	主 要 设 施
1	工艺装置区	工艺生产装置及其专用的变配电间、机柜室、外操休息室等
2	液体储罐区	储罐组、罐区专业泵房、首末站设施等
3	动力及公用工程设施区	动力站、变电站、空分空压设施、循环水场、水处理设施、净水场、给水加压泵站等
4	辅助设施区	污水处理场、中水回用、雨水监控池、事故池等
5	仓库及装卸设施区	各类原料、产品的对外运输设施区,以及仓库、堆场等
6	生产及行政管理设施区	办公楼、中央控制室、中心化验室、消防站、资料室、IT 中心、传达室、汽车库、食堂等
7	火炬设施区	火炬、分液罐设施等

此外,还应考虑工厂的美观,厂区内各功能区、各街区以及建(构)筑物的布置要规整,与空间景观相协调,与厂外环境相适应。工厂应预留发展用地。对于分期建设的工厂,各期工程应统筹安排、统一规划,前期建设项目应集中、紧凑布置,并与后期工程合理衔接。对于一次性建成的工厂,也应根据未来发展的可能性,合理预留发展用地。

7.1.2.5 工艺装置区布置

(1) 总体要求

按照工艺流程的走向集中布置,与公用工程及相邻装置和设施间相互协调,利于生产管理和人员安全,方便安装、检修等施工作业。生产上关系密切的露天设备、设施和建(构)筑物应布置在同一或相邻街区,当采用台阶式竖向布置时,宜将其布置于同一或相邻台地上。同开同停的工艺装置宜按类别联合布置。

(2) 风向要求

工艺装置区应布置在人员集中场所全年最小频率风向的上风侧。

可能散发可燃气体的工艺装置,宜布置在明火或散发火花地点全年最小频率风向的上风侧,在山区或丘陵地区应避免布置在窝风地带。可能泄漏、散发有毒或腐蚀性气体、粉尘的装置或设施,应避开人员集中场所,并宜布置在其他主要生产设备区全年最小频率风向的上风侧。

(3) 位置要求

以下设施应布置在装置的边缘或一侧:供装置生产使用的化学品添加剂的装卸、储存设施;明火加热炉;装置区的预留用地。控制室、机柜室、外操室宜布置在不低于甲乙类生产设备区、储罐区的场地上,应成组在装置区的一侧并位于爆炸危险区范围以外。

(4) 消防要求

大型设备区应分割为多个消防分区,面积的大小应符合现行国家标准 GB 50160《石油化工企业设计防火规范》的有关规定。火灾爆炸危险区的范围不得覆盖到原料及产品运输道路和铁路走行线。

7.1.2.6 储罐区布置

按储罐的功能可将其分为原料储罐、中间储罐和成品储罐。各类储罐应按物料性质、类别、隶属关系以及操作和输送条件，分别相对集中布置，罐组的位置应符合工艺生产、储运装卸和安全防护要求，位于人员集中场所、明火或散发火花地点全年最小频率风向的上风侧，并避免布置在窝风地带。储罐的总罐容和罐间距须符合现行国家标准 GB 50160《石油化工企业设计防火规范》的有关规定。大型化工厂的原料和成品储罐区可根据运输、装卸条件选择布置地点，也可布置在厂外区域。原料缓冲罐、计量罐和中间储罐等要布置在与其有隶属关系的工艺装置附近。

可燃、毒性或腐蚀性液体储罐组应避开人流动较多的道路或主要生产设施，罐组应设防火堤，堤内有效容积不应小于罐组内 1 个最大储罐的容积。

7.1.2.7　公用工程与辅助设施布置

需要在厂区内进行总平面布置的公用工程与辅助设施主要有给排水、供电、供汽、制冷和供气等。

（1）给排水

循环冷却水是化工厂的主要冷载体，循环水场应布置在用水量较大的用户附近、工艺装置的爆炸危险区范围以外、通风良好的开阔地带，注意冷却塔进风口的位置以充分利用自然风力。远离火炬、回热炉等热源，避免粉尘和可溶于水的化学物质影响水质。冷却塔与其他建（构）筑物、设备等设施的距离不宜小于表 7-2 中的数值并符合现行国家标准 GB 50160《石油化工企业设计防火规范》的有关规定。

表 7-2　冷却塔与其他设施的距离

序号	设施名称		自然通风冷却塔 /m	机械通风冷却塔 /m
1	中心化验室、中央控制室、行政办公楼、食堂、消防站等人员集中场所		30	35
2	生产及辅助生产建筑物、甲类物品仓库、库棚或堆场		20	25
3	露天生产装置		25	30
4	加热炉、焦炭塔等热源体		50	60
5	室外变、配电设施	当在冷却塔冬季盛行风向的上风侧时	25	40
		当在冷却塔冬季盛行风向的下风侧时	40	60
6	散发粉尘的场所		30	45
7	露天工艺热力管道		10	10
8	铁路	厂外铁路	25	35
		厂内铁路	15	20
9	道路	厂外道路	25	35
		厂内主要道路、产品运输道路	10	15
10	厂区围墙		10	15

注：表中间距冷却塔以外壁算起，建（构）筑物自最外轴线算起，露天生产装置自最外设备外壁算起，变电所自室外变、配电装置最外边缘算起，堆场自场地边缘算起，铁路自中心线、道路自路边、围墙自中心线算起。

给水净化设施应布置在靠近原水进入方位，化学水处理设施宜靠近主要用户，并避免粉尘、毒性气体及污水对水质的影响。污水处理场宜布置于厂区边缘或厂区外、靠近污水排放口、地下水位较低且在人员集中场所全年最小频率风向的上风侧。事故存液池及雨水监控池宜布置于靠近大型储罐区、污水处理场及地势相对较低处。

（2）变配电

总变电站应布置在便于输电线路进出、不妨碍工厂扩建和发展的地段，当采用架空输电线时，应布置在厂区边缘地带。区域变、配电站应布置在区域负荷中心附近。变配电设施宜布置在泄漏、散发液化烃及较重可燃气体、腐蚀性气体及粉尘的生产、储存和装卸设施全年最小频率风向的下风侧，有水雾场所冬季主导风向的上风侧，远离高温、强振源，并避免布置在低洼地段。

（3）动力站

动力站应布置在厂区全年最小频率风向的上风侧，靠近主要蒸汽用户，热电联产的动力站应方便外界电力上网。燃气、燃油动力设施在符合安全生产的条件下，可布置在装置区内；燃煤动力设施宜布置在厂区边缘，且应便于煤和灰渣的输送和贮存；以焦炭产品为燃料的动力设施宜靠近焦化装置布置。

（4）其他

制冷站、压缩空气、空分等装置和设施的布置应符合现行国家标准 GB 50948《石油化工工厂布置设计规范》及国家、行业现行相关标准的有关规定。

7.1.2.8 通道及道路布置

（1）通道

通道为工厂内部各单元边界线之间的地带，其地上、地下空间均可利用，可布置工艺热管道、给水管线、污水管线、消防水管线、电力电缆、电信电缆、皮带输送栈桥、道路、铁路走行线、绿化、排雨水沟等。通道布置应结合总平面布置、竖向布置、绿化布置、道路及铁路布置等进行设计，并满足各类规范的要求。厂区通道宽度可按表 7-3 确定。

表 7-3　厂区通道宽度

厂区用地面积 /hm²	主要通道 /m	次要通道 /m	一般通道 /m
≤40	30～40	20～30	9～15
40～100	40～50	25～40	9～15
100～200	50～60	30～45	9～15
>200	60～80	40～50	9～15

（2）道路

厂内道路设计应符合总平面布置的要求，且应与通道布置、竖向布置、铁路设计、厂容及绿化相协调。根据需要可划分为主干道、次干道、消防道、检修道和人行道。主要道路应规整顺直，主次干道均衡分布并成网状布局。合理组织车流和人流，以车流为主的道路与以人流为主的道路宜分开设置。以原料及产品运输为主的厂区道路不宜穿越生产区。通往厂外的主要道路出入口不应少于 2 个，并应位于不同方位。

厂内道路宽度可按表 7-4 确定，并根据道路通行性质在宽度范围内合理选择。厂内道路交叉口路面内缘转弯半径应根据其行驶的车辆确定，并不宜小于表 7-5 的规定。

装置、设施内的道路应符合生产操作、维修及消防的要求，采用贯通式并在不同方向与装置或单元外的道路衔接，路面宽度不宜小于 4m，路面内缘转弯半径不宜小于 7m，路面上净空高度不宜小于 4.5m。人行道的宽度不宜小于 1m，当需要加宽时，可采用 0.5m 的倍数递增。

表 7-4　厂内道路宽度

道路类别	路面宽度/m	
	大型厂	中小型厂
主干道	9～12	6～9
次干道、消防道	6～9	6～7
检修道	4～6	4～6
车间引道	与该引道的厂房大门、街区内道路宽度相适应	

表 7-5　厂内道路交叉口路面内缘转弯半径

道路类型	内缘转弯半径/m		
	主干道	次干道	车间引道
主干道	15	12	9
次干道、消防道	12	9	7
检修道、车间引道	9	7	—

注：供消防车通行的道路路面内缘转弯半径不应小于12m。

此外，在进行化工厂总平面布置时，还可能涉及仓库及运输设施区布置、火炬设施布置、管理及生活服务设施布置、围墙大门布置、铁路布置和绿化布置等内容。所有总平面布置设计均应符合现行国家标准 GB 50187《工业企业总平面设计规范》、GB 50948《石油化工工厂布置设计规范》及国家、行业现行相关标准的有关规定。非石油化工类型的化工厂可参照石油化工工厂布置设计规范执行。

7.1.3　总图的绘制

将工厂总平面布置设计的结果绘制于图纸上，这类图纸称为工厂总平面布置图，简称总图。总图与设计说明书等文字文件一起形成总图布置设计文档。不同的设计阶段、不同类型的总图所表示的内容和侧重点有所不同。

7.1.3.1　初步设计阶段总图要求

初步设计阶段总图的作用主要是为布置方案论证、报审报批和深入设计提供依据，其绘制的内容和深度可根据需要进行调整，图纸名称根据所表示的内容不同可称为厂区位置图、总平面布置图等。主要表示如下内容：

(1) 厂址的基本情况

包括：①厂址所处的位置。厂区红线、经纬度坐标或坐标网、项目坐标原点（0，0点）、方向标和比例尺等。②厂址与周边环境的位置关系。周边特征地貌如山脉、河流、海岸线等，周边村庄、居民区、学校、企事业单位、建筑、铁路、公路和道路等。③厂址的竖向数据。等高线、海拔高度、项目标高±0.0基准等。④厂址气象地质条件。风向玫瑰图，必要时绘制风向风速玫瑰图。可在图纸上或设计文件上标明厂址水文、地质构造、地震烈度、最大风力等数据。

(2) 总平面布置设计初步方案

按初步设计结果将工艺装置区、罐区、公用工程区、辅助设施区、仓库及装卸区、办公及生活服务区等功能区绘制在图纸上，并表示出道路、街区、通道、建筑物、绿化和发展用地等。

7.1.3.2　施工图设计阶段总图要求

在施工图设计阶段，总图主要表示如下内容：

① 厂址的基本情况。与初步设计阶段要求相同。

② 总平面布置方案。各功能区、各装置、主要设备、建（构）筑物、堆场、道路、管廊等的坐标、名称、主要转角坐标，大型设备的中心坐标，有时也标出街区、主要道路、主要装置或功能区的轮廓尺寸；建筑物层数；标示出特征设备或建筑结构，以表示各装置的总体设备布置方案；其他需要表示的内容。

当项目内容较多，一张总平面布置难以表示清楚时，可以将某些内容单独绘制，如绘制竖向布置图、管廊布置图、道路设计图等，也可以绘制只表示厂区的某一类功能的布置图样，如厂区运输图、码头设计图、供排水系统布置图等。

7.1.3.3　风向玫瑰图

风向是化工厂进行总平面布置设计的重要气象参数，要求在总图中以风向玫瑰图的形式表示。风向玫瑰图（简称风玫瑰图）也叫风向频率玫瑰图，它是根据某一地区多年平均统计的各个风向的百分数值，并按一定比例绘制，一般采用 8 个或 16 个罗盘方位表示，由于形状酷似玫瑰花朵而得名。玫瑰图上所表示风的吹向，是指从外部吹向地区中心的方向，各方向上按统计数值画出的线段，表示此方向风频率的大小，线段越长表示该风向出现的频率越大。

风向玫瑰图可按如下步骤绘制：

① 获取气象台在一段较长时间内观测的厂址所在地风向的统计资料。

② 计算风向频率。8 方位图按式（7-1）计算，16 方位图按式（7-2）计算。

$$S_n = \frac{f_n}{c + \sum_{n=1}^{8} f_n} \tag{7-1}$$

$$S_n = \frac{f_n}{c + \sum_{n=1}^{16} f_n} \tag{7-2}$$

式中　　S_n——n 方向的风向频率；

　　　　f_n——统计期内出现 n 方向风的次数；

　　　　c——静风次数。

③ 根据各个方向风的出现频率，以相应的比例长度按风向中心吹，描在坐标上。将各相邻方向的端点用直线连接起来，绘成闭合折线，得到风向玫瑰图。

城市和重点地区的风向玫瑰图也可以从气象部门直接获取。图 7-2 为东莞气象台绘制的广东省东莞市 1957 年 8 月 8 日～2005 年 8 月 8 日 48 年间平均测得的 8 月份风向玫瑰图。

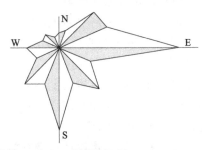

比例：⊢⊣=1%　　注：静风15.4%

图 7-2　东莞市 8 月风向玫瑰图

7.1.3.4　方向标

方向标在总图中指示工厂地块的方位和朝向。但由于自然地形、历史和人文等各种原因，实际规划的地块往往与自然的方位并不一致，为了设计、绘图和读图的方便，允许将方向标按实际地形或建筑物朝向旋转一个角度，形成一个相对坐标系。这时，图纸上方向标所指的方向就不是实际地理北向，这个方向称为建北（construction north，CN 或 plant north，PN），而实际地球的北方称为测北、正北（N）、地理北（geographical north，GN）或真北（true north，TN）。建北与真北之间的夹角不应超过 45°，且一个项目仅可有一个建北。使用建北方向标应注明"PN"或"建北"字样，并注明建北与真北之间的夹角。建北通常应朝向正上或正左。当建北不朝向正上或正左时，应保证朝上。

建北与正北之间的关系仅由总平面布置图表示，其他涉及方向性的图纸（如设备布置图、管道布置图、管口方位图等）一律仅标示建北方向，不再体现正北。

7.1.3.5 标高基准

一般应以项目建成后界区内地面最低点作为项目标高±0.000基准，且一个项目只能有一个标高±0.000基准。标高±0.000基准与绝对标高间的关系应在相关图样中标示。单体建（构）筑物的0.0高度与项目的标高±0.0基准可以不同，但应在该单体的基础图或首层平面图中说明该单体的0.0与绝对标高的关系。

7.1.3.6 总平面布置图例图

图7-3为某炼化一体化项目初步设计阶段总平面布置图（见插页）。

7.2 车间布置

7.2.1 车间布置概述

车间布置设计的主要任务是按照生产工艺和相关规范的要求，考虑安装、操作、维修、安全、经济等因素，对车间进行总体布局，划分各类功能区，确定各建（构）筑物的形式、结构、尺寸，确定设备位置和朝向，绘制各类布置图样。对于工艺过程复杂的大型化工厂，通常将车间布置设计细分为车间厂房布置设计和车间设备布置设计两大类，而对于小型化工厂则往往不再细分，或将厂房布置设计纳入总图设计范畴。

化工厂车间设施的主体为生产设施（如生产装置、控制室、原料和产品堆场、仓库和罐区等）。此外，还可以包括生产辅助设施（如工具室、外操室、变配电室、维修室、化验室等），生活行政设施（如车间办公室、更衣室、洗手间、浴室等），其他特殊用室（如劳保室、卫生室等）和近期发展用地等。这些设施除生产装置外，其他部分既可以在每个车间单独设置，也可以由全厂统筹集中设置。

车间布置应遵循本章7.3节中所列法规和标准，依据厂区总平面布置图、各阶段工艺流程图、物料物性、物料衡算和能量衡算结果、设备清单、公用工程、车间定员、操作规程等技术资料进行设计。

车间布置设计是一项多专业协同参与的设计过程，涉及工艺、设备、建筑、自控仪表、电气、卫生安全等几乎所有专业，时间跨度从初步设计直至施工图设计阶段，是一个各专业协商、反复修改的过程。例如，为了缩短建设周期，化工建设项目往往是土建工程先行，在土建施工时同步进行工艺流程、设备设计及制造，待厂房建设完成时，设备即运抵现场进行安装。厂房的建设需要建筑专业出具建筑图样，建筑图样需要以工艺专业提供的厂房结构、载荷、预留孔等为基础，而此时工艺专业正在对这些内容进行设计。因此需要调用不同设计阶段的数据，有些数据还需要进行科学估算。在不同的设计阶段，必须根据需要绘制包括设备基础图、建筑载荷图、建筑预留孔图、设备布置图、设备安装方位图等相关图样。其中设备布置图是车间布置设计主要图样。

7.2.2 车间厂房布置设计

车间厂房布置设计是根据总图划分给车间的具体地块，结合工艺流程图、设备图等相关技术资料，决定生产流程的走向、装置的基本位置、建筑物的准确方位、具体结构、尺寸、承重等，对建筑专业进行厂房设计提出要求，为后续车间设备布置设计打下基础。

7.2.2.1 车间厂房布置的基本形式

车间厂房布置首先要满足生产工艺和建筑规范的各项要求，并力求简单、经济、实用和美观，通常有以下四类基本布置形式：条形（I形）、T形、L形和Ⅱ形等。条形是中小型车间使用较多的布置形式，具有用地省、流程走向清晰、设备易于排列、管线短、物料和人员进出方便、采光通风好等优点。对于工艺比较复杂的大型车间或受地形限制的厂址，条形排列会导致厂房总长度较长，在总图布置和生产管理上出现困难，这时可选用其他布置形式，但应充分考虑采光、通风、通道和立面布置等各方面的因素。图7-4为条形布置的某燃料乙醇车间。

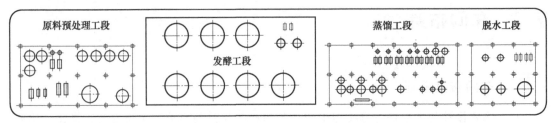

图7-4 条形布置的某燃料乙醇车间

生产装置可采用室外或室内布置。室外布置形式经济、安全，便于安装、操作、维护和管理，非常适合化工生产，除了工艺、气候条件等有特殊要求外，化工厂应尽量采用室外布置。室外布置又包括露天、半露天和框架式布置。

① 露天布置　露天布置是指设备完全置于室外，不需要建筑物进行支撑的布置方式。塔器、反应器、贮罐等大型设备通常采用露天布置，并通过架设平台进行操作和日常维护。

② 半露天布置　半露天布置通常指在露天布置的基础上，在设备上方或周边架设遮阳棚等简单设施以满足工艺要求的布置方式。如图7-4中的发酵工段，发酵罐上方设顶棚，以阻隔日照、降雨和灰尘对发酵过程的影响，图7-5为该工段的实景照片。

③ 框架式布置　指将设备布置于框架式建筑内的布置方式。对于工艺上对设备高度有要求的过程，则需要建筑物为设备提供支撑，如采用高位冷凝及回流的精馏过程、靠位差进料的系统等。一些经常需要拆卸维修的高位设备，如采用塔节结构的塔器、易结垢的换热器、经常要更换催化剂的反应器等，也需要建筑物提供有足够面积和承重能力的楼面进行操作。图7-6所示为露天布置的精馏塔及其在框架内的附属设备。

图7-5 半露天布置方案

图7-6 露天与框架式布置方案

目前，大多数自动化连续生产的化工装置均采用室外布置，只有中央控制室、配电柜等少部分设施置于室内。

下列情况可采用室内布置：

① 设备对操作环境有特殊要求　自动控制设备，电气配电装置，贵重、复杂和有特殊要求的设备。

② 操作人员工作的性质和次数　在不利或极端气候条件下，需要经常维修的设备（大于一周一次），应当置于封闭的建筑物内。

③ 工艺过程的性质　对生产环境要求严格的过程，如食品、医药和某些生物化学制品等；或处理有粉尘、易爆和可燃固体物料的过程。

④ 危险性　当具有危险性的工艺装置之间的间距受到约束和限制，为了防止火灾和爆炸扩散的可能，可采用室内布置。

⑤ 噪声因素　工作时发出较大噪声的设备，如往复式气体压缩机、蒸汽/气体透平、内燃机等，可以放在建筑物内以封闭噪声源，甚至可以在建筑物内部覆盖吸声材料。

图 7-7 所示为采用室内布置的高寒地区食品添加剂生产线。

图 7-7　室内布置方案

装置布置发展趋势可以归结为露天化、流程化、集中化和定型化。

① 露天化：露天布置节省占地、减少建筑物、有利于防火防毒防爆，现代化工厂的设备绝大多数布置在露天。

② 流程化：以管廊为纽带按工艺流程顺序将设备布置在管廊的上下和两侧，成为三条线，一套装置形成一个长条形区。

③ 集中化：将上述长条形装置区合理地集中在一个大型街区内，组成合理化集中装置，又称联合装置。按防火设计规范用通道将各装置分隔，此通道可作为两侧装置设备的检修通道，也作为消防通道。联合装置内可将同类设备相对集中地布置，如塔器、反应器、换热器、贮罐、压缩机、泵、余热锅炉、热电联产装置等。控制室集中在一幢建筑物内。由于周围全是装置，所以控制室朝向设备的墙不开门窗，甚至采用全密封式。装置办公室和生活间也集中在一幢建筑物内。

④ 定型化：装置的设备采用定型布置。如泵、汽轮机、压缩机及其辅助设备采用定型布置，配管也可以定型布置，又如加热炉的燃料油、燃料气管道系统，装置内软管服务站管道也可以定型布置。甚至整个装置采用定型化设计。

典型的装置布置见图 7-8 和图 7-9。

7.2.2.2　车间厂房建筑结构

车间厂房建筑可采用由柱、梁和楼板组成的框架式建筑形式，可采用带墙壁、门窗的全封闭形式，也可采用钢结构、钢筋混凝土结构或混合结构。车间厂房应满足生产工艺的需要，具体要求由工艺专业设计人员提出，建筑专业人员进行设计。因此，工艺专业设计人员必须掌握厂房建筑设计的基本知识，提出既满足化工生产要求、又符合建筑规范的方案。

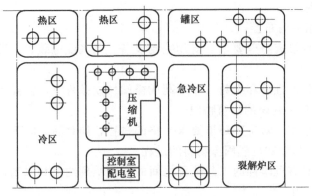

图 7-8　乙烯装置分区布置

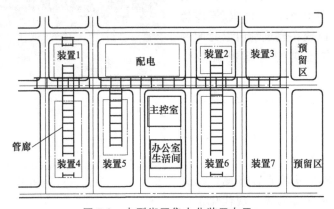

图 7-9　大型街区集中化装置布置

(1)　建筑模数

设置建筑模数是为了使建筑制品、建筑构配件和组合件实现工业化大规模生产，使不同材料、不同形式和不同制造方法的建筑构配件、组合件符合模数并具有较大的通用性和互换性，以加快设计速度，提高施工质量和效率，降低建筑造价。GBJ 2《建筑模数协调统一标准》规定了模数协调的适用范围及其目的、意义，以及确定建筑物、构配件、组合件等尺度和位置时应采用的一般原理和规定。

建筑模数分为基本模数和导出模数两大类。

基本模数是在建筑模数协调中选用的基本尺寸单位，其数值为 100mm，符号为 M，即 1M＝100mm，目前世界上大部分国家均以此为基本模数。整个建筑物和建筑物的一部分以及建筑组合件的模数化尺寸，应是基本模数的倍数。

导出模数由扩大模数和分模数组成。基本模数乘以整数称为扩大模数。水平扩大模数基数为 3M、6M、12M、15M、30M、60M，其相应的尺寸分别为 300mm、600mm、1200mm、1500mm、3000mm、6000mm。竖向扩大模数的基数为 3M 与 6M，其相应的尺寸为 300mm 和 600mm。基本模数除以整数称为分模数。分模数基数为 M/10、M/5 和 M/2，其相应的尺寸为 10mm、20mm、50mm。

模数在建筑设计上的表现形式是模数化网格，网格的尺寸单位是基本模数或扩大模数。在建筑设计中，每个建筑构件都应与网格线建立一定的关系，一般常以建筑构件的中心线、偏中线或边线位于网格线上。主要建筑构件如柱、梁、承重墙、门、窗、洞等都应符合模数化的要求，严格遵守模数协调规则，以利于建筑构配件的工业化生产和装配化施工。

模数数列按表 7-6 采用。

表 7-6　模数数列　　　　　　　　　　　　　　　　单位：mm

基本模数	扩大模数						分模数		
1M	3M	6M	12M	15M	30M	60M	M/10	M/5	M/2
100	300	600	1200	1500	3000	6000	10	20	50
100	300						10		
200	600	600					20	20	
300	900						30		
400	1200	1200	1200				40	40	
500	1500			1500			50		50
600	1800	1800					60	60	
700	2100						70		
800	2400	2400	2400				80	80	
900	2700						90		
1000	3000	3000		3000	3000		100	100	100
1100	3300						110		
1200	3600	3600	3600				120	120	
1300	3900						130		
1400	4200	4200					140	140	
1500	4500			4500			150		150
1600	4800	4800	4800				160	160	
1700	5100						170		
1800	5400	5400					180	180	
1900	5700						190		
2000	6000	6000	6000	6000	6000	6000	200	200	200
2100	6300							220	
2200	6600	6600						240	
2300	6900								250
2400	7200	7200	7200					260	
2500	7500			7500				280	
2600		7800						300	300
2700		8400	8400					320	
2800		9000		9000	9000			340	
2900		9600	9600						350
3000				10500				360	
3100			10800					380	
3200			12000	12000	12000	12000		400	400
3300					15000				450
3400					18000	18000			500
3500					21000				550
3600					24000	24000			600
					27000				650
					30000	30000			700
					33000				750
					36000	36000			800
									850
									900
									950
									1000

化工厂的厂房结构应符合 GB/T 50006《厂房建筑模数协调标准》的要求。下面以多层

厂房为例，说明标准对厂房主要尺寸的要求。

跨度：跨度一般指房屋承重构件比如柱子、承重墙等之间的距离。钢筋混凝土结构和普通钢结构厂房的跨度小于或等于12m时，宜采用扩大模数15M数列；大于12m时宜采用30M数列，且宜采用6.0m、7.5m、9.0m、10.5m、12.0m、15.0m、18.0m，见图7-10。内廊式厂房的跨度，宜采用扩大模数6M数列，且宜采用6.0m、6.6m、7.2m；走廊的跨度应采用扩大模数3M数列，且宜采用2.4m、2.7m、3.0m，见图7-11。

柱距：钢筋混凝土结构和普通钢结构厂房的柱距，应采用扩大模数6M数列，且宜采用6.0m、6.6m、7.2m、7.8m、8.4m、9.0m，见图7-10和图7-11。

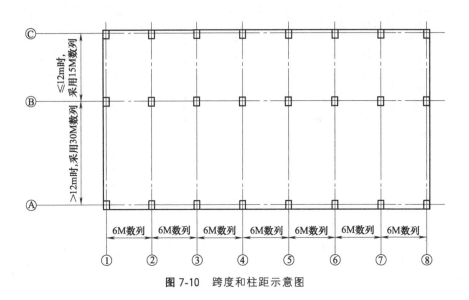

图 7-10　跨度和柱距示意图

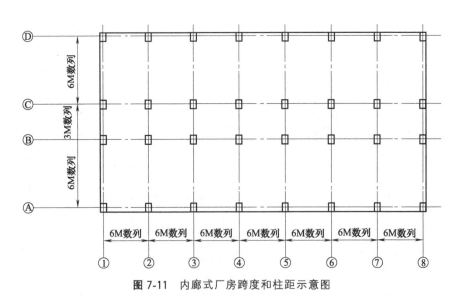

图 7-11　内廊式厂房跨度和柱距示意图

层高：层高是指上下两层楼面或楼面与地面之间的垂直距离。钢筋混凝土结构和普通钢结构厂房各层楼、地面间的层高，应采用扩大模数3M数列。层高大于4.8m时，宜采用5.4m、6.0m、6.6m、7.2m等数值。

（2）厂房结构

化工厂厂房必须满足生产和各类标准、规范的要求，力求做到设备排列整齐、紧凑、美观，充分利用厂房空间，既方便安装、操作和检修，又经济合理、节约投资，并能充分满足采光、通风和安全等方面的要求。

厂房可根据工艺流程的需要设计成单层、多层或单层与多层相结合的形式。如非工艺特殊要求或场地特殊限制，优先采用单层。厂房的立面布置要充分利用空间，每层高度取决于设备的高度、位置、安装、检修和安全卫生的要求。如某些楼层上设备需高于楼面布置，可采用平台或高位基础等方式将其支撑，也可采用在楼面上设置辅层的方法解决。柱网布置决定了厂房的平面结构，通常依据工艺和装置对厂房结构的要求而定。在框架结构中，柱网间距以 6m 较为常见。柱距、跨度、层高等应基本相同，不宜过多变化。厂房安全出入口（包括每层的楼梯）一般不应少于两个，并慎重考虑消防安全和应急疏散等问题。在进行建筑设计和施工时，要充分考虑设备就位的需要，有些建筑结构须预留吊装位置，在设备安装完成后才能完成全部施工。

图 7-12 所示为跨度、柱距和层高均为 6.0m 的框架式厂房，分别设置 EL±0.000（地面）、EL＋6.000（二层）、EL＋12.000（三层）、EL＋18.000（四层）和 EL＋24.000（五层）五个平面。厂房采用钢结构框架、钢筋混凝土预制件楼板，楼板中设有设备和管道预留孔，部分载重大的位置增加了承重梁。厂房左右两侧设有楼梯，其中左侧为主梯，其宽度较大，坡度较小；右侧为辅梯，较窄较陡。EL＋6.000 平面为主操作面，通风采光良好，设有工具室、现场化验室等室内设施，并与后面厂房连通，方便人员通行。EL＋24.000 平面设备较少，为了节省建筑投资，面积比其他平面减少了 2/3。

图 7-12 框架式厂房

（3）平台与梯子

化工生产中有许多需要维修、检查、调节和观察的位点，如人孔、手孔、塔、重要的设备管口或法兰、调节阀、取样点、流量孔板、液面计、工艺盲板、经常操作的阀门和需要用机械清理的管道转弯处等，当这些位点处于高位时，必须设置平台与梯子。

平台应按如下要求设置：

① 平台宽度一般不小于 0.8m，平台上方净空不应小于 2.2m。

② 普通平台荷重一般按 200kgf/m² （1kgf/m²＝9.80665Pa）均布荷载设计，供检修用的平台一般按 400kgf/m² 均布荷载设计，大型设备的检修平台应按其最大部件的荷重与土建专业设计人员商定。

③ 相邻设备的平台标高应尽可能一致，尽可能布置成联合平台。

④ 为人孔、手孔设置的平台，与人孔中心线的距离为 0.6～1m，或与人孔法兰面间的距离为 0.18～1.2m。

⑤ 为设备加料口设置的平台，距加料口顶面不宜大于 1m。

⑥ 为立式、卧式容器、换热器以及塔类设置的平台，与法兰边缘之间的距离应为

0.45m，与设备或盖的顶法兰面之间的距离最大为1.5m。

⑦ 装设在设备上的平台不应妨碍设备的检修，否则，应做成可拆卸式。

⑧ 平台周围应设栏杆，高度为1m。标高在20m以上的平台其栏杆的高度为1.2m。栏杆为固定式防护设施，对影响检修的栏杆应设置为可拆卸的。

⑨ 除平台入口外，平台边缘及平台开孔的周围应设踢脚板。

梯子应按如下要求设置：

(1) 斜梯

厂房和框架的主要操作面、操作人员每班到达一次以上的区域应设置斜梯。斜梯一个梯段间休息平台的最大垂直间距为5.1m。斜梯的角度为45°～59°，推荐使用小于或等于45°的斜梯。斜梯的宽度一般为0.6～1.1m。

(2) 直梯

人员不需要经常巡视的平台，平台的辅助出口可设置直梯，有易燃易爆危险的设备，当其构筑物平台水平距离不足25m时，也应设置直梯。立式设备上的直梯通常从侧面通向平台，正面进出的直梯用于通向设备顶部以上的平台。一个梯段间休息平台的垂直间距最大为9m，超过时应设梯间平台，以分段交错形式设置。攀登高度在15m以下时，梯间平台间距为5～8m，超过15m时，每5m设一个梯间平台。平台高度可结合设备人（手）孔高度设置。梯间平台应设安全防护栏杆，出入口处宜设隔断安全栏。从地面起设置的直梯，当高度大于或等于4m时，应从2.5m处起向上设置安全保护圈。上方其他各段的直梯，当每段高度大于或等于2.5m时，应从2.2m处向上设置安全保护圈。直梯宽度宜为0.4～0.7m。直梯的攀登通道内不应有任何障碍物。

7.2.2.3　车间附属设施布置原则

(1) 控制室

控制室是装置的自动控制中心，又是操作人员集中之处，属于重点保护建筑物。因此，在装置布置设计中控制室的位置与布置要求，必须给以足够的重视。

处理易燃、有毒、有粉尘或有腐蚀性介质的装置，控制室宜设在本地区常年最小频率风向的下风侧。可燃气体、可燃液体的在线分析一次仪表间与工艺设备的防火间距不予限制。

控制室应远离震源，避免周围环境对室内地面造成振幅为0.1mm（双振幅）、频率为25Hz以上的连续性振源。不能排除时，应采取减振措施。

控制室不应靠近主要交通干道，如不能避免时，外墙与干道中心线的距离不应小于20m。从控制室到装置应有直接的通道，但控制室不能布置成人行通道。控制室的建筑视需要还包括辅助用室，如仪表修理室、化验室、电气开关室等。

控制室不宜与高压配电室、压缩机厂房、鼓风机厂房和化学药剂库毗邻布置。使用电子仪表的控制室，周围环境对室内仪表的磁场干扰场强应不大于400A/m，不能排除时应采取防护措施。

控制室应当考虑有发展的可能，在平面图中应当预留一定的位置，在结构上也应安排使之能与扩建相连接，例如内部的电缆沟等。

在中央控制室中，控制不同工艺装置的仪表应当有明确的划分；由同一个操作人员操作的仪表应集中设置；相互有关的变量应当彼此靠近；最需要注意和最关键的变量的显示仪表应布置在视线最易观察的位置，核心操作按钮、手柄等应布置在操作人员最易触及的位置。

(2) 变电、配电室

变电、配电室是装置的动力中心，又容易产生火花，属于重点保护建筑物。其位置尽可能设在便于引接电源、接近负荷中心和进出线方便之处，避免设在有剧烈振动的场所。变电、配电室一般不与可燃气体压缩机共用一幢建筑物，而常与控制室共用一幢建筑物。对于用电量较大的装置，往往将变电、配电室设在独立的建筑物内。变压器可露天或半露天布置，这时变压器周围应设固定围栏，变压器外廓与围栏或建筑物墙的距离不应小于 0.8m。

(3) 化验室

当装置距全厂中心化验室较远（如超过 1500m），且化验项目和化验次数较多时，可在装置附近设化验室。化验室为明火房间，不应与甲、乙$_A$类房间布置在一起。与控制室共用一幢建筑物时，化验室应在最外边。

7.2.3 车间设备布置设计

7.2.3.1 设备布置设计的阶段划分和各阶段的任务

设备布置是化工厂设计的关键环节，需要跨越多个设计阶段，协同多种设计专业人员完成。设备布置专业设计人员是主要责任人，有以下职责：编制各阶段的装置设备布置图、设计条件及有关设计文件，三维模型设计中的装置和设备建模工作，编制、收集、补充本专业工程标准、规范、手册及基础文件，培训和提高本专业的设计人员技术水平，估算和控制本专业的人工时消耗，编写本专业工程完工总结。

通常将整个设备布置图设计过程划分为"初版""确认版""设计版"和"施工版"四个阶段，各阶段应完成的任务如下：

(1)"初版"设备布置图阶段

参加项目实施计划的编制准备工作；编制设备布置专业设计工程规定；根据各专业条件绘制"初版"设备布置图；确定装置界区内建（构）筑物的形式与主要尺寸；与配管专业协商进行对设备布置有影响的重要管道的走向研究，以确定设备位置；与配管专业协商确定装置内管廊；与工艺专业协商确定主要操作、维修平台及梯子；召集工艺、土建、设备等专业参加设备安装的方案讨论会；考虑安装施工的空地；收集各专业的空间分配设计条件；与用户讨论设备布置方案；完成"初版"设备布置平、立面图，发送有关专业进行内审；提出各专业的设计条件。

(2)"确认版"设备布置图阶段

根据管道走向研究图、各专业及校审提出的意见，完成"确认版"设备布置图，并发送用户及有关专业；修正各专业的设计条件；编写装置设备布置设计说明；编写装置设备布置遗留问题备忘录。

(3)"设计版"设备布置图阶段

确定和调整设备定位尺寸和标高；根据管道走向研究相关设备的位置与标高；发送用户及有关专业审查；完成"设计版"设备布置平、立面图；提出各专业设计条件；开始三维模型设计中的装置和设备建模工作。

(4)"施工版"设备布置图阶段

根据管道布置图、最终版设备图、各专业及校审提出的意见，核对有关图纸及条件，完成"施工版"设备布置平、立面图。

7.2.3.2 设备布置的基本原则

在进行车间设备布置设计时，应遵守如下六点基本原则。

(1) 工艺条件

设备的平面和竖向位置应满足工艺流程和工艺条件的要求。在工艺没有特殊要求时，可按以下原则进行布置：

大型贮罐、运动设备（如压缩机、冷冻机、泵、离心机、破碎机等），一般都布置在底层，这样可减少厂房的负荷和震动，降低造价。而小型的静设备则可以布置在较高处。

同类型设备或操作性质相似的设备应尽可能集中布置。如塔、换热器、泵等，可成组布置在一起，这样可以有效地利用车间建筑面积，便于搭建平台与梯子，也方便日后管理、操作和维修。

考虑采光条件，操作人员应背光操作。设备应尽可能避免布置在窗前，以免影响采光和开窗。

控制室应当在安全区内，并以操作人员在日常生产时行走路线最短为原则。

需要操作人员经常关注的设备，它的位置应在操作点的视线范围内。

一般间歇或半间歇操作的工艺需要操作工给以更多的关注，所以要更多地考虑布置上的人类工程学。即使在连续操作的工厂中，人类工程学也有助于确定启动器的位置，因而使操作人员在操作开关时能够看得见和听得到泵、混合器等设备的开车和停车。

设备布置应满足操作、检修和施工的要求。装置建成后，操作人员要在装置中常年累月地操作和管理，因此设备布置设计时必须为其提供方便。

要提供必要的检修和维护场地及通道。

为保证厂房内设备检修及大部件更换，需设置吊车、吊装孔、出入口、通道和场地。

常见操作所需的最小间距如图 7-13 所示。

(2) 安全因素

处理有毒的或有危险性物料的工业炉、火炬或其他有明火的设备，处理易燃和有挥发性液体的旋转设备和机械设备等应当集中布置并与车间内其他部门隔离。隔离需要具有常闭安全门的隔墙，必要时应设置淋浴设备、更衣室等设施。

应当严格划分危险区域的等级和范围，将同等级的设备集中布置，既保证生产安全，又避免将低安全等级要求的设备布置于高危险区域，以减少不必要的建设投资。

关键设备、有危险的设备或高温设备周边要预留有足够的空间、设置足够的安全设施，保证操作人员和维修人员的安全。

设置畅通的通道，避免有路缘、地表管道和其他不合适的高差变化。平台和过道要有两个或更多的安全出口。

要给叉车规划好安全道路，要为消防设施提供畅通无阻的通道，要考虑隔离开关、报警器、安全告示的位置。

(3) 经济因素

从经济的角度考虑，设备布置应以连接管道最短、附件最少为原则，以减少建设投资和操作费用。通常按工艺流程的顺序布置设备最容易满足要求。因此，除了罐、泵、压缩机等设备采用集中布置以及为保证安全而隔离的设备外，其他设备应尽量按照工艺流程顺序布置。

设备布置应尽可能紧凑。若无必要，设备应尽量低位布置。通常将设备布置在超过两层的构筑物上，其费用将大大增加。高度超过了 30m 为操作人员的安全所花费用增加得更多。一般只有当土地面积受到限制或需要物料利用位差自流时，才考虑提高标高。

混凝土或钢支承结构要考虑使用上的最优化，可以几个设备共用以确保通道平台发挥多重的作用。

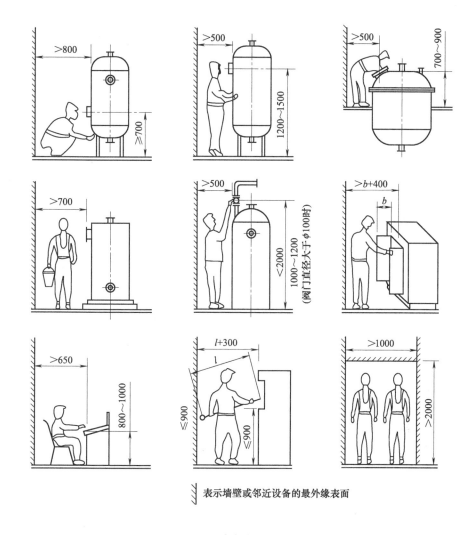

图 7-13　设备操作所需最小间距

(4) 设备安装与维修

大型设备的起吊和就位应有适当的通道。厂房要设有吊装孔。当厂房比较短时，吊装孔可设在一端，当厂房长度超过 36m 时，吊装孔应设在厂房中央。在底层吊装孔附近要有大门，使需要吊装的设备可以由此进出。考虑在适当的位置放置吊车、起重滑轮或预埋吊钩。

为了维修大型整体的设备，需要留出足够其移动及吊车通过的通道。一些需要更换内件、催化剂、吸附剂的设备，以及要经常清洗或拆卸的设备，其位置应仔细考虑。

保温层使设备、管道的外径变大，设备间的有效空间减少，在设备布置时应留有足够的空间。

(5) 外观

按美学的要求进行设备布置，装置不仅美观，必然也会在宏观上满足工艺、经济、安全等各种要求。

建筑物、构筑物和成组布置的设备应当形成整齐的对称均衡的布置，应尽可能把相似设备群按相同的形式进行布置。如精馏塔系统就是一个典型的例子，可以将各精馏塔及其塔顶冷凝器、冷却器、回流罐、回流泵、出料泵、再沸器等按相同的方式进行布置，使装置显得规整划一。

成排布置的塔如有可能可设置联合平台；换热器并排布置时，宜靠管廊侧管程接管中心线取齐；离心泵的排列应以泵出口管中心线取齐；卧式容器宜以靠管廊侧封头切线取齐；加热炉、反应器等宜以中心线取齐。

(6) 发展

如果将来装置有可能进行扩建，应留出足够的空间，以便扩建时的设备安装和调试对现有生产装置的干扰最小。

7.2.3.3 典型设备的布置方案

本节介绍五类典型化工设备的布置方案。其他类型的设备布置方案可参阅 HG/T 20546《化工装置设备布置设计规定》和 SH/T 3011《石油化工工艺装置布置设计规范》。

(1) 反应器

反应器是化学工艺的核心设备，通常伴有高温、高压、搅拌和催化剂装卸等要求，在进行设备布置时，应遵循以下通用原则，对有特殊要求的反应器，应严格按照相关标准进行布置。

反应器与提供反应热的加热炉的净距应尽量缩短，但不宜小于 4.5m。成组布置的反应器应中心线对齐成排布置在同一构架内。对于高温反应器，其支座或支耳与钢筋混凝土构件和基础接触的温度不得超过 100℃，钢结构不宜超过 150℃，否则应做隔热处理。根据工艺过程需要，反应器顶部可以设顶棚，反应器也可布置在厂房内。厂房内的反应器除需要设装卸催化剂和检修所需吊装机具之外，还要在厂房内设置吊装孔和场地。对于内部装有搅拌器或换热装置的反应器，应在这些部件的装卸方向上设置足够的空间，以方便检修。图 7-14 为顶部拆卸的釜式反应器预留空间示意图。

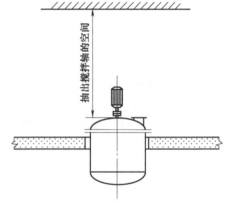

图 7-14　釜式反应器顶部预留空间示意图

操作压力超过 3.5MPa 的反应器应集中布置在装置的一端或一侧，高压、超高压有爆炸危险的反应设备，宜布置在防爆构筑物内。

对于需要人工添加物料、通过视镜观察内部反应情况和清洗反应器内部的反应过程，如在精细化工行业中常用的小型釜式反应器，必须按规定设置操作平台，设置从地面上起吊化学品的起吊设施。操作平台应留有足够的面积作投送和临时存放物料之用，如需要，还应在平台上预留放置废料贮斗的空间。为了满足清洗反应器的要求，照明、蒸汽和水等要布置得方便使用，还应特别注意地面排净的问题，有可能要设置清理时使用的附加通风系统。阀门、人（手）孔等应尽可能集中布置在反应器一侧 180° 范围内，以便于操作。见图 7-15。

通常将固定床反应器成组布置在框架内。框架顶部设有装催化剂和检修用的平台和吊装机具。框架下部应有卸催化剂的空间。框架的一侧应有堆放和运输催化剂所需的场地和通道。由于反应器的重量关系和为了便于维护、检修和操作，通常应将反应器安装在地面上。安装标高将取决于采用何种方法取走废旧催化剂。如果设计考虑从底部取走，则反应器应安装在足够的高度上，以便催化剂可以通过机械运输、皮带运输或手推车运走，如图 7-16 所示。

凡在顶部有可移动的内件或者有催化剂的反应器，在其上方必须设有平台和足够的净空（至少 2m²），以便操作工能够安全有效地工作。从侧面的人孔中移走催化剂或内件是手工操作，要在每个人孔底部周围留有平台工作地方（至少 2m²）。在任何情况下，在每个反应器的底下至少要留出 4m²，作为运输和临时存放新催化剂或废旧催化剂之用。

串联或并联的反应器可以采取公用支承的高架结构和采用一个起吊设备，如单轨吊车来为所有的反应器服务。这个高架结构同时也可用于装填催化剂和取出内件。

图 7-15　多台反应器及操作面布置实例

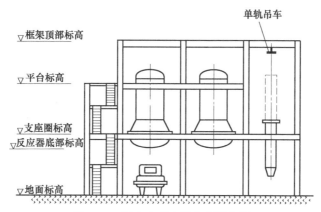

图 7-16　固定床反应器的立面布置

反应器之间的间距必须容许相互连接管道的热膨胀。

流化床反应器的布置一般和固定床反应器相同，但是要把它们相配的流体-固体分离设备和风机考虑进去。

(2) 塔器

① 塔器布置通则。塔器在化工流程中被广泛应用，塔器通常与其附属设备一起形成完整的工艺过程。以精馏分离为例，除精馏塔本体外，通常还有原料预热器、塔顶冷凝器、冷却器、回流罐、再沸器、塔釜产品冷却器及进、出料和回流泵等，在进行设备布置时，宜按工艺流程顺序，以塔为中心尽可能靠近布置，做到流程顺、管线短、占地少、操作维修方便。如在同一框架上与塔一起联合布置，也可以隔一管廊与塔分开布置，但再沸器应尽量靠近塔布置。大塔径塔宜用裙座式落地安装，用法兰连接的多节组合塔以及直径小于或等于 600 mm 的塔一般安装在框架内，并在塔顶对应的框架上设置吊装用的吊梁或吊耳。

塔本体的布置通常采用在塔器俯视方位划分不同的功能扇区的方式，常见的有配管区、维修区和仪表及爬梯区（见图 7-17）。配管区应靠近管廊，维修区应设置在塔体人孔位置，其下方靠近通道并预留有吊装空间。

② 塔的布置形式。a. 单排布置。有中心线对齐或一侧切线对齐两种，是采用较多的布置方式。采用单排布置时，各塔人孔宜布置在同一方位并位于维修区。b. 非单排布置。根据现场位置、工艺、设备强度等方面的要求，可采用双排或三角形布置，通过联合平台将各

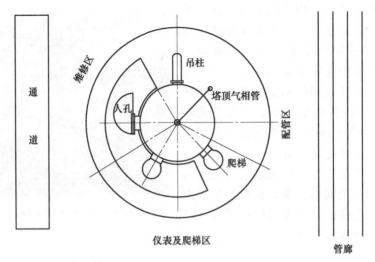

图 7-17　塔器布置的功能扇区

塔联系在一起提高其稳定性，也方便操作、维修和管理，但应注意平台的连接结构应能满足各塔不同的伸缩量及基础沉降不同的要求。小塔径大塔高的塔往往采用这种布置形式。c. 框架式布置。对直径 $DN \leqslant 1000mm$ 的塔可布置在框架内或框架的一侧，利用框架提高其稳定性和设置平台、梯子。

③ 塔底标高。a. 对于利用塔的内压或塔内流体重力将物料送往其他设备和管道时，应满足物料重力流动的要求，通过流体力学计算决定塔底标高。b. 采用泵抽吸出料时，应由泵所需的汽蚀裕量和吸入管道的压力降来确定塔的安装高度。为了保证负压塔塔底泵的正压操作，其最低液面标高应留有较大的裕量。c. 再沸器的结构形式和操作要求。d. 配管后需要通行的最小净空高度。e. 塔基础高出地面的高度，通常取 200mm。f. 对于成组布置的塔采用联合平台时，当平台标高取齐有困难时，可以调整个别塔的塔底标高。

④ 塔与管廊的间距。塔与管廊之间应留有宽度不小于 1800mm 的安装检修通道（净距）。管廊柱中心与塔设备外壁的距离不应小于 3000mm。塔基础与管廊柱基础间的净距离不应小于 300mm。

塔及关联设备的典型布置见图 7-6。

(3) 换热器

① 换热器布置通则。a. 与精馏塔关联的管壳式换热器，如塔底再沸器、塔顶冷凝冷却器等，宜按工艺流程顺序布置在塔的附近。b. 一种物料如需要连续经过多个换热器进行热交换时，宜成组布置。用水或其他冷剂冷却几组不同物料的冷却器，宜成组布置。c. 成组布置的换热设备，宜取支座基础中心线对齐，当支座间距不相同时，宜取一端支座基础中心线对齐。为了管道连接方便，也可采用管程进出口中心线取齐。d. 要考虑换热器抽管束或检修所需的场地（包括空间）和设施。换热器管束抽出端可布置在检修通道侧，所需净距通常为换热管束长度 $L+1000mm$。换热器检修和抽出管束可采用汽车吊，当汽车吊无法接近换热器、现场空间不足时，或不允许采用这种方式时，需再设置吊车梁、地面轨道、吊钩或其他检修用设施。e. 操作温度高于物料自燃点的换热器上方，如无楼板或平台隔开，不应布置其他设备。f. 重质油品或污染环境的物料的换热设备不宜布置在构架上。

② 布置间距。a. 换热器之间、换热器与其他设备之间、换热器与管廊及其他构筑物之间的距离，应满足 HG/T 20546 的要求。b. 对于有保温层的换热器，其相关间距是指保温

后外壳的净距。c. 当换热介质为气体并在操作过程中有冷凝液生成时，换热器的出口管一般应为无袋形管，并使冷凝液自流入受槽内。在进行设备布置时，应注意换热器与受槽之间的标高关系。d. 卧式换热器。应避免换热器中心线正对管架或框架柱子的中心线，以利于换热器管程清理及换热管更换。在管廊两侧成组布置换热器，所有封头与管廊柱之间的距离应一样。安装高度应保证其底部连接管道的最低净空不小于 150mm。e. 立式换热器。立式浮头式换热器面布置在构架上时，其上方应有抽管束的空间。位于立式设备附近的换热器，其间应有 1000mm 的通道。f. 浮头式换热器在地面布置时，应满足以下要求：浮头和管箱两侧应有宽度不小于 600mm 的空地，浮头端前方宜有宽度不小于 1200mm 的空地。管箱前方从管箱端算起应留有比管束长度至少长 1000mm 的空地。

③ 设备标高。a. 换热器支撑点标高除考虑底部管口标高及排液阀的配管所需净空外，对于钢平台设备支撑点，至少应高出 20mm。对于混凝土楼面，设备支撑点至少应高出楼面 50mm。b. 为了外观一致，成组布置的换热设备的混凝土支座高度应相同。c. 两台重叠布置的换热设备，只给出下部换热器中心线标高即可。如果两台互不相干的换热设备重叠在一起布置，则两台中心线的高差应满足管道设计的要求。d. 重叠布置的管壳式换热器一般以两台重叠为宜。特殊情况下（如技术改造）需三台重叠布置的，其最上一台换热器中心线的高度不宜超过 4500mm。

图 7-18 所示为卧式换热器与各类贮罐在框架上的立面布置。

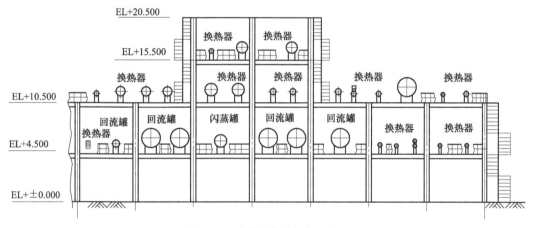

图 7-18 卧式换热器与容器布置

（4）容器

① 卧式容器宜成组布置，并按支座基础中心线对齐或按封头顶端对齐。

② 卧式容器的安装高度。a. 当流程上位于泵前时，应满足泵的净正吸入压头的要求。b. 对于底部带集液包的容器，其安装高度应保证操作和检测仪表所需的足够空间，以及底部排液管线最低点与地面或平台的距离不小于 150mm。c. 当支撑高度在 2.5m 以下时，可直接将支座（鞍座）放在基础上；大于 2.5m 则宜放在支架、框架或楼板上。

③ 容器与容器间、容器与建（构）筑物间的距离，以及通道的宽度等按 HG/T 20546 的要求设置。容器内带换热管束时，在抽出管束一侧应留有管束长度加 0.5m 的净空。

④ 对于带有大功率搅拌装置的立式容器，为了减少设备的振动和楼面的负荷，宜从地面设置支撑。

容器布置可参考图 7-18。

(5) 泵

① 泵布置通则。a. 泵的布置位置分为露天、半露天和室内布置三种。露天布置方式的优点是通风良好、操作和检修方便，泵通常集中布置于管廊下方或侧面，也可分散布置在被吸入设备附近。半露天布置适用于多雨地区，室内布置适用于寒冷或多风沙地区。b. 泵的布置方式有集中和分散布置两种。集中布置是将泵按一定的排列方式布置在车间的某一区域。分散布置是将泵布置在相关设备附近，这种布置方式适用于泵的数量少、工艺上有特殊要求或安全方面的要求的场合。c. 泵的排列方式要考虑操作与检修方便、美观等因素，可采用单排或双排布置。由于工艺中使用的泵型号、特性和外形都不一样，要做到整齐划一有困难，通常可采用以下两种对齐方式：一是将泵的出口取齐，并列布置；二是将泵的一端基础取齐。

② 布置间距。a. 泵的维修通道的宽度、泵与泵之间和泵至建、构筑物的净距应满足HG/T 20546 的要求。b. 泵前方的检修通道可考虑用小型叉车搬运零件所需的宽度，一般不应小于 1250mm，对于大泵要适当加大净距。c. 两台相邻的小泵可在同一基础上，相邻泵的突出部位之间最小距离为 400mm。

③ 泵的标高。a. 泵的基础面宜高出地面 300mm，最小不得小于 150mm。在泵的吸入口前安装过滤器时，泵的基础高度应考虑过滤器能方便清洗和拆装。b. 汽蚀余量（net positive suction head，NPSH）c. 确定泵吸入口标高时，一般要求吸入管线无袋形。对于可产生聚合的物料，停车时必须完全排放干净，因此要求吸入管带有坡度，坡度坡向泵的方向，并以此决定泵的标高。

④ 安全。a. 泵房设计应符合防火、防爆、安全、卫生、环保等有关规定，并考虑采暖、通风、采光、噪声控制等措施。b. 输送高温、易燃、易爆或有害介质的泵应布置在通风环境，宜采用敞开或半敞开布置。c. 成排布置的泵应按防火要求、操作条件和物料特性分别布置。采用露天或半露天布置时，操作温度等于或高于自燃点的可燃液体泵宜集中布置；与操作温度低于自燃点的可燃液体泵之间应有不小于 4500mm 的防火间距；与液体烃类泵之间应有不小于 7500mm 的防火间距。

图 7-19 所示为离心泵半露天、集中、单排和出口取齐方式的布置例。

图 7-19　离心泵布置

7.2.4　设备布置图的绘制

设备布置图根据车间设备布置设计的结果绘制而成，表示所有设备在车间范围内的位置和方向，是管路布置设计、设备就位与安装、装置的操作、管理与维护的技术依据，是化工厂的重要技术文件。

7.2.4.1　一般规定

(1) 图幅

设备布置图一般采用 A1 图幅，不加长加宽。特殊情况与可采用其他图幅。

(2) 划分网格

图纸内框的长边和短边的外侧，以 3mm 长的粗线划分等分，在长边等分区，自标题栏侧起依次写 A、B、C、D……；在短边等分区自标题栏侧起依次写 1、2、3、4……，如图 7-20 所示。A1 图幅长边分 8 等分，短边分 6 等分；A2 图幅长边分 6 等分，短边分 4 等分。

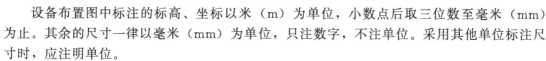

图 7-20　标题栏及网格号

（3）比例

设备布置图常用 1∶100 比例，也可用 1∶200 或 1∶50，视设备布置的疏密情况而定。

（4）尺寸单位

设备布置图中标注的标高、坐标以米（m）为单位，小数点后取三位数至毫米（mm）为止。其余的尺寸一律以毫米（mm）为单位，只注数字，不注单位。采用其他单位标注尺寸时，应注明单位。

（5）图名

标题栏中图名一般分成两行，上行写"××××设备布置图"，下行写"EL＋××.×××平面"或"×—×剖视"等。

（6）编号

每张设备布置图应单独编号。同一主项的设备布置图不应采用一个号，不应采用第几张共几张的编号方法。

（7）图线

图线用法见表 7-7。

表 7-7　图线用法的一般规定

线型	图线宽度/mm		
	粗线 0.6～0.9	中粗线 0.3～0.5	细线 0.15～0.25
实线	1. 可见设备的轮廓线 2. 动设备的基础（当不绘制动设备外形时）	设备基础	1. 原有设备的轮廓线 2. 设备管口 3. 土建的柱、梁、门窗、楼梯、墙、楼板、开孔、定位轴线编号等
虚线	1. 不可见设备的轮廓线 2. 不可见设备的基础（当不绘制动设备外形时）	设备基础	
点画线		1. 设备中心线 2. 设备管口中心线 3. 建筑轴线	
双点画线	界区线、区域分界线、接续分界线		预留设备

7.2.4.2　视图表达

设备布置图是在简化了的厂房建筑图上绘制设备布置内容，用以表示设备的方位以及与建筑物、设备与设备之间的相对位置，指导设备的就位与安装。

（1）设备布置图的基本内容

一组视图，尺寸与标注，方向标和标题栏是设备布置图的基本内容。方向标和标题栏分别位于图幅的右上角和右下角。

方向标如图 7-21 所示。其圆直径为 20mm，箭头下部宽度

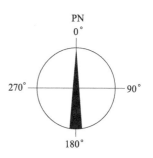

图 7-21　方向标

为 3mm。

对于设备较多、分区较多的主项，此主项的设备布置图应在标题栏的正上方列出设备表（表 7-8），便于识图。如需要，可在设备表上方、安装方位标下方列出必要的说明。

表 7-8　设备表

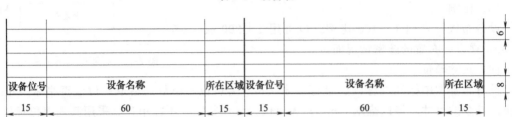

设备位号	设备名称	所在区域	设备位号	设备名称	所在区域
15	60	15	15	60	15

(2) 视图的选择

设备布置图一般只绘制平面图，故有时亦将设备布置图称为设备平面布置图。对于较复杂的或有多层建、构筑物的装置，当平面图表示不清楚时，可绘制剖视图。一般以联合布置

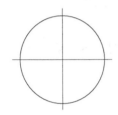

图 7-22　坐标原点

的装置或独立的主项为单元绘制，界区以粗双点画线表示，在界区外侧标注坐标，以界区左下角为基准点，注出其相当于在总图上的坐标 X、Y 数值。基准点亦称坐标原点，如图 7-22 所示，圆直径为 10mm。分区线外侧应标注接续图图号。

多层建筑物或构筑物，应依次分层绘制各层的设备布置平面图。各层平面图是以上一层的楼板底面水平剖切的俯视图。如在同一张图纸上绘几层平面时，应从最底层平面开始，在图中由下至上及由左至右按层次顺序排列，并在图形下方注明"EL＋××.×××平面"等。

一般情况下，每一层只画一个平面图，当有局部操作台时，在该平面图上可以只画操作台下的设备，局部操作台及其上面的设备另画局部平面图。如不影响图面清晰，也可用一个平面图表示，操作台下的设备画虚线。

当一台设备穿越多层建、构筑物时，在每层平面上均需画出设备的平面位置，并标注设备位号。位于车间建（构）筑物外而又不与其相连接的设备及其支架，一般只在底层平面图上予以表示。

(3) 建（构）筑物的表示

在绘制设备布置图时，应首先按土建专业图纸要求绘制出车间的建（构）筑物的轮廓、结构和构件，如柱子、墙壁、门、窗、楼梯、各类预留孔、操作台、栏杆、下水箅子、管沟（按比例画出沟长、宽及坡向）、明沟（按比例画出沟长、宽及坡向）、散水坡等。辅助间和生活间应写出各自的名称，如维修间、配电室、休息室、更衣室等。对承重墙、柱子等重要结构，应标注出定位轴线。与设备安装关系不大的门、窗等构件，一般仅在平面图上画出它们的位置和开启方向，在剖视图上无需表示。

设备布置图中图例及简化画法见表 7-9，常用缩写词见表 7-10。

表 7-9　设备布置图图例及简化画法

名　称	图例或简化画法	备　注
砾石(碎石)地面		
素土地面		

名　　称	图例或简化画法	备　　注
混凝土地面	涂红	
钢筋混凝土	涂红	涂红色也适用于素混凝土
安装孔、地坑		
电动机	M	
圆形地漏		
仪表盘、配电箱		
双扇门		剖面涂红色或填充灰色
单扇门		剖面涂红色或填充灰色
空洞门		剖面涂红色或填充灰色
窗		剖面涂红色或填充灰色
栏杆	平面　　　立面	
花纹钢板	局部表示网格线	
箅子板	局部表示箅子板	
楼板及混凝土梁		剖面涂红色或填充灰色

名　称	图例或简化画法	备　注
钢梁		混凝土楼板涂红色
楼梯	下　上　上　下	
直梯	平面　　　立面	
地沟混凝土盖板		
柱子		剖面涂红色或填充灰色
管廊		按柱子截面形状表示
单轨吊车	平面　　　立面	
桥式起重机	平面　　　立面	
悬臂起重机	平面　　　立面	
旋臂起重机	平面　　　立面	
吊车轨道及安装梁	TB	
铁路		线宽0.9mm

表 7-10 设备布置图常用缩写词

缩写	名　称	缩写	名　称	缩写	名　称
ABS	绝对的	FDN	基础	PF	平台
ATM	大气压	F-F	面至面	PID	管道及仪表流程图
BBP	(机器)底盘、底面标高	FL	楼板	PL	板
BL	装置边界	F.P	固定点	PN	工厂北向
BLDG	建筑物	GENR	发电机、发生器	POS	支撑点
BOP	管底	HC	软管接头	QTY	数量
C-C	中心到中心	HH	手孔	R	半径
C-E	中心到端面	HOR	水平的、卧式的	REF	参考文献
C-F	中心到面	HS	软管站	REV	版次
CHKD PL	网纹板	ID	内径	RPM	转/分(r/min)
C.L	中心线	IS.B.L	装置边界内侧	S	南
COD	接续图	MATL	材料	STD	标准
COL	柱、塔	MAX	最大	SUCT	吸入口
COMPR	压缩机	MFR	制造厂、制作者	T	吨
CONTD	续	MH	人孔	TB	吊车梁
DEPT	部门、工段	MIN	最小	THK	厚
D	直径	M.L	接续线	TOB	梁顶面
DISCH	排出口	N	北	TOP	管顶
DWG	图纸	NOM	公称的、额定的	TOS	架顶面或钢的顶面
E	东	NOZ	管口	TUBN	管程接管口
EL	标高	NPSH	净正吸入压头	VERT	垂直的、立式的
EQUIP	设备、装备	N.W	净重	VOL	体积、容积
EXCH	换热器	OD	外径		

（4）设备的表示

按照设备的实际布置位置，画出所有设备的中心线及轮廓线，包括金属支架、驱动机和传动装置。设备类型和外形尺寸可采用工艺设计部门给出的设备清单中的数据，如未给出，可按实际外形简略画出。非标准设备可适当简化画出其外形；卧式设备应画出其特征管口或标注固定侧支座；动设备可只画基础，并表示出特征管口和驱动机的位置。用虚线表示预留的检修场地（如换热器抽管束），按比例画出，无需标注尺寸（图 7-23）。

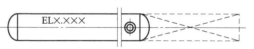

图 7-23　预留的检修场地

（5）标注

① 建（构）筑物的标注　按土建专业图纸要求标注建（构）筑物的定位轴线编号，编号由圆和字母或数字组成。圆的直径 8mm，置于建（构）筑物图样的下方和左侧。下方为横向编号，从左至右依次在圆内填写阿拉伯数字 1、2、3……。左侧为竖向编号，从下至上依次填写大写英文字母 A、B、C……。见图 7-24。

建（构）筑物的尺寸标注主要有以下四类：a. 总长度与总宽度；b. 定位轴线间的尺寸；c. 预留孔、洞及沟、坑等的定位尺寸；d. 地面、楼板、平台、屋面的高度尺寸，其他与设备安装定位有关的高度尺寸。

② 设备的标注　在设备布置图中，每台设备必须标注位号，位号标注在图形中心线上

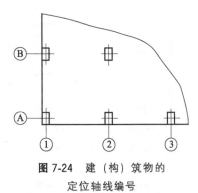

图 7-24 建（构）筑物的定位轴线编号

方。设备的定形尺寸一般无需标注，仅按比例画出设备的外形轮廓和方位。设备的定位尺寸是设备布置图中的核心尺寸，是确定设备位置的依据。每台设备的 x（平面横轴）、y（平面纵轴）和 z（高度轴）三个方向的尺寸必须唯一确定。通常 x 和 y 两个平面尺寸必须标齐，当设备轴线或定位部件与建（构）筑物定位轴线重合时，该方向的尺寸可省略。对于放置在楼板、已标明高度的操作平台或支架上的设备，如其高度已经明确，z 方向尺寸可省略。

a. 设备的平面定位尺寸 设备的平面定位尺寸通常采用以毫米为单位的数字进行标注，标注的基准为建（构）筑物轴线或管架、管廊的柱中心线，但应避免以区的分界线为基准线标注尺寸。设备的平面定位尺寸也可采用坐标系进行标注。

卧式容器和换热器以中心线和固定端支座为基准；立式反应器、塔、槽、罐和换热器以中心线为基准；离心泵、压缩机、鼓风机、蒸汽透平以中心线和出口管中心线为基准；往复泵、活塞式压缩机以缸中心线和曲轴（或电动机轴）中心线为基准；板式换热器以中心线和某一出口法兰端面为基准。

b. 设备的标高 设备在竖向（z 轴）的尺寸用标高表示。装置地面设计标高宜用 EL±0.000 表示，而且一个装置宜采用同一基准标高。

卧式换热器、槽、罐以中心线标高（C EL$+\times\times.\times\times\times$），也可以支承点标高表示（POS EL$+\times\times.\times\times\times$）；立式、板式换热器以支承点标高表示（POS EL$+\times\times.\times\times\times$）；反应器、塔和立式槽罐以支承点标高表示（POS EL$+\times\times.\times\times\times$）；泵、压缩机以主轴中心线标高（$C$ EL$+\times\times.\times\times\times$）或底盘底面标高（BBP EL$+\times\times.\times\times\times$）或基础顶面标高（POS EL$+\times\times.\times\times\times$）表示。管廊、管架应注出架顶的标高（TOS EL$+\times\times.\times\times\times$）。

典型设备的标注见图 7-25。

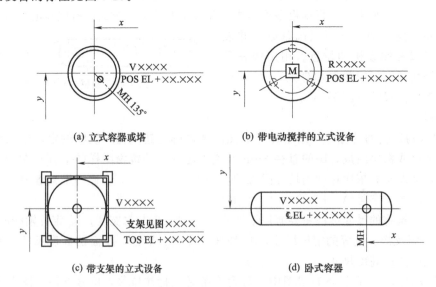

(a) 立式容器或塔

(b) 带电动搅拌的立式设备

(c) 带支架的立式设备

(d) 卧式容器

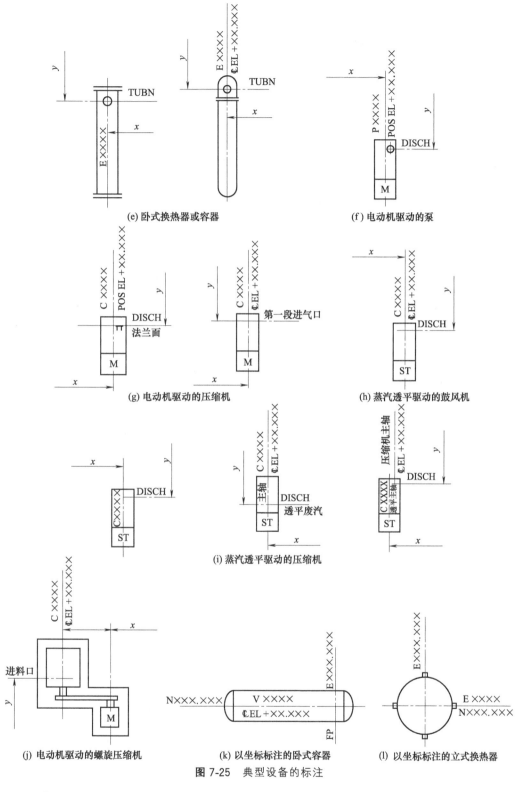

(e) 卧式换热器或容器 (f) 电动机驱动的泵

(g) 电动机驱动的压缩机 (h) 蒸汽透平驱动的鼓风机

(i) 蒸汽透平驱动的压缩机

(j) 电动机驱动的螺旋压缩机 (k) 以坐标标注的卧式容器 (l) 以坐标标注的立式换热器

图 7-25 典型设备的标注

(6) 例图

图 7-26 为某车间 EL±0.000 平面设备布置图的视图部分,供读者参考。

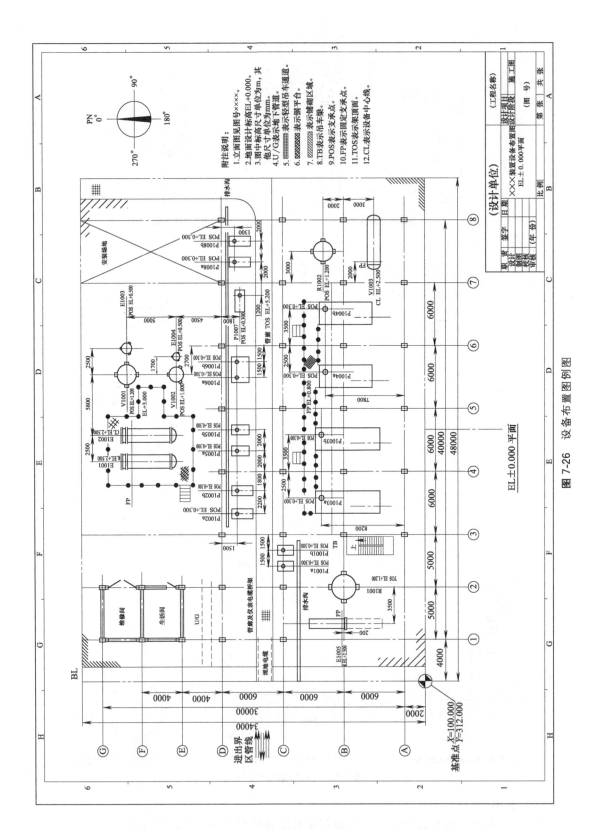

图 7-26 设备布置图例图

7.3 相关法规、标准

在化工厂布置设计过程中，应严格遵守国家有关法律、法规、标准和规范。以下为常用的技术标准，在使用过程中要注意标准的更新，遵照现行标准执行。

① 中华人民共和国爆炸危险场所电气安全规程（试行，1987）

② GB 50984—2014《石油化工工厂布置设计规范》

③ GB 50187—2012《工业企业总平面设计规范》

④ GB 50160—2008《石油化工企业设计防火规范》

⑤ GB 50016—2014《建筑设计防火规范》

⑥ GB 12348—2008《工业企业厂界环境噪声排放标准》

⑦ GB 50058—2014《爆炸危险环境电力装置设计规范》

⑧ GB 50009—2012《建筑结构荷载规范》

⑨ GBJ 22—1987《厂矿道路设计规范》

⑩ GBJ 2—1986《建筑模数协调统一标准》

⑪ GB/T 50006—2010《厂房建筑模数协调标准》

⑫ SH/T 3053—2002《石油化工企业厂区总平面布置设计规范》

⑬ SH/T 3013—2000《石油化工厂区竖向布置设计规范》

⑭ SH/T 3011—2011《石油化工工艺装置布置设计规范》

⑮ SH/T 3007—2007《石油化工储运系统罐区设计规范》

⑯ SH/T 3014—2002《石油化工企业储运系统泵房设计规范》

⑰ SH/T 3017—2013《石油化工生产建筑设计规范》

⑱ SH/T 3032—2002《石油化工企业总体布置设计规范》

⑲ HG/T 20546—2009《化工装置设备布置设计规定》

⑳ HG 20571—2014《化工企业安全卫生设计规范》

◉ 思考及练习

7-1 化工厂选址要考虑哪些方面的因素？

7-2 如何根据建设项目的具体要求进行化工厂选址？

7-3 石油化工厂按设施不同分成哪几个功能区，每个功能区各包括哪些主要设施？

7-4 如何绘制风向玫瑰图？

7-5 工厂布置图需要标明方向标，其中 PN、CN、GN、TN、N 各代表什么意思？

7-6 为什么要使用建北方向标？

7-7 车间厂房布置有哪几类基本形式？它们各有什么优缺点？

7-8 熟悉典型化工设备的布置方案。

7-9 设备布置设计主要有哪几个阶段？各阶段分别有哪些任务？

7-10 设备布置图有哪几项的基本内容？

7-11 在设备布置图中怎样表示建（构）筑物结构？

7-12 如何在设备布置图中标注设备的水平和竖向尺寸？

主要参考文献

[1] 梁仁彩. 化学工业布局概论 [M]. 北京：科学出版社，1982.

[2] （英）J. C. 麦克兰保著，工厂布置 [M]. 陈信芳，李全熙译. 北京：化学工业出版社，1982.

[3] 陈声宗. 化工设计 [M]. 第 3 版. 北京：化学工业出版社，2012.

[4] 李国庭等. 化工设计概论 [M]. 第 2 版. 北京：化学工业出版社，2015.

[5] 王红林，陈砺. 化工设计 [M]. 广州：华南理工大学出版社，2001.

[6] 林大钧，于传浩，杨静. 化工制图 [M]. 北京：高等教育出版社，2007.

[7] 李平，钱可强，蒋丹. 化工工程制图 [M]. 北京：清华大学出版社，2011.

第8章

管道布置设计

　　化学工业是物质转化和分离的过程工业，流体（液体和气体）是主要的物态。化工设备通过管道相联接，将各种流体送往相应的位置，以完成加工过程。在化工装置中，由各类管道组成的管网系统庞大、复杂。据文献统计，管道设计工作量约占化工工艺设计工作总量的40％，管道安装工作量约占工程安装工作总量的35％，管道费用约占工程总投资的20％。因此，科学合理地对管网进行设计，是安全、环保、经济地完成生产任务的基本保证。

8.1　管道布置设计的内容

　　化工装置管网设计又称为配管设计，是化工设计的重要组成部分。在大型设计院中，管网设计又被细分为管道设计和管道布置设计。管道设计主要完成管网的基本结构和参数设计，如设备间的管道连接、管道内物料类型和走向、管道分支、管道材料、管道尺寸（公称直径、外径、壁厚等）、主要管件、阀门大小和种类、管道用小型设备（过滤器、视镜、阻火器等）和管道的连接方式等内容，设计结果主要通过管道及仪表流程图（PID）表示出来。但PID并不能表示出设备间的相对位置、管道的具体走向与位置，因此也就无法计算出管道的实际长度、弯头等管件的数量、流体在管道内的流动阻力、管架的形式与数量、管道绝热材料的数量、管道间距及相互位置关系、管道穿越建（构）筑物（穿墙、穿楼板等）的数量及位置等。上述这些内容应由管道布置设计（也称布管设计）人员完成，设计的结果主要通过管道布置图、管道轴测图和各类管道、管件、绝热材料及其他附件清单表示。管道布置设计主要执行标准HG/T 20549《化工装置管道布置设计规定》、HG/T 20519《化工工艺设计施工图内容和深度统一规定》和SH/T 3012《石油化工金属管道布置设计规范》。

　　在实际设计过程中，管道设计与管道布置设计并没有严格划分，往往是一个相互协调、相互复核、共同修改完善的过程。本章在兼顾管道设计的前提下，主要讨论管道布置设计。

8.2　管道器材

8.2.1　管道

8.2.1.1　管道的分类
根据管道的各种特性，可以用多种分类法对管道进行描述。

从管道的刚度可将管道分为刚性管（硬管）和挠性管（软管）两大类。在固定装置中大量使用的是刚性管，而挠性管主要用于临时接管，如装卸、冲洗、消防等，或用于减震、管道热补偿等。

按材料对管道进行分类是最常用的管道分类法之一，如图 8-1 所示。

化工过程，特别是温度、压力、腐蚀、燃爆性等均远离常态的化工过程，对管道材料有很高的要求，目前大量使用的是各类钢管。制造钢管的材料种类繁多，适用范围互相重叠，价格差异很大。对于设计人员来说，在具体的工艺过程中正确地选用管道材料，既保证工艺过程能正常进行，又保证项目的经济性，是有一定难度的。随着我国化学工业走出国门步伐的加快，设计人员还需面对全球各国的标准、各种材料和各种管型。因此，设计人员必须深入钻研各种管材的性能，熟悉标准，

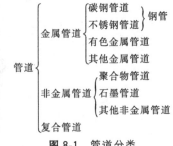

图 8-1　管道分类

了解市场变化，为管道设计打好基础。目前，我国相关标准主要有：SH/T 3059《石油化工管道设计器材选用规范》，SH/T 3096《高硫原油加工装置设备和管道设计选材导则》，SH/T3129《高酸原油加工装置设备和管道设计选材导则》。国际上比较常用的是美国标准 ASME B31.3。在施工图阶段的设计文件中，必须标明钢管的牌号（钢号）。

非金属管道有一些特殊性能是金属管道无法比拟的，如抗腐蚀性能。随着非金属管道工程特性的提高，其在装置上的使用量在逐渐增加。工业上常用的聚合物管道有聚氯乙烯管（PVC-U 管）、聚乙烯管（PE 管）、聚丙烯管（PP 管）、丙烯腈-丁二烯-苯乙烯管（ABS 管），还有不透性石墨管和玻璃钢管（FRP 管）等。

复合管道主要是指为了提高管道的某种性能、又保证其强度和经济性而采取某种技术手段加工出来的管。以提高抗腐蚀性为例，通常管道主体结构采用碳钢，而接触腐蚀性物料的部分衬耐腐蚀材料，常见的有碳钢与不锈钢复合，也可以是碳钢与非金属材料复合，如钢骨架聚乙烯复合管和各种衬里管。也有非金属材料之间进行复合的管道，如聚氯乙烯/玻璃钢（PVC/FRP）复合管、聚丙烯/玻璃钢（PP/FRP）复合管等。耐腐蚀面可以在管内、管外或内外双侧。

除上述分类外，还可以根据管道的加工方式或结构特点进行分类。如将钢管分为无缝钢管和焊接钢管；根据加工方式分为热轧管、冷拔管；根据尺寸大小分为大直径管、小直径管和薄壁管；根据使用条件分为高、中、低压管，高温管、深冷管；根据管道用途分为流体输送管、锅炉用管、化肥用管、热交换器用管、石油裂化用管和结构用管等。

8.2.1.2　钢管的尺寸

在化工设计中，公称直径是在设计文件中大量使用的管径表示方法，它以较规整的数字形式表示管道的（近似）直径，方便表示和记忆，也可以视为钢管尺寸的简化表示法。公称直径用符号 DN 表示，早年曾使用 D_g。公称直径通常是一个完整的数字，如 $DN80$、$DN150$ 等，该数字与管道的真实尺寸接近，但一般不相等。公称直径有公制（SI）和英制两种，公制的单位为毫米（mm），英制单位为英寸（in），其对照如表 8-1 所示。目前，中国、德国、日本和国际标准化组织等用公制，美国则有公制和英制两种表示方法。

根据钢管生产工艺的特点，钢管产品是按其外径和壁厚系列组织生产的，钢管的尺寸也以此为基准表示。如钢管的外径为 89mm，壁厚为 3.2mm，可表示为 $\phi89\times3.2$。对于同一系列的管，其外径保持一致，壁厚的变化只影响内径，这也为管道的连接、紧固、支撑和绝热施工提供了方便。目前许多国家都有自己的钢管尺寸系列和标准，随着工程精细化程度的

表 8-1　公制和英制管公称直径（DN）对照

公制/mm	英制/in	公制/mm	英制/in	公制/mm	英制/in
6	1/8	(175)	7	1100	44
8	1/4	200	8	1200	48
10	3/8	(225)	9	1400	56
15	1/2	250	10	1500	60
20	3/4	300	12	1600	64
25	1	350	14	1800	72
(32)	1¼	400	16	2000	80
40	1½	450	18	2200	88
50	2	500	20	2400	96
(65)	2½	600	24	2600	104
80	3	700	28	2800	112
(90)	3½	800	32	3000	120
100	4	900	36	3200	128
(125)	5	1000	40	3400	136
150	6				

提高，管道的尺寸系列不断扩充，各种管径的钢管不断出现，尺寸系列变得愈加庞大和复杂，各国标准之间难以统一，这使得公称直径与钢管外径之间的对应关系也难以确定。就我国而言，在现行标准中，对于同一公称直径的钢管外径尺寸尚未统一。因此，在需要准确表示钢管尺寸的场合，如管道清单、管路布置图、与管道连接相关的技术文件等，均应直接标出其外径和壁厚。

8.2.1.3　常用标准

以下是化工厂管路设计过程中常用的标准，须遵照执行。

（1）尺寸系列及材料

GB/T 17395《无缝钢管尺寸、外形、重量及允许偏差》

SH/T 3405《石油化工钢管尺寸系列》

SH/T 3059《石油化工管道设计器材选用规范》

SH/T 3096《高硫原油加工装置设备和管道设计选材导则》

SH/T 3129《高酸原油加工装置设备和管道设计选材导则》

（2）流体输送用管

GB/T 8163《输送流体用无缝钢管》

GB/T 12771《流体输送用不锈钢焊接钢管》

GB/T 3091《低压流体输送用焊接钢管》

GB/T 14976《流体输送用不锈钢无缝钢管》

GB/T 31940《流体输送用双金属复合耐腐蚀钢管》

SY/T 5037《普通流体输送管道用埋弧焊钢管》

SY/T 5038《普通流体输送管道用直缝高频焊钢管》

YB/T 4331《流体输送用大直径合金结构钢无缝钢管》

YB/T 4332《流体输送用大直径碳素结构钢无缝钢管》

YB/T 4335《流体输送用冶金复合双金属无缝钢管》

（3）特殊用管

GB 5310《高压锅炉用无缝钢管》

GB 6479《高压化肥设备用无缝钢管》

GB/T 8890《热交换器用铜合金无缝管》

GB 9948《石油裂化用无缝钢管》

GB 3087《低中压锅炉用无缝钢管》

GB/T 3089《不锈钢极薄壁无缝钢管》

GB/T 3090《不锈钢小直径无缝钢管》

GB 13296《锅炉、热交换器用不锈钢无缝钢管》

GB/T 18984《低温管道用无缝钢管》

(4) 结构用管

GB/T 12770《机械结构用不锈钢焊接钢管》

GB/T 8162《结构用无缝钢管》

GB/T 14975《结构用不锈钢无缝钢管》

(5) 有色金属管

GB/T 3625《换热器及冷凝器用钛及钛合金管》

GB/T 6893《铝及铝合金拉（轧）制无缝管》

GB/T 4437.1《铝及铝合金热挤压管　第1部分：无缝圆管》

GB/T 4437.2《铝及铝合金热挤压管　第2部分：有缝管》

(6) 非金属管及复合管

GB/T 4217《流体输送用热塑性塑料管材　公称外径和公称压力》

SY/T 6769.1《非金属管道设计、施工及验收规范　第1部分：高压玻璃纤维管线管》

SY/T 6769.2《非金属管道设计、施工及验收规范　第2部分：钢骨架聚乙烯塑料复合管》

SY/T 6769.3《非金属管道设计、施工及验收规范　第3部分：塑料合金防腐蚀复合管》

SY/T 6769.4《非金属管道设计、施工及验收规范　第4部分：钢骨架增强塑料复合连续管》

8.2.2　管道连接

8.2.2.1　连接方式

管道的连接方式有固定式和活动式两种。

固定式连接用于不需要拆卸的管道，其连接强度高，不易泄漏，是化工管道的主要连接方式。对于金属管道，固定式连接主要采用焊接。

活动式连接主要有法兰连接、螺纹连接、卡箍连接和承插连接，如图8-2所示。

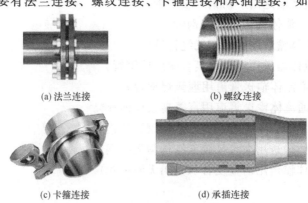

(a) 法兰连接　　　　　　　　　　　　(b) 螺纹连接

(c) 卡箍连接　　　　　　　　　　　　(d) 承插连接

图8-2　管道的活动式连接

法兰连接是化工装置中管道活动连接的主要形式。使用时，将需要连接的管口两端分别连接（主要为焊接）在一对法兰上，法兰间加垫片，通过紧固件将两片法兰收紧，即完成连接。法兰连接的优点是施工方便，拆装容易，密封性好，承压能力强。

螺纹连接是另一种常用的管道连接方式。使用时，在管道端口处加工出管螺纹，并在其上缠绕填料，再拧入管件中。使用量最大的填料是俗称生料带的聚四氟乙烯带，也有采用麻丝加油漆的混合填料。螺纹连接常用于对压力、泄漏等要求不高的小直径管道的连接，如自来水管网、排水管网等。螺纹连接的密封性能与螺纹加工、现场安装水平有很大关系。

卡箍连接属于快开快装型连接方式，有一套特制的卡具。管道两端分别通过焊接或螺纹连接在卡具上，中间加垫片，用箍将两端收紧，拧紧螺纹，即完成连接。卡箍连接常用于食品、生物、精细化工等需要经常清洗而操作压力不高的管道。

承插连接一端的管道有一段扩大段，其内径比正常管道的外径稍大，另一端插入扩大段，加入黏合剂进行密封。承插连接是介于固定式和活动式连接之间的连接方式，常用于压力不大的流体输送，如自来水管网、雨水系统、污水系统等。采用承插连接方式的管道类型主要有铸铁管、塑料管、混凝土管、波纹塑料管等。

8.2.2.2 法兰连接

(1) 法兰与法兰盖

用于管道连接的法兰称为管法兰，有时也直接称为法兰。法兰是法兰连接的重要部件，见图 8-3（a）。法兰与管道连接方式有五种基本类型：平焊、对焊、承插焊、螺纹和松套，见图 8-4。法兰的密封面有宽面、光面、凹凸面、榫槽面和梯形槽面等形式，见图 8-5。在各种不同的法兰标准中，密封面形式略有不同。

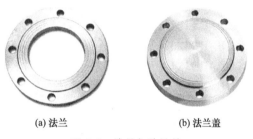

(a) 法兰　　　　　　(b) 法兰盖

图 8-3　法兰与法兰盖

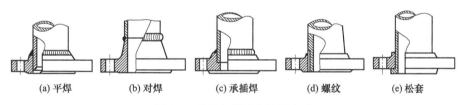

(a) 平焊　　(b) 对焊　　(c) 承插焊　　(d) 螺纹　　(e) 松套

图 8-4　法兰与管道的连接方式

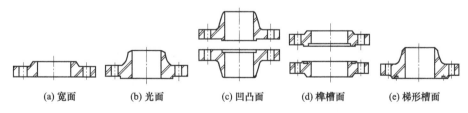

(a) 宽面　　(b) 光面　　(c) 凹凸面　　(d) 榫槽面　　(e) 梯形槽面

图 8-5　法兰的密封面形式

进行管路设计时，可直接按标准选用法兰，也可自行设计。法兰标准是按公称压力（PN）和管道的公称直径（DN）或外径进行分类的，相同管径不同公称压力的法兰，尺寸甚至结构上会有很大差异，在选用时应予以足够注意，否则无法连接。当管法兰与设备管口、阀门和管件等相连接时，设计人员应仔细研读对应法兰的标准，正确进行配套。

管法兰标准较多，除国标（GB）系列外，各行业也制定了本行业的管法兰标准，与化工相关度较高的有机械行业标准（JB）、化工行业标准（HG）、石油化工行业标准（SH）和轻工行业标准（QB）等，不同标准对法兰的要求和尺寸有差异，在使用中要注意区分，最好在同一项目中使用同一系列的法兰标准，以免引起混乱。以下是国标管法兰系列标准：

GB/T 9112《钢制管法兰　类型与参数》

GB/T 9113《整体钢制管法兰》

GB/T 9114《带颈螺纹钢制管法兰》

GB/T 9115《对焊钢制管法兰》

GB/T 9116《带颈平焊钢制管法兰》

GB/T 9117《带颈承插焊钢制管法兰》

GB/T 9118《对焊环带颈松套钢制管法兰》

GB/T 9119《板式平焊钢制管法兰》

GB/T 9120《对焊环板式松套钢制管法兰》

GB/T 9121《平焊环板式松套钢制管法兰》

GB/T 9122《翻边环板式松套钢制管法兰》

GB/T 9123《钢制管法兰盖》

GB/T 9124《钢制管法兰　技术条件》

GB/T 13402《大直径钢制管法兰》

法兰具有许多优越性能，因此在各种可拆卸连接中广泛使用。在化工厂中，法兰除了用于管道连接，还大量应用于设备的连接。如塔节间连接、列管式换热器换热段与封头间的连接、反应釜封头与筒体间的连接等。设备上使用的法兰称为压力容器法兰，简称设备法兰。设备法兰与管法兰属不同的系列，有各自标准，在选用时应注意区分。

法兰盖用于管道末端封堵，也称为盲板法兰，见图 8-3（b）。

（2）法兰紧固件

在进行管道连接时，需要采用紧固件将两片法兰紧固，以保证管道的密封性能。GB/T 9125《管法兰连接用紧固件》规定了管法兰连接用紧固件的型式与尺寸、材料及力学性能等技术要求，紧固件包括六角头螺栓、等长双头螺柱、全螺纹螺柱、六角螺母和大六角螺母，适用于钢法兰、铸铁法兰、铜合金法兰等不同材料的管法兰连接用紧固件，设计时应参照执行。

（3）垫片

在法兰片之间放置垫片，通过收紧紧固件使垫片受压变形而形成密封。常用的法兰垫片有非金属垫片、半金属垫片和金属垫片。非金属垫片也被称为软垫片，常用材料有橡胶石棉、聚四氟乙烯等，用于操作温度与压力接近于常态的管法兰密封。半金属垫片由金属材料和非金属材料共同组合而成，常用的有缠绕式垫片和金属包垫片，其所能承受的温度和压力范围较广。金属垫片完全由金属制成，有波形、齿形椭圆形、八角形和透镜垫等，用于半金属垫片所不能承受的高温高压管道法兰密封。国标管法兰垫片标准如下：

GB/T 4622.2《缠绕式垫片　管法兰用垫片尺寸》

GB/T 9126《管法兰用非金属平垫片　尺寸》

GB/T 9128《钢制管法兰用金属环垫　尺寸》

GB/T 9129《管法兰用非金属平垫片　技术条件》

GB/T 9130《钢制管法兰用金属环垫　技术条件》

GB/T 13403《大直径钢制管法兰用垫片》

GB/T 13404《管法兰用非金属聚四氟乙烯包覆垫片》

GB/T 15601《管法兰用金属包覆垫片》

GB/T 19675.1《管法兰用金属冲齿板柔性石墨复合垫片　尺寸》

GB/T 19675.2《管法兰用金属冲齿板柔性石墨复合垫片　技术条件》

行业标准也对管法兰垫片进行了规范，进行设计时，应尽量采用同一系列标准。

8.2.3　管件

管件用于改变管道的走向、标高、管径，以及管道分支等。由于化工管网系统的复杂性，导致管件的种类繁多，主要管件大类有：弯头、三通、四通、异径管、管箍、活接头、管接头、螺纹短节、管帽（封头）、堵头（丝堵）、内外丝等，制造管件的材料与管道材料相一致。钢管件多采用无缝钢制管件和锻钢管件，大口径管道有时也采用钢板制焊接管件。国标常用金属管件标准如下：

GB/T 12459《钢制对焊无缝管件》

GB/T 13401《钢板制对焊管件》

GB/T 14383《锻制承插焊和螺纹管件》

GB/T 17185《钢制法兰管件》

GB/T 19228.1《不锈钢卡压式管件组件　第1部分：卡压式管件》

GB/T 27684《钛及钛合金无缝和焊接管件》

GB/T 27891《碳钢卡压式管件》

GB/T 29168.2《石油天然气工业　管道输送系统用感应加热弯管、管件和法兰　第2部分：管件》

8.2.4　阀门

阀门是化工管网系统中的重要组成部分，主要起如下作用：连通和切断管路，调节液体流量、压力，分离、混合或分配流体，保证流体流向，防止超压等。阀门的种类很多，其功能和性能各不相同，价格相差很大，设计人员必须正确选用，才能保证阀门安全、可靠地工作，并将管网投资控制在合理的范围内。

8.2.4.1　阀门的选用

选用阀门时应考虑以下因素：

(1) 阀门的作用

充分认识阀门在工艺管网的中的作用，是正确选用阀门的前提。如有些阀门在管道中只起启、闭作用，无须进行流量调节，即：开启时需要全开，且流体通道与管道内径应尽量一致，以减少流动阻力；而关闭时需要全闭，完全切断管路，闸阀是常用的阀型。启闭类阀门用于某些特殊场合时，还要求能快速启闭，球阀、旋塞阀可满足要求。调节流量是阀门的另一主要功能，截止阀是最常用的阀型。有些阀型同时兼有两者功能，但某一项会相对突出。有时工艺上会对阀门提出更高的要求，如阀门关闭时要求完全不渗漏，要求精确调节流量等，这时就需要更准确地选用阀型，或采用更高等级的阀门。

(2) 流体的性质

化工装置中的流体性质千差万别，从相态上，有气相、液相、多相流体混合物等，具体的如工艺气体、水蒸气、浆液、悬浮液、黏稠液体、含尘气体、含固体颗粒液体等；从物性上，流体或具有腐蚀性、燃爆性、毒性等；从操作条件上，温度、压力，以及由此而产生的相变等。上述性质的变化均对阀门的正常操作产生重大影响，在选择阀门时应予以充分的考虑。

(3) 阀门阻力

阀门的阻力对流体在管网系统中的流动阻力的贡献值较大，在选择阀门时需要注意。如截止阀是通过改变流道截面、增大流动阻力进行流量调节的，在只需阀门起启闭作用时，就不应该选用。

(4) 阀门尺寸与连接方式

阀门尺寸根据流体的流量和允许的压力损失通过计算决定，通常与所连接的工艺管道尺寸一致。阀门与管道的连接方式主要有法兰和螺纹两种，大直径的阀门基本上为法兰连接。阀门的连接法兰根据其耐压等级而不同，在进行配管设计时，要特别留意，以正确选择阀门的对应法兰。

(5) 操作条件

应根据阀门所处的操作条件（温度、压力等）正确选用阀门。

(6) 阀门材料

阀门的不同部件通常由不同的材料制成，应根据阀门的工作环境，正确选择阀门材料，并重点关注阀门密封件材料。

(7) 经济性

阀门投资通常占装置配管费用的 $40\%\sim50\%$，在保证系统性能的前提下，选用价格较低的阀门，可大大降低装置的投资成本。

8.2.4.2 常用阀门

(1) 截止阀（stop valve）

截止阀如图 8-6 所示。流体由阀瓣下方向上流经阀瓣与阀座间的环形空间进入阀瓣上部，由出口通道流出。可以通过手轮转动阀杆，带动阀瓣升降以改变环形空间，从而改变流体的流动阻力来达到调节流量的目的。截止阀有着优越的调节流量功能，适用于气体、蒸气、各类液体，但不适用于有固体颗粒或高黏度流体。截止阀可以在任意位置安装，但流体的流向应与阀门要求一致。截止阀除了图 8-6 所示的基本阀形外，还可变形为角形、Y 形和针形等形式，也可做成专供节流用的节流阀。

(2) 闸阀（gate valve）

闸阀通过一块与流体流动方向相垂直的闸板的启闭完成开启和关闭功能，如图 8-7 所示。闸阀全开时，闸板可以完全升起进入阀体内，这时流体通道与直通管道一致，可大大降低流体通过阀门的阻力。当闸阀部分开启时，虽可起到流量调节作用，但流体会在闸板后产生涡流，易引起闸板的侵蚀和振动，也易损坏阀体和密封面。因此，闸阀只用作启闭型阀门，而不用作流量调节。闸阀的闸板随阀杆一起

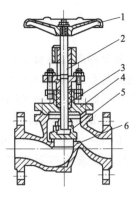

图 8-6 截止阀

1—手轮；2—阀杆；3—填料函；4—阀盖；5—阀瓣；6—阀座

作直线运动的，称为明杆闸阀。当明杆闸阀开启时，阀杆也上升，故可从阀杆位置粗略判断阀门的启闭状态。在安装时，必须为阀杆的运动留出足够的空间。阀杆不随闸板升降的称为暗杆闸阀或旋转杆闸阀。

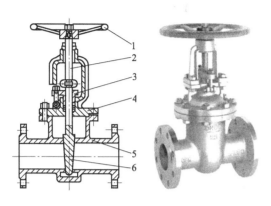

图 8-7　闸阀
1—手轮；2—阀杆；3—填料函；4—阀盖；
5—阀体；6—闸板

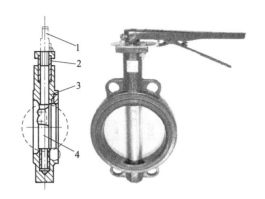

图 8-8　蝶阀
1—阀杆；2—填料函；3—阀体；4—蝶板

（3）蝶阀（butterfly valve）

蝶阀采用固定在阀杆上的圆盘式蝶板作为启闭件，阀杆转动 90°完成启闭过程，如图 8-8 所示。蝶阀可用于控制空气、水、蒸气、液态流体、各种腐蚀性介质、泥浆、油品、液态金属和放射性介质等各种类型流体的流动，起切断和节流作用。当蝶板开启角度为 20°～75°时，流体流量与开启角度成线性关系。蝶阀的连接方式有对夹式、法兰式、凸耳式和焊接式。由于蝶阀结构简单、操作便捷、启闭速度快、流体阻力小、流量调节准确、价格便宜，近年来，被广泛用于替代截止阀、闸阀、自动控制系统的调节阀等传统阀门。

（4）球阀（ball valve）

球阀（见图 8-9）的启闭件为固定在阀杆上的球体，球体中间有供流体流动的通道，当球体绕轴线旋转 90°时阀门完成启闭。球阀的流动阻力较小，全通径的球阀在全开时基本没有流阻。球阀主要用于切断、分配和改变介质的流动方向，用于流体的调节与控制时要慎重。由于球阀可快速启闭，且密封性能好，适用于安全等用途的管道启闭。球阀可用于水、溶剂、酸、油品和天然气等一般介质，也适用于浆液和黏性流体，特别适用于含纤维、微小

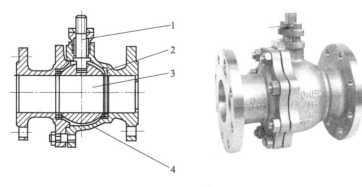

图 8-9　球阀
1—阀杆；2—密封圈；3—球体；4—阀体

固体颗粒等介质。

(5) 旋塞阀（plug valve）

旋塞阀是一种结构简单的阀门，其启闭件是一圆柱形或圆锥形的阀塞，中间有流体通道，如图 8-10 所示。旋塞阀易于适应多通道结构，以致一个阀可以获得两个、三个，甚至四个不同的流道。这样可以简化管道系统的设计、减少阀门用量以及设备中需要的一些连接配件。旋塞阀的很多特性与球阀相类似，但旋塞阀的阀塞与阀杆为同一部件，特别适用于带固体颗粒的流体。

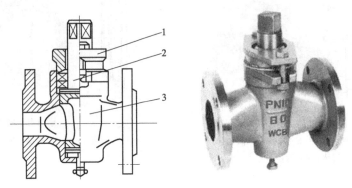

图 8-10 旋塞阀
1—填料函；2—阀塞；3—阀体

(6) 止回阀（check valve）

止回阀用于保证流体在管道中的单一流向，当流体顺流时开启，逆流时关闭。图 8-11 所示为旋启式止回阀，此外还有升降式止回阀。使用时一定要注意阀门的流向，以免装反。

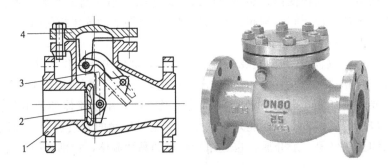

图 8-11 旋启式止回阀
1—阀体；2—阀瓣；3—摇杆；4—阀盖

(7) 其他阀门

除上述阀门外，还有一些常用的阀门类型。

疏水阀用于水蒸气与冷凝水分离，使冷凝液排出系统而水蒸气被截流。疏水阀有多种类型，如根据蒸汽与冷凝水密度差进行分离的机械型疏水阀、根据蒸汽与冷凝水温度差进行分离的热静力型疏水阀、根据蒸汽与冷凝水的热力学特性进行分离的热动力型疏水阀、根据蒸汽与冷凝水密度差及气体操作进行分离的特殊疏水阀。

安全阀在系统工作压力超过给定值时即自动开启，使流体外泄，当压力回复正常后又自动关闭，以保证系统正常操作。常用的有弹簧式安全阀。

减压阀使流体通过阀瓣时产生阻力，造成压力损失以达到减压的目的，主要阀型有波纹管式、活塞式、先导薄膜式等。

隔膜阀的启闭件为有弹性的隔膜，通常为橡胶。隔膜由阀杆带动，沿阀杆的轴线作升降运动从而起到启闭作用。隔膜还阻隔了流体进入阀杆和阀盖内腔，因此无需填料函进行密封。阀体内与流体接触的部分通常衬以橡胶材料，因此隔膜阀有良好的耐腐蚀性能，并具有密封性能好、流体阻力小、结构简单和易于维修等优点，适合用于温度小于 200℃、压力小于 1.0MPa 的油品、水、酸性介质和含悬浮物的介质，但不适用于有机溶剂、强氧化剂等介质。

8.2.4.3 阀门型号

按照 JB/T 308—2004《阀门　型号编制方法》，阀门型号由阀门类型①、驱动方式②、连接形式③、结构形式④、密封面材料或衬里材料类型⑤、压力代号或工作温度下的工作压力⑥、阀体材料⑦等七部分组成，如图 8-12 所示。

图 8-12　阀门型号

（1）阀门类型代号

阀门类型代号用汉语拼音字母表示，见表 8-2。

表 8-2　阀门类型代号

阀门类型	代号	阀门类型	代号
弹簧载荷安全阀	A	排污阀	P
蝶阀	D	球阀	Q
隔膜阀	G	蒸汽疏水阀	S
杠杆式安全阀	GA	柱塞阀	U
止回阀和底阀	H	旋塞阀	X
截止阀	J	减压阀	Y
节流阀	L	闸阀	Z

当阀门还具有其他功能作用或带有其他特异结构时，其类型代号前会再回注一个汉语拼音字母。

（2）驱动方式代号

驱动方式代号用阿拉伯数字表示，见表 8-3。

表 8-3　阀门驱动方式代号

驱动方式	代号	驱动方式	代号
电磁动	0	锥齿轮	5
电磁-液动	1	气动	6
电-液动	2	液动	7
蜗轮	3	气-液动	8
正齿轮	4	电动	9

手轮直接连接阀杆操作结构形式的阀门，以及安全阀、减压阀、疏水阀，本代号省略。

（3）连接形式代号

连接形式代号用阿拉伯数字表示，见表 8-4。

表 8-4　阀门连接端连接形式代号

连接形式	内螺纹	外螺纹	法兰式	焊接式	对夹	卡箍	卡套
代号	1	2	4	6	7	8	9

（4）阀门结构形式代号

阀门结构形式用阿拉伯数字表示。闸阀结构形式代号见表 8-5，截止阀、节流阀和柱塞阀结构形式代号见表 8-6，球阀结构形式代号见表 8-7，蝶阀结构形式代号见表 8-8，其他阀型参见机械行业标准 JB/T 308《阀门　型号编制方法》。

表 8-5　闸阀结构形式代号

结构形式			代号
阀杆升降式（明杆）	楔式闸板	弹性闸板	0
		单闸板（刚性闸板）	1
		双闸板（刚性闸板）	2
	平行式闸板	单闸板（刚性闸板）	3
		双闸板（刚性闸板）	4
阀杆非升降式（暗杆）	楔式闸板	单闸板（刚性闸板）	5
		双闸板（刚性闸板）	6
	平行式闸板	单闸板（刚性闸板）	7
		双闸板（刚性闸板）	8

表 8-6　截止阀、节流阀和柱塞阀结构形式代号

结构形式		代号	结构形式		代号
阀瓣非平衡式	直通流道	1	阀瓣平衡式	直通流道	6
	Z 形流道	2		角式流道	7
	三通流道	3		—	—
	角式流道	4		—	—
	直流流道	5		—	—

表 8-7　球阀结构形式代号

结构形式		代号	结构形式		代号
浮动球	直通流道	1	固定球	四通流道	6
	Y 形三通流道	2		直通流道	7
	L 形三通流道	4		T 形三通流道	8
	T 形三通流道	5		L 形三通流道	9
	—	—		半球直通	0

表 8-8　蝶阀结构形式代号

结构形式		代号	结构形式		代号
密封型	单偏心	0	非密封型	单偏心	5
	中心垂直板	1		中心垂直板	6
	双偏心	2		双偏心	7
	三偏心	3		三偏心	8
	连杆机构	4		连杆机构	9

（5）密封面或衬里材料代号

密封面或衬里材料代号按表 8-9 规定的字母表示。

表 8-9　密封面或衬里材料代号

密封面或衬里材料	代号	密封面或衬里材料	代号
锡基轴承合金(巴氏合金)	B	尼龙塑料	N
搪瓷	C	渗硼钢	P
渗氮钢	D	衬铅	Q
氟塑料	F	奥氏体不锈钢	R
陶瓷	G	塑料	S
Cr13 系不锈钢	H	铜合金	T
衬胶	J	橡胶	X
蒙乃尔合金	M	硬质合金	Y

当阀门密封副材料均为阀门的本体材料时，密封面材料代号用"W"表示。

(6) 压力代号

当阀门使用的压力级符合 GB/T 1048《管道元件》PN（公称压力）的定义和选用的规定时，采用 10 倍兆帕单位（MPa）数值表示，如：16 代表 1.6MPa。当介质最高温度超过 425℃时，标注最高工作温度下的工作压力代号。

(7) 阀体材料代号

阀体材料代号用表 8-10 规定的字母表示。

表 8-10　阀体材料代号

阀体材料	代号	阀体材料	代号
碳钢	C	铬镍钼系不锈钢	R
Cr13 系不锈钢	H	塑料	S
铬钼系钢	I	铜及铜合金	T
可锻铸铁	K	钛及钛合金	Ti
铝合金	L	铬钼钒钢	V
铬镍系不锈钢	P	灰铸铁	Z
球墨铸铁	Q	—	—

在阀门型号后，可标注阀门的公称直径。

【例 8-1】　试解释以下阀门型号的含义：①Z41Y-16C DN200；②J11T-25K DN40；③D941X-16R DN450。

解：

① 阀门型号 Z41Y-16C DN200 的含义为：闸阀，手动，法兰连接，明杆楔式刚性单闸板结构，硬质合金密封面，公称压力 1.6MPa，阀体材料为碳钢，公称直径 200mm。

② 阀门型号 J11T-25K DN40 的含义为：截止阀，手动，内螺纹连接，阀瓣非平衡式直通流道结构，铜合金密封面，公称压力 2.5 MPa，阀体材料为可锻铸铁，公称直径 40mm。

③ 阀门型号 D941X-16R DN450 的含义为：蝶阀，电动，法兰连接，密封型中心垂直板结构，橡胶密封面，公称压力 1.6MPa，阀体材质为铬镍钼系不锈钢，公称直径 450mm。

8.2.5　管道用小型设备

在化工装置管网中，需要用到一些小型设备，以保证系统的正常运行。由于这类设备通用性强，已经有标准图样或定型产品，可直接选用。这类设备主要有：蒸汽分水器、乏汽分油器、过滤器（立式过滤器、管道用三通过滤器、石油化工泵用过滤器、临时过滤器）、阻火器、视镜、漏斗、软管接头和短节、压缩空气净化设备（除油器、除尘器、净化器、干燥器）、排气帽和防雨帽、取样冷却器、事故洗眼器和淋浴器、消声器、取样阀、放料阀、静态混合器、浮动收油器、有机玻璃量筒等。

8.2.6 管道支(吊)架

化工管道需要支(吊)架进行支撑、固定和约束，通常按其所在的位置分为室外和室内两大类。室外的管道支架称为管廊或管架，一般为独立的混凝土或钢结构的支柱和桁架，图

图 8-13 管廊

8-13 为依附在车间建筑物上的管廊。室内支(吊)架可以固定（生根）于邻近设备、建筑物的承重结构（柱、梁、楼板、承重墙）和专门设置的管架上，并以其为支点等对管道进行支撑和固定。除普通的支撑和固定外，有时工艺还会提出特殊要求，如减震、止推、绝热等，需要用到特殊的支(吊)架。由于管道支(吊)架的通用性较强，已形成标准图样系列，在进行管路设计时，可根据管道重量、位置等具体要求选用。相关标准有：GB 51019《化工工程管架、管墩设计规范》，HG/T 20670《化工、石油化工管架、管墩设计规定》，HG/T 21539《钢筋混凝土独立式管架通用图》，HG/T 21540《钢筋混凝土纵梁式管架通用图》，HG/T 21552《钢筋混凝土桁架式管架通用图》，HG/T 21629《管架标准图》，HG/T 21640.1～3《H 型钢结构管架通用图》，SH/T 3055《石油化工管架设计规范》。

(1) 支(吊)架

支(吊)架是最常用的管道支撑方式，适用于 $DN15\sim600$ 的碳钢及合金钢的保温或不保温管道。图 8-14 为常见的支(吊)架。

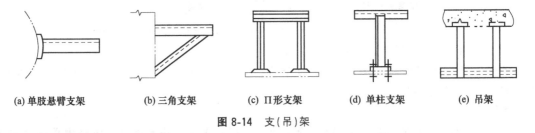

(a) 单肢悬臂支架   (b) 三角支架   (c) Ⅱ形支架   (d) 单柱支架   (e) 吊架

图 8-14 支(吊)架

(2) 管托

管托系列包括滑动管托、固定管托、止推管托和导向管托四种类型，每种类型又因管道材质不同而在结构上分为焊接型与卡箍型。管托适用于 $DN15\sim600$ 的保温或不保温管道，焊接型适用于碳钢管道，卡箍型适用于合金钢管道。图 8-15 所示为两种滑动管托。

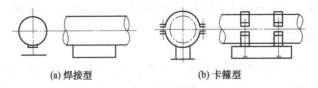

(a) 焊接型   (b) 卡箍型

图 8-15 滑动管托

(3) 管吊

管吊包括管吊的生根构件，吊板、吊卡、吊耳和吊杆等连接构件，适用于 $DN15\sim600$

的保温或不保温管道。设计人员可选择合适的部件进行组合，形成完整的管吊。图 8-16 为几种常用管吊部件。

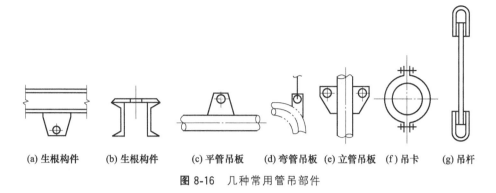

(a) 生根构件　(b) 生根构件　(c) 平管吊板　(d) 弯管吊板 (e) 立管吊板 (f) 吊卡　(g) 吊杆

图 8-16　几种常用管吊部件

（4）管卡

管卡适用于 $DN15\sim600$ 的保温或不保温管道。从结构上分，管卡包括圆钢管卡和扁钢管卡；从用途上分，有导向管卡和固定管卡。图 8-17 所示为圆钢管卡。

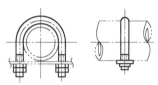

图 8-17　圆钢管卡

（5）平管及弯头支托

平管及弯头支托系列包括平管支托、弯头支托及可调弯头支托，适用于 $DN15\sim600$ 的碳钢及合金钢的保温或不保温管道。图 8-18 所示为几种平管及弯头支托。

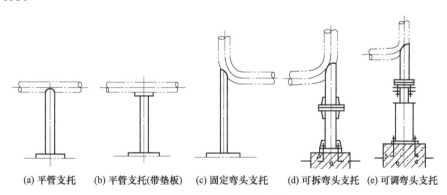

(a) 平管支托　(b) 平管支托(带垫板)　(c) 固定弯头支托　(d) 可拆弯头支托　(e) 可调弯头支托

图 8-18　平管及弯头支托

（6）立管支托

立管支托系列包括单支立管支架、双支立管支架及卡箍型立管支架，适用于 $DN15\sim600$ 的碳钢及合金钢的保温或不保温管道。图 8-19 所示为几种立管支托。

(a) 单支立管支架　　　(b) 双支立管支架　　　(c) 卡箍型立管支架

图 8-19　立管支托

(7) 假管支托

假管支托适用于 $DN25\sim600$ 的碳钢及合金钢的保温或不保温管道，如图 8-20 所示。

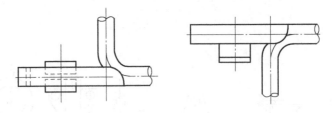

图 8-20　假管支托

(8) 邻管支架

邻管支架如图 8-21 所示。

(9) 止推支架

止推支架适用于 $DN50\sim300$ 的碳钢及合金钢管道，如图 8-22 所示。

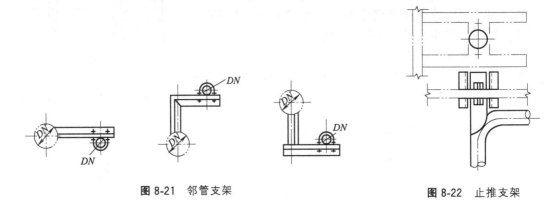

图 8-21　邻管支架　　　　　　　　　　图 8-22　止推支架

(10) 弹簧支(吊)架

管道在垂直方向的热位移，会引起管道支点的变位，如该支点为刚性支(吊)架，则可能导致产生过大的应力，甚至使管道变形或挣脱支(吊)架。弹簧支(吊)架可较好地解决上述问题。图 8-23 所示为几种典型的弹簧支(吊)架。

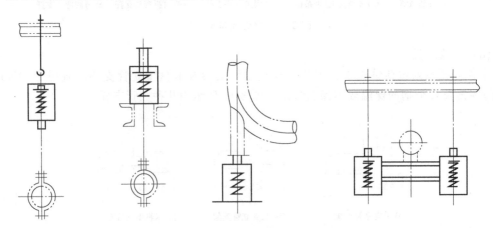

图 8-23　几种典型的弹簧支(吊)架

(11) 绝热管托

对于需要保温或保冷的管道，可使用绝热管托。与普通管托相比，绝热管托可减少70%热损失。绝热管托还可以灵活滑动，以适应管道热位移。

8.3 管路计算

8.3.1 管路计算基础

8.3.1.1 主要变量及相互关系

管路计算基础是流体力学，下面将一些对管路计算相关度比较大的概念、变量和方程式进行简要回顾。

管径是管路设计要解决的最重要的基本参数，通常用公称直径 DN 表示。管径一旦确定，该管道上的阀门、管件、管道小型设备、支(吊)架等均以此为基础进行设计。从经济的角度分析，当管材确定后，管径越大，投资越高，因此希望尽可能地减小管径。

流动阻力是管路设计要解决的另一个重要参数，直接体现流动阻力的物理量是压力差 Δp。流体需要系统提供动力源（如泵、压缩机等流体输送机械）以克服阻力，维持在管道中以一定的速度流动。管道的阻力越大，系统需要提供的能量就越多，这不仅导致流体输送机械的一次性投资增大，而且系统能耗和操作费用也随之增加。

管径与流动阻力是一对矛盾的变量，在一定流量时，管径减小，则流速增加，流动阻力也增加，动力消耗加大。因此，优化的设计应以经济指标最优为目标函数，在符合各种规范的前提下，合理考虑管道、管道附件、能源的价格，综合平衡固定资产投资和操作费用间的关系，合理选择管径。

管道壁厚主要由操作压力、腐蚀裕度、安全等因素决定。

建设项目在进行工艺设计时，须通过管道设计确定管径、阀门数量及形式、泵或风机等流体输送机械的型号及基本参数。其结果在管道及仪表流程图（PID）及设备清单上表示。管道布置设计完成后，可得到管长、管件数量的准确值，此时应对管道阻力进行校核，检查泵送动力是否满足要求，并与工艺专业进行沟通，对设计方案进行调整修正。

8.3.1.2 能量守恒定律在管路计算中的应用

从机械能的角度分析流体在管路系统中流动过程，其推动力主要来自位(能)差、压力(能)差、动能差以及外部输入的能量（如流体输送机械所输入的能量 W）。同时，流体流动过程中会产生摩擦阻力。各变量间的关系服从能量守恒定律，仅考虑机械能时，可列出机械能衡算方程。式（8-1）为单位质量稳定流动的不可压缩流体的机械能衡算式。

$$W = g\Delta Z + \frac{\Delta u^2}{2} + \frac{\Delta p}{\rho} + \sum h_f \tag{8-1}$$

式中　W——通过流体输送机械输入的外加能量，J/kg；

$\quad\quad g$——重力加速度，m/s^2；

$\quad\quad Z$——高度，m；

$\quad\quad u$——速度，m/s；

$\quad\quad p$——压力，Pa；

ρ——流体密度，kg/m^3；

h_f——摩擦损失能（流动阻力），J/kg。

对于没有输入功的理想流体，式（8-1）可以简化为：

$$g\Delta Z + \frac{\Delta u^2}{2} + \frac{\Delta p}{\rho} = 0 \qquad (8\text{-}2)$$

式（8-2）即著名的伯努利方程。

对于各种复杂的实际管网和物料系统，同样可以根据能量守恒定律列出方程并求解。

8.3.1.3 流动类型

流体在管道内的流动可划分为三个流动类型：层流、过渡流和湍流。不同的流动类型所表现出的各类宏观和微观现象有很大差异，动量、热量和质量传递的规律也不一样。流动型态的判断依据是雷诺数 Re，如式（8-3）所示。

$$Re = \frac{du\rho}{\mu} \qquad (8\text{-}3)$$

式中　Re——雷诺数；

　　　d——管径，m；

　　　u——流速，m/s；

　　　ρ——流体密度，kg/m^3；

　　　μ——流体黏度，$Pa \cdot s$。

Re 是反映流体流动的重要无量纲数群。当 $Re \leqslant 2000$ 时，流体呈层流流型；$Re \geqslant 4000$ 时，流体呈湍流流型；介于两者之间的为过渡流型。

8.3.2　流动阻力

流体流动时必须克服内摩擦力而做功。如流体以湍流流型流动时，其内部充满了大小不一的漩涡和流体微团，虽然在宏观上流体沿管道朝一个方向流动，但在微观上，流体的质点速度和方向都在发生急剧变化，质点与质点之间不断激烈碰撞并交换位置，引起质点间的动量交换，产生了湍流阻力，损耗了流体的能量。流体的黏性是产生流体阻力的内在因素，流体的流动是外部因素。

流动阻力可分为直管阻力和局部阻力两大类。直管阻力是流体流经一定管径的直管时，由于摩擦而产生的阻力；局部阻力是流体流经管道中的阀门、管件、仪表等局部障碍时所引起的阻力。式（8-1）最后一项 $\sum h_f$ 表示管道系统中所有阻力损失之和。

(1) 直管阻力

直管阻力由式（8-4）计算。

$$h_f' = \lambda \frac{l}{d} \frac{u^2}{2} \qquad (8\text{-}4)$$

式中，l 为管长；λ 为摩擦系数。可以看出，直管阻力与摩擦系数、管长和流速的平方成正比，与管径成反比。

摩擦系数 λ（无量纲）是雷诺数 Re 与相对粗糙度 ε/d 的函数，可由图 8-24 查得。

ε 为管道绝对粗糙度，为管道壁面凸出部分的平均高度，表 8-11 给出部分管道 ε 参考值。应该注意的是，管道在使用过程中，会产生磨损、腐蚀等现象，严格地讲，ε 是一个时间的变量，通常随使用年限而变大。

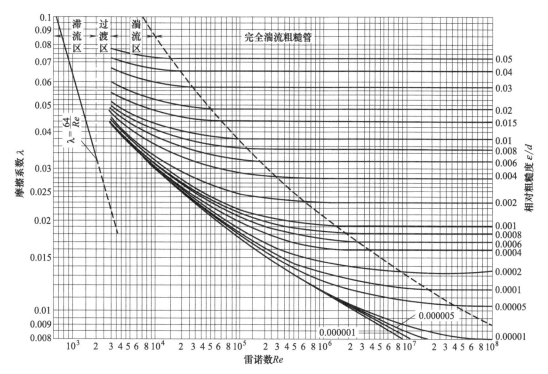

图 8-24　摩擦系数与雷诺数和相对粗糙度的关系

表 8-11　工业管道的绝对粗糙度参考值

	管 道 类 别	绝对粗糙度 ε/mm		管 道 类 别	绝对粗糙度 ε/mm
金属管	新的无缝钢管	0.06～0.2	非金属管	干净玻璃管	0.0015～0.01
	无缝黄铜管、铜管和铅管	0.005～0.01		橡皮软管	0.01～0.03
	轻度腐蚀的无缝钢管	0.2～0.3		陶瓷排水管	0.45～6.0
	钢板卷管	0.33		水泥管	0.33
	铸铁管	0.5～0.85		石棉水泥管	0.03～0.8
	腐蚀较重的无缝钢管	0.5～0.6			
	腐蚀严重的钢管	1～3			

(2) 局部阻力

与直管阻力相比，局部阻力的计算更为复杂。如流体流经阀门时，阀门的开度变化对局部阻力产生很大影响。因此在工程设计上，通常采用经验估算法。常用的方法有当量长度法与阻力系数法。

① 当量长度法　当量长度法将局部阻力折合成相当于流体流过长度为 l_e 的同直径管道时所产生的阻力。l_e 称为当量长度，其值由实验确定。各种产生局部阻力的阀门、管件等相对应的当量长度 l_e 参考值可通过设计手册查出。

② 阻力系数法　阻力系数法将局部阻力损失表示为动能的倍数，即

$$h''_f = \zeta \frac{u^2}{2} \tag{8-5}$$

式中，ζ 为局部阻力系数，其值由实验确定。各种产生局部阻力的阀门、管件等相对应的阻力系数 ζ 参考值可通过设计手册查出。

管网阻力是管路设计中的重要基础参数，直接关系到管径选择是否合理、流体输送机械配置是否科学，以及最终管网能否正常运行。在实际的化工厂设计过程中，会遇到各种复杂的管网、各种物性的流体，阻力计算远比上述介绍的方法复杂和困难，设计人员要仔细分析

过程特点，采用理论与经验相结合、人工计算与计算机模拟相结合的方法，反复校验和修正，才能得到正确的结果。

8.3.3 管径估算

(1) 流速估算法

流体在管道中流动，存在着流速的限制，速度越快，阻力越大，动力消耗越大，管道磨损和腐蚀也越快。当然，流速过小，管径变大，投资增加，占用空间增多。因此，不同流体按其性质、状态和操作要求的不同，应将流速控制在一个合理的区间。黏度较高的液体，摩擦阻力大，应选较低流速。气体或低黏度液体则可以采用较高的流速。表 8-12 给出了常见流体的流速和压力降范围，供设计时参考。

根据工艺要求确定流体的体积流量后，查表 8-12 选定适宜的流速，即可算出管径。按算出的管径圆整为相近的公称直径（DN），查所用管道标准可得到管道的具体参数，重新校核管流速以保证其落于合理范围内。

表 8-12　流体的流速和压力降推荐

应用类型	流速范围 /(m/s)	最大压力降 /(kPa/100m)	应用类型	流速范围 /(m/s)	最大压力降 /(kPa/100m)
1. 液体(碳钢管)			一般液体(塑料管和橡胶衬里管)	3.0 最大	
一般推荐	1.5～4.0	60	含悬浮固体	0.9 最小	
层流	1.2～1.5			2.5 最大	
湍流:液体密度/(kg/m³)			**4. 气体(钢管)**		
1600	1.5～2.4		一般推荐		
800	1.8～3.0		压力等级/MPa		
320	2.5～4.0		$p > 3.5$	45	
泵进口:饱和液体	0.5～1.5	10	$1.4 < p \leqslant 3.5$	35	
不饱和液体	1.0～2.0	20	$1.0 < p \leqslant 1.4$	15	
负压	0.3～0.7	5	$0.35 < p \leqslant 1.0$	7	
泵出口:流量～50m³/h	1.5～2.0	80	$0 < p \leqslant 0.35$	3.5	
51～160m³/h	2.4～3.0	60	$p < 49kPa$	1.1	
>160m³/h	3.0～4.0	45	$100kPa \geqslant p > 49kPa$	2.0	
自流管道	0.7～1.5	6	压缩机吸入管	4.5	
设备底部出料	1.0～1.5	10	压缩机出口管	20	
塔进料	1.0～1.5	15	塔顶:$p > 0.35MPa$	12～15	4～10
2. 水(碳钢管)			常压	18～30	4～10
一般推荐	0.6～4.0	45	负压　$p < 0.07MPa$	38～60	1～2
公称直径 DN 25	0.6～0.9		蒸汽		
50	0.9～1.4		一般推荐　饱和	60(最大)	
100	1.5～2.0		过热	75(最大)	
150	2.0～2.7		$p \leqslant 0.3MPa$	10	
200	2.4～3.0		$p = 0.3～1.0$	15	
250	3.0～3.5		$p = 1.0～2.0$	20	
泵进口	1.2～2.0		$p > 2.0$	30	
泵出口	1.5～3.0		工艺蒸汽($p \geqslant 3MPa$)	20～40	
工艺用水	0.6～1.5	45	锅炉和汽轮机管道 $p \geqslant 1.4MPa$	35～90	60
冷却水	1.5～3.0	30	低于大气压蒸汽		
锅炉进水	2.0～3.5		$50kPa < p < 100kPa$	40	
3. 特殊液体(碳钢管)			$20 < p < 50$	60	
浓硫酸	1.2(最大)		$5 < p < 20$	75	
碱液	1.2(最大)				
盐水和弱碱	1.8(最大)				
液氨	1.5(最大)				
液氯	1.5(最大)				

【例 8-2】 某氯-盐水制冷装置通过碳钢管对外输送-5℃冷冻盐水，流量 V 为 23.5 m^3/h，输送压力为 0.4MPa，试选择合适的流速并确定管径。

解： 查表 8-12，盐水在管内的流速不应超过 1.8m/s，考虑到盐水对碳钢管道有轻微腐蚀性，初定流速 u_0 为 1.3m/s。

管道内径：
$$d_0 = \sqrt{\frac{4}{\pi}A} = \sqrt{\frac{4V}{\pi u}} = \sqrt{\frac{4 \times 23.5}{1.3 \times 3600\pi}} = 0.080m$$

根据 GB/T 17395—2008《无缝钢管尺寸、外形、重量及允许偏差》，初步选择 $DN80$、$\phi 89 \times 3.2$ 无缝碳钢管。

对所选管道进行校核：

实际管道内径为　　　　　$d = 0.089 - 2 \times 0.0032 = 0.0826m$

实际流速为
$$u = \frac{V}{A} = \frac{V}{\frac{\pi}{4}d^2} = \frac{\frac{23.5}{3600}}{\frac{\pi}{4} \times 0.0826^2} = 1.22m/s$$

实际流速 u 在合理区间，所选管径合理。

(2) 经验公式计算法

与长距离输送相比，对于管径不太大、长度不太长的管道，可用以下经验公式估算管径。

碳钢管　　　　　　　　　　$d = 282w^{0.52}\rho^{-0.37}$ 　　　　　　　　　(8-6)

不锈钢管　　　　　　　　　$d = 226w^{0.50}\rho^{-0.35}$ 　　　　　　　　　(8-7)

式中　d——管径，mm；

$\quad\quad w$——质量流量，kg/s；

$\quad\quad \rho$——流体密度，kg/m³。

8.4　隔热与管道热补偿

8.4.1　隔热设计

为了阻隔系统内物料与环境交换热量，保证工艺过程以一定温度进行而采取的措施称为隔热。当系统温度高于环境温度时，称为保温，反之称为保冷。保温和保冷热量传递的方向相反，所采用的隔热材料也稍有不同。在不需要进行明确划分时，习惯上统称为保温或隔热。

8.4.1.1　隔热层设置的基本原则

具有下列情况之一的设备、管道及组成件（以下简称管道）应予保温：

① 外表面温度大于 50℃ 以及外表面温度虽小于 50℃ 但需要保温的设备和管道；

② 物料相变点高于环境温度而又需要保持原有相态的设备和管道；

③ 外表面温度等于或大于 60℃ 的不保温设备和管道，需要经常维护又无法采用其他措施防止烫伤的部位。例如距地面或操作平台面高 2.1m 以内，以及距操作面小于 0.75m 范围内，均应设防烫伤保温。

具有下列情况之一的设备和管道必须保冷：

① 需减少冷物料在生产或输送过程中的温升或汽化（包括突然减压而汽化产生结冰）；

② 需减少冷物料在生产或输送过程中的冷量损失，或规定允许冷损失量；

③ 需防止在环境温度下，设备或管道外表面凝露。

8.4.1.2 隔热层的设计计算

隔热计算的主要内容是计算隔热层（保温层）的厚度和散热损失。

对于隔热层厚度的计算，根据不同的目的，可采用不同的计算方法。如为减少散热损失并获得最经济效果，应采用经济厚度计算法；为限定表面散热热流量，应采用最大允许散热损失法。为限定外表面温度，则应采用表面温度计算法。

以下介绍经济厚度计算法。

(1) 总费用组成

隔热工程的总费用由隔热层材料费用和操作过程中由于散热引起的热损失费用组成，如下式：

$$C = P + S \tag{8-8}$$

式中 C——年总费用；

　　　P——与隔热层材料相关联的年分摊费用函数；

　　　S——保温后散热损失的年费用函数。

当隔热面积确定后，P 值随隔热层厚度 δ 的增加而增大，S 值则随 δ 的增加而减少。若总费用在保温层厚度为 δ_0 时具有最小值 $C_{\min}$。这个 δ_0 值即为保温层的经济厚度。如图 8-25 所示。

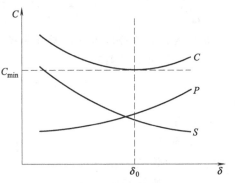

图 8-25　隔热层厚度与费用关系

(2) 隔热层经济厚度

隔热层经济厚度可按式（8-9）或式（8-10）计算：

$$\text{平面} \quad \delta = 1.897 \times 10^{-3} \sqrt{\frac{f_n \tau \lambda \Delta t}{P_i Y}} - \frac{\lambda}{\alpha} \tag{8-9}$$

$$\text{圆柱面} \quad D_0 \ln \frac{D_0}{D_i} = 3.795 \times 10^{-3} \sqrt{\frac{f_n \tau \lambda \Delta t}{P_i Y}} - \frac{2\lambda}{\alpha} \tag{8-10}$$

式中 δ——保温层厚度，m；

　　　f_n——热能价格，元/10^6 kJ；

　　　Δt——保温层外表面与环境的温差，K；

　　　τ——年运行时间，h；

　　　λ——隔热层材料的热导率，W/(m·K)；

　　　α——隔热层外表面向大气的传热系数，W/(m²·K)；

　　　D_0——隔热层外直径，m；

　　　D_i——隔热层内直径或多层隔热层第 i 层的外直径，m；

　　　Y——年分摊率，$Y = \dfrac{2 + (n+1)i}{2n}$；

　　　i——银行年利率（单利）；

P_i——隔热材料的价格，元/m³。

（3）散热损失费用

保温后全年的散热损失费可按式（8-11）或式（8-12）计算：

平面
$$S = \frac{f_n \tau \Delta t}{\dfrac{\delta}{\lambda} + \dfrac{1}{\alpha}} \times 10^{-6} \tag{8-11}$$

圆柱面
$$S = \frac{f_n \tau \Delta t}{\dfrac{1}{2\pi\lambda}\ln\dfrac{D_0}{D_i} + \dfrac{1}{\pi D_0 \alpha}} \times 10^{-6} \tag{8-12}$$

（4）隔热材料的年分摊费用

隔热材料投资按年分摊的费用可按式（8-13）或式（8-14）计算

平面
$$P = P_i \delta \frac{2(n+1)i}{2n} \tag{8-13}$$

圆柱面
$$P = \frac{\pi}{4}(D_0^2 - D_i^2)P_i \frac{2 + (n+1)i}{2n} \tag{8-14}$$

式中　n——隔热材料的使用年数。

8.4.1.3 隔热材料的选择

通常把热导率 $\lambda < 0.25$ W/（m·K）并能够用于绝热工程的材料称为隔热材料。隔热材料也被称为绝热材料、热绝缘材料和保温（冷）材料。

（1）隔热材料的分类

按材质进行分类，可将隔热材料分为有机隔热材料、无机隔热材料和金属隔热材料三大类。

按使用温度进行分类，可将隔热材料分为高温保温材料（适用于700℃以上）、中温保温材料（适用于100～700℃）、常温保温材料（适用于100℃以下）和保冷材料（适用于常温以下）。保冷材料包括低温保冷材料和超低温保冷材料。实际上，许多材料既可在高温下使用，亦可在中、低温下使用，并无严格的使用温度界限。

按结构进行分类，可将隔热材料分为纤维状类（固体基质、气孔均连续）、多孔状类（固体基质连续而气孔不连续，如泡沫塑料）、粉末状类（固体基质不连续而气孔连续，如膨胀珍珠岩、膨胀蛭石等）和层状类（多为金属材料），如表8-13所示。

表8-13　隔热材料的结构分类

材料结构	材料名称	制品形状
纤维状	岩棉	毡、筒、带、板
	玻璃棉	毡、筒、带、板
	矿渣棉	毡、筒、带、板
	陶瓷纤维	毡、筒、带、板
多孔状	聚苯乙烯泡沫塑料	板、块、筒
	聚氯乙烯泡沫塑料	板、块、筒
	聚氨酯泡沫塑料	板、块、筒
	泡沫玻璃	板、块、筒

材料结构	材料名称	制品形状
多孔状	软质耐火材料	板
	微孔硅酸钙	板、块、筒
	碳化软木	板、块
粉末状	硅藻土	块、板、粉粒状
	蛭石	块、板、粉粒状
	珍珠岩	块、板、粉粒状
层状	金属箔	夹层蜂窝状
	金属镀膜	多层状

(2) 隔热材料的性质

隔热材料的性质是选择隔热材料时首先要考虑的因素。下列几种性质对隔热的效果影响很大。

① 密度 隔热材料的密度是衡量其性能的重要指标之一。通常来说，材料的密度越小，热导率也越小。最佳的密度应具有较小的热导率、较高的机械强度和较高的弹性恢复和抗震能力。岩棉制品的最佳密度为 $90 \sim 150 kg/m^3$，无碱超细玻璃棉毡的最佳密度为 $60 \sim 90 kg/m^3$。

② 热稳定性 热稳定性是指材料能经受温度的剧烈变化而不产生裂纹、裂缝和碎块的性能。材料的热稳定性随材料的抗压强度的提高而提高，并随材料的热膨胀系数、弹性模数的增大而降低。

③ 高温性能 隔热材料的高温性能包括耐火度、高温荷载软化点和最高安全使用温度。表 8-14 列出了常用隔热材料的最高安全使用温度。

表 8-14 常用隔热材料的最高安全使用温度

类型	材料名称	最高安全使用温度或安全使用温度范围 /℃
保温材料	超细玻璃棉制品	250
	岩棉、矿棉管壳	250
	岩棉、矿棉毡席	300
	无石棉微孔硅酸钙制品	≥250～600
	硅酸镁铝制品	≥350～600
	硅酸铝纤维制品	≥600～900
	岩棉-硅酸铝复合棉制品	300～900
保冷材料	硬质闭孔型自熄式聚氨酯泡沫塑料制品	−80～110
	自熄式聚苯乙烯泡沫塑料制品	−40～70
	硬质聚氯乙烯泡沫塑料板	−20～80
	闭孔型泡沫玻璃制品	−200～400

④ 机械强度 隔热材料必须具备一定的机械强度，如抗压、抗冲击性能等，以保证其隔热性能。硬质材料的机械强度与加工工艺、材料性质有关，而软质、半硬质材料及松散状保温材料，一般受到压缩载荷时不会被破坏。

⑤ 含水率 材料从环境空气中吸收的水分的比率称为含水率。隔热材料的含水率对其热导率、机械强度和密度的影响很大。当纤维状保温材料含水率达到 10％～15％时，其热导率增加 13％～22％。因此，对于可能有水汽侵入的材料，计算厚度时，计算结果应乘以 1.1～1.3 的系数。

8.4.2 管道热补偿

8.4.2.1 管道的热胀量

当温度变化时，管道会产生胀缩现象，导致管道位移，严重时甚至破坏管道的密封，发生泄漏，甚至事故。在进行管道布置设计时，应采取技术措施，降低因管道胀缩所产生的影响。

直管受热后沿轴向的膨胀量可按式 (8-15) 计算：

$$\Delta L = \alpha L (t_2 - t_1) \tag{8-15}$$

式中 ΔL——管道的轴向热膨胀量，cm；

      α——管材的线膨胀系数，cm/(m·℃)；

      L——管道的长度，m；

      t_1——管道的安装温度（常温，可取 20℃）；

      t_2——管道的工作温度，℃。

常用管材的平均线膨胀系数 α 如表 8-15 所示。

表 8-15 常用管材的平均线膨胀系数

温度/℃ \ 管材种类	碳钢低铬钢(Cr3Mo)	中铬(Cr5Mo~Cr9Mo)	奥氏体钢	铝
	$\alpha/[10^{-4}\,cm/(m\cdot℃)]$			
−196			14.67	17.80
−100	9.89		15.45	19.20
−50	10.39	9.77	15.97	20.30
20	10.90	10.30	16.40	22.10
100	11.50	10.90	16.80	23.40
200	12.20	11.40	17.20	24.40
300	12.90	11.90	17.60	25.40

【**例 8-3**】 某碳钢管用于输送表压为 0.4MPa 的饱和水蒸气，试分别计算管道长度为 10m、50m、100m 和 500m 时管道的热膨胀量。

解： 查水蒸气性质表，表压为 0.4MPa 的饱和水蒸气温度为 151.7℃。查表 8-15，取线膨胀系数 $\alpha = 11.5 \times 10^{-4}$ cm/(m·℃)。

代入式 (8-15) 计算管长为 50m 时热膨胀量，其余结果见表 8-16。

$$\Delta L = \alpha L (t_2 - t_1) = 11.5 \times 10^{-4} \times 50 \times (151.7 - 20) = 7.57\text{cm}$$

表 8-16 计算结果

L/m	10	50	100	500
ΔL/cm	1.51	7.57	15.15	75.73

8.4.2.2 管道的热补偿

为了防止或最大限度地减少因管道热膨胀对管网产生的负面影响，在管道布置设计时可采用自然补偿或设置各种形式的补偿器以吸收管道的热胀和端点位移。

(1) 自然补偿

在化工装置中，管道的走向根据具体情况呈各种弯曲形状，利用这种自然的弯曲形状所具有的柔性以补偿其自身的热胀和端点位移称为自然补偿。自然补偿是最有效、最可靠和最经济的热补偿方式，在工程实践中大量采用，除了少数管道采用专用补偿器以外，大多数管道的热补偿是靠自然补偿实现的。图 8-26 所示为两种形式的自然补偿器，其中实线和虚线分别为变形前后管道的形状。自然补偿的设计计算可参阅有关手册。

从［例 8-3］可以看出，直管越长，膨胀的累积量也就越大，对管网和危害也越大。因此，在管道布置设计中，应尽量避免设置长距离的直

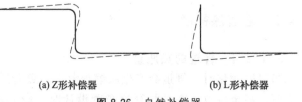

(a) Z形补偿器   (b) L形补偿器

图 8-26   自然补偿器

管，或采用人为增加管道的弯曲的方法对热膨胀进行自然补偿。当然，管道的弯折会增加流动阻力，对于一些对流动阻力有严格限制的过程要慎重权衡。

(2) 补偿器补偿

当自然补偿达不到要求时，应采用补偿器对热膨胀进行补偿。

① 门形补偿器   门形补偿器也称为 U 形补偿器、Ⅱ 形补偿器或方形补偿器等，如图 8-27所示。也有做成类似希腊字母 Ω 的形状，称为 Ω 形补偿器或圆形补偿器。门形补偿器直接采用管道焊接而成，补偿能力强，与管道具有相同的耐压等级和抗腐蚀能力，制造方便、成本低，可在管道施工时现场制作，在化工装置中大量使用，特别是在输送距离较长的管廊中、温度较高的管道（如蒸汽管道）上使用。门形补偿器视工艺需要既可以朝上，也可以朝下，也有水平放置的，还可在补偿器上设置排放阀门。如工艺要求蒸汽管道排放不凝性气体时，补偿器朝上；在蒸汽长输过程中需排放冷凝水时，补偿器朝下。

② 波纹管膨胀节   波纹管膨胀节也称为波形膨胀节、波形补偿器等，是直接安装在管道上的专用补偿器，如图 8-28 所示。波纹管膨胀节一般用 0.5～3mm 薄不锈钢板制造，有单式、复式、压力平衡式和铰链式等形式，可用于低压大直径的管道的热补偿。波纹管膨胀节的缺点是制造复杂、价格高；其耐压较低，往往成为管道中的薄弱部位；与自然补偿相比，可靠性也较差。波纹管膨胀节执行如下国家标准：GB/T 12777《金属波纹管膨胀节通用技术条件》和 GB/T 12522《不锈钢波形膨胀节》，在设计时应参照执行。

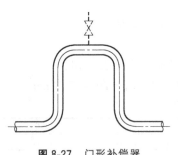

图 8-27   门形补偿器

图 8-28   波形补偿器

8.5   管道布置

8.5.1   管道布置的类型

管道布置方式可以分为地上和地下两大类。两类布置的划分面为 EL±0.000 平面。

8.5.1.1 地上布置

地上布置指将管道布置于 EL±0.000 平面以上的布置方式。又可细分为架空布置和地面布置两类。

(1) 架空布置

架空布置是指采取各种支承方式将管道架设于地面以上的布置方式，架空布置具有便于施工、操作、检查、维修以及较为经济的特点，是化工管道敷设的主要方式，只要可能，均应采用这种布置方式。架空布置大致有下列几种类型。

① 管道成排地集中布置在管廊、管架或管墩上。这些管道主要是连接两个或多个距离较远的设备之间的管道、进出装置的工艺管道以及公用工程干管等。

管廊可以有各种平面形状及分支。管墩布置实际上是一种低的管架敷设，其特点是管道的下方不考虑通行。这种低管架可以是混凝土构架或混凝土和钢的混合构架，也可以是枕式的混凝土墩。

② 管道分散地或小规模成组地敷设在支（吊）架上。这些支吊架通常生根于建筑物、构筑物、设备外壁和各类平台上，因此管道总是沿着建筑物和构筑物的墙、柱、梁、基础、楼板、平台以及设备外壁布置。

③ 特殊支承布置。某些特殊管道，如有色金属、玻璃、搪瓷、塑料等管道，由于其强度较低或脆性较高，因此在支承上要给予特别的考虑。例如将其布置在以型钢构成的槽架上，必要时应加以软质材料衬垫等。

(2) 地面布置

在不影响通行的情况下，可将管道直接铺设在地面上，或铺设在生根于小混凝土墩子上的矮支架上。这种布置方式所指的"地面"是广义的，除 EL±0.000 平面外，还可以是各楼层的楼板、操作平台等平面。地面布置简单、经济，但要注意不同方向管道间的交错、管道穿越人行通道等问题。

8.5.1.2 地下布置

地下布置可以分为埋地敷设和管沟敷设两类。

(1) 埋地敷设

埋地敷设是指直接将管道埋于地下的敷设方式，其优点是可以充分利用地下空间，使地面显得较为简洁，同时一般不需特别的支承措施。但是缺点包括腐蚀、检查和维修困难，在车行道处有时需特别处理以承受大的载荷，低点排液不便以及易凝物凝固在管内时处理困难等，因此只有在不可能架空布置时，才予以采用。

(2) 管沟敷设

管沟可以分为地下式和半地下式两种。前者整个沟体包括沟盖都在地面以下，后者的沟壁和沟盖有一部分露出在地面以上。半地下式管沟可以具有沟盖，也可以铺格栅或完全敞口。管沟内通常设有支架和排水地漏。

管沟敷设适用于那些无法架空的管道，与埋地敷设相比，管沟敷设提供了较方便的检查维修条件，同时可以敷设有隔热层的、温度高或低的，输送易凝介质或有腐蚀性介质的管道。

管沟敷设的缺点是费用高，占地面积大，与其他埋地管道交叉时有一定困难，需要设排水点，且这些排水点的相对标高较低，易积聚或串入油气增加了不安全因素，易积聚污物清理困难，半地下管沟会影响通行及地面水的排泄，地下式管沟则检查维修不便等。因此在装置内只在必要时才采用管沟敷设。

8.5.2 布置原则

化工装置千变万化，管网错综复杂，管道布置设计是一项个性化很强的技术工作，设计人员必须熟练掌握相关规范、要求，灵活采取合理的布置方案。同时，该工作又与经济和艺术相关，在满足工艺要求的前提下，应使管网经济、实用、美观。

8.5.2.1 管道布置原则

① 应符合相关法律、法规、规范、标准和惯例。

② 应符合工艺要求。工艺对管道布置的要求体现在前期设计资料中，核心资料有管道及仪表流程图（PID）、厂房建筑结构图、设备平（立）面布置图、设备装配图以及各类设计说明书、设备清单等。管道及仪表流程图（PID）规定了工艺流程、管道连接、管径和壁厚、管道连接方式、管径变化、物料流向、物料的引出或汇入点及其特殊要求、阀门型号、仪表元件、取样点、腐蚀检测点等的位置、管道材料选用级别（管道分级）的分界点、管道隔热伴热范围等，标示了管道组合号。厂房建筑结构图表示出厂房的建筑结构，如柱、梁、楼板、预留孔、通道、楼梯、墙壁、门窗等的具体位置和尺寸等。设备平（立）面布置图表示出设备安装的具体位置、管口朝向等。设备装配图表示出设备的总体结构，与管路布置关系最大的是管口、仪表接口和取样口等的大小、方位、连接方式与标准等。以上述资料为依据，便可以开展管道布置设计。

③ 管道应优先采用架空布置。布管前可将空间区域进行规划，与公用工程、仪表和配电等专业协商划分空间或区域，各类管道及线路布置在预先指定的高度层或区域，以减少碰撞。例如，对于层高为6m的厂房，在考虑所在平面设备布置和高度的前提下，可将空间按标高划分为几个高度层。第一层：≤4.2m，作工艺配管。一般来说，可以有2m的空间供工艺配管用，可设2~4层管道，基本可以满足工艺配管的要求。第二层：4.2~4.8m，划给仪表和配电。仪表和配电线路除电线外，还可能有气动仪表的气路，但直径远小于流体管道，通常安装在桥架上，0.6m高度空间可满足要求。第三层：≥4.8m，作公用工程管道用。如上层楼面依靠地漏排水，雨污收纳管布置在这个高度上正好直接与上层地漏相接。

④ 架空布置的管道应成组成排平行敷设，做到横平竖直、整齐有序；尽量走直线、少拐弯、少交叉，可缩短管道长度，降低流动阻力，便于支撑，减少管架的数量，整齐美观，方便施工。整个装置（车间）的管道，纵向与横向的标高应错开，一般情况下改变方向应同时改变标高。当然，因考虑自然补偿、管道坡度、方便安装、检修、操作和美观等因素而采取的局部斜线连接、人为增加管道弯折等方案是允许的。

⑤ 管道按垂直立面排列时，应遵守以下原则进行布置：物料管道应设置在管架的上层，公用工程管道在下层；热管道在上，冷管道在下，中间最好用其他管道隔开；保温管道在上，不保温管道在下；小口径管应尽量支承在大口径管道上方或吊挂在大口径管路下面；检修频率低或无需检修的管路在上，检修频繁的管路在下。

⑥ 管道按水平面排列时，应遵守以下原则进行布置：大口径管道应靠里，小口径管在外；支管少的管路靠墙安装，支管多的管路排列在外；检修频率低或无需检修的管路靠墙安装，经常检修的管路排列在外。

⑦ 管线交叉避让时，应遵守以下原则进行布置：小管让大管；分支管路让主干管路；低压管让高压管；低温管道避让高温管道；附件少的管道避让附件多的管道；气体管道避让液体管道；应尽量利用梁内空间。

⑧ 管路应保持合理间距。化工装置管道情况比较复杂，如管径、隔热层、法兰、阀门及手轮、管件、管内介质的物性和操作条件等都是管间距的影响因素，目前尚无统一标准对所有管道间距进行规范。HG/T 20549《化工装置管道布置设计规定》对平行管道的间距有如下原则：平行管道间净距应满足管道焊接、隔热层及组成安装维修的要求，管道上突出部之间的净距不应小于 30mm，例如法兰外缘与相邻管道隔热层外壁间的净距或法兰与法兰间净距等。无法兰不隔热的管道间的距离应满足管道焊接及检验的要求，一般不小于 50mm。有侧向位移的管道应适当加大管道间的净距。管道突出部或管道隔热层的外壁的最突出部分，距管架或框架的支柱、建筑物墙壁的净距不应小于 100mm，并考虑拧紧法兰螺栓所需的空间。

有些企业编制了内部的标准，如中国石化北京设计院曾于 1996 年编制了标准号为 BA 3-3-6—96 的管道间距表，一些设计手册也有相关论述，在进行管路设计时可参考。

⑨ 管道应设计成具有足够的柔性，尽量利用自然补偿方式减少热胀冷缩造成的管道变形。当管道柔性不足时，最常用的方法是改变管道走向或在某个方向增加管道的长度，增加的管道长度应垂直于管道原来的主要走向，图 8-29（a）所示为管道的原走向；图 8-29（b）所示为增加管道长度的方向与原主要走向相同，不正确；图 8-29（c）所示为增加管道长度的方向与原主要走向垂直，正确。

(a) 管道原走向　　　(b) 不正确的增加长度方式　　(c) 正确的增加长度方式

图 8-29　改变管道走向增加管道的柔性

⑩ 设备间的管道连接，应尽可能地短而直，特别是泵入口、加热炉出口、负压管道等工艺要求压降小的管道。同时又要考虑使管道具有一定的柔性，以减少人工补偿和由热胀冷缩位移所产生的力和力矩。

⑪ 当管道改变标高或走向时，尽量做到"步步高"或"步步低"，避免管道形成积累气体的"气袋"或积聚液体的"液袋"和"盲肠"，如不可避免时应于高点设放空（气）阀，低点设放净（液）阀。

⑫ 除了必须采用法兰或螺纹等连接外，其余位置的管道联接尽可能采用焊接。但对镀锌焊接管除特别要求外，不允许用焊接。必须采用法兰或螺纹连接的场合包括设备、机泵的管口，接口端为法兰或螺纹的阀门、管件、管道小型设备（过滤器、阻火器、视镜等）和仪表元件，镀锌管，必须经常拆卸清理检修的管道（如易堵塞的浆料管道，焦化装置的转油线等），夹套管道，衬里管道，管道材料变更点，需设置盲板的部位以及长输管道的适当位置等。法兰或螺纹等联接位置应避免处于人行通道和机泵上方，以免法兰渗漏时介质落于人身上而发生工伤事故。输送腐蚀性介质管道上的法兰应设安全防护罩。

⑬ 易燃易爆介质的管道，不得敷设在生活间、楼梯间和走廊等处。管道布置不应挡门、窗，应避免通过电动机、配电盘、仪表盘的上空，在有吊车的情况下，管道布置应不妨碍吊车工作。管道布置不应妨碍设备、机泵和仪表的操作和维修。应满足仪表元件对配管的要求。

⑭ 气体或蒸汽管道应从主管上部引出支管，以减少冷凝液的携带。管道要有坡度，以免管内或设备内积液。

⑮ 管道穿墙、穿楼板或平台时，孔洞的最小直径应为管外径或隔热层外径加 50mm，管道有横向位移时孔径应适当加大。有伴热管且隔热层的中心与管中心不重合时也应适当加大孔洞。当安装或检修且管道法兰需从孔洞抽出时，孔洞的大小应为法兰外径加 50mm。为保护管道，可在穿孔处加套管并以软质材料填充。楼板上的孔洞必要时应设挡水堰或套管并高出楼板面约 50mm，处于顶层者必要时应设防雨罩，管道的焊缝不应位于孔洞范围内。管道不应穿过防火墙和防爆墙。如有可能，可在墙壁、楼板和平台上适当的位置预留管道穿越槽，管道集中穿越。

⑯ 不同类型的通道有不同的净高要求。在人员通行处，管道底部的净高不宜小于 2.2m。需要通行车辆处，管底的净高视车辆的类型有所不同，通行小型检修机械或车辆时不宜小于 3.0m，通行大型检修机械或车辆时不应小于 4.5m；跨越铁道上方的管道，其距轨顶的净高不应小于 5.5m。

⑰ 采用管沟敷设时，沟底应有不小于 2‰ 的坡度，在最低处设排水点。管沟内应预先埋设型钢支架（大型管沟可为管墩），支架顶面距沟底不小于 0.2m。对于管底装有排液阀者，管底与沟底之间净空应能满足排液阀的安装和操作。有隔热层的管道仍应设管托，沟内管间距应比架空布置适当加大。布置在地下式管沟中的阀门应设阀井，阀井的要求与埋地敷设管道的阀井相同，管沟内的管道只布置成单层，管沟内的热管道仍应考虑管道的热补偿。

⑱ 对于输送易堵介质需要清洗、或需要排气或排液的管道，可在转弯处采用特殊处理措施。如对于清洗或排放频率较高的管道，可采用三通加阀门替代弯头。对于清洗或排放频率低，或者仅需留管口备用的管道，可采用三通加法兰及盲板，或者三通加堵头替代弯头。图 8-30 为城市燃气管道中用三通加堵头替代弯头方案。

⑲ 管道标识

化工管道外表面应进行标识，以方便快速了解管内物料名称、流向和主要工艺参数。管道标识执行标准 GB 7231《工业管道的基本识别色、识别符号和安全标识》。

图 8-30 弯头替代方案

8.5.2.2 阀门布置原则

阀门是化工装置中现场操作最频繁的设备，其安装位置与安全生产、操作人员的劳动强度有直接关系。由于阀门种类繁多，尺寸大小不一，在工艺所起的作用各不相同，因此在管道布置设计时应因阀而异地灵活布置，但应遵循下列原则。

① 阀门应设置在容易接近且便于安装、操作和维修的地方，通常距离操作面 0.7～1.6m 为安装阀门区域，最适宜的高度为 1.2m。当阀门手轮中心的高度超过操作面 2m 时，对于集中布置的阀组或操作频繁的单独阀门以及安全阀应设置平台，对不经常操作的单独阀门也应采取适当的措施，如设置链轮、延伸杆、活动平台和活动梯子等。链轮的链条不应妨碍通行。对于极少数高度在 2.5m 以内又不经常操作的阀门，可考虑使用便携式梯或移动式平台。危险介质的管道和设备上的阀门，不得安装在人的头部高度范围内，以免由于阀门泄漏而直接伤害人的面部。

② 垂直管道上的阀门，其手轮的朝向应考虑操作的方便，并尽量统一。水平管道上的

阀门，阀杆方向可垂直向上或水平、但不应垂直向下或倾斜安装。

③ 成排平行的管道，无论是水平或垂直布置，其上的阀门均应集中布置。应优先采用中心线对齐方式，其优点是阀门整齐划一，便于操作，但存在手轮轴在同一线上，导致管道间距过大的问题。解决的方法是采用错列方式，如图 8-31 所示。无论采用哪种方式，手轮间净距均不应小于 100mm。

(a) 中心线对齐方式

(b) 错列方式

图 8-31　成排平行管道上阀门排列方式

④ 多个并列布置的同类设备中引出的管道，其阀门应布置在同一高度或水平位置上，图 8-32 所示为进出换热器群的循环冷却水管道与阀门布置方案。同类阀门也应尽可能集中布置，图 8-33 所示为调节阀组的布置方案。

图 8-32　换热器群的冷却水阀门布置

图 8-33　集中布置的调节阀组

⑤ 对于较大的阀门应在其前后的管道上设支架，以保持当阀门被拆下后形成有效的支撑。阀门法兰与支架的距离应大于 300mm。

⑥ 地下布置管道上的阀门应设置在阀门井内。当手轮低于盖板以下 300mm 时，加装伸长杆，使其在盖板下 100mm 以内。

⑦ 布置于操作平台周围的阀门，其手轮中心距操作平台边缘不宜大于 400mm。当阀门和手轮伸入平台上方且高度小于 2m 时，应不影响操作和通行。

⑧ 阀杆水平安装的明杆式阀门，当阀门开启时，不得影响通行。

⑨ 塔、反应器、立式容器等设备底部管道上的阀门，不得布置在裙座内。

⑩ 阀门应尽量靠近干管或设备安装，与设备管口连接的阀门宜直接连接，与装有剧毒介质设备相连接的管道上阀门，应与设备管口直接连接。

⑪ 从干管上引出的水平支管，宜在靠近根部的水平管段设切断阀。

除了上述通用布置原则外，用于不同工艺过程的各种阀门均有各自的要求，在进行管路布置设计时，应充分考虑。

8.6 管道布置图

管道布置图将管道布置设计的结果通过图样的形式表示出来，是化工建设项目中的技术文件之一。通过该图，可以准确地计算各类管道、管件、阀门、支架和管道附件的规格和数量，进行材料采购并进一步修正项目预算；确定管道施工方案并实施；制定装置操作规程，进行人员培训；作为装置运行、维修的技术依据。

管道布置图是以俯视的视角，通过平面图辅以剖面图和轴测图表示管道在空间位置、连接方式，阀门的位置及手轮方位，管道隔热及热补偿，管件、管道小型设备和仪表的安装位置，管道支撑形式及位置等。

8.6.1 绘制前的准备

管道布置图应执行标准 HG/T 20549《化工装置管道布置设计规定》、HG/T 20519《化工工艺设计施工图内容和深度统一规定》和 SH/T 3012《石油化工金属管道布置设计规范》。管道布置设计是在工艺流程设计、设备设计、建（构）筑物设计、设备布置设计等前期设计完成的基础上进行的，工作量极大，故施工图阶段的管道布置图应在上述设计的施工图样绘制并修改完成后方可开始，以免造成返工，耗费设计资源。

管道布置的设计人员应深入研究前期设计的各类资料，深刻理解工艺、设备、建筑和布置的本质和精髓。由于管道布置是在三维空间里进行，空间概念不强的设计人员的设计容易出现管道与管道、管道与设备、管道与建筑结构相碰，阀门位置不正确导致操作困难，过道被管道占用而绊脚、碰头等问题。如果进行布置设计时厂房已经建好，或设备已经加工好，设计人员应前往现场进行设计，可大幅度减少设计误差。

8.6.2 管道布置图的内容

管道布置图主要有以下内容：

① 一组视图　按正投影原理绘制的一组平面视图或局部（立面）剖视图。视图应表示出图样区域内的管道、管件、阀门、管道小设备、仪表和控制点和管道支（吊）架的布置情况，并辅以设备、建筑物、基础、平台和梯子的简单外形。

② 标注　标出管道、管件、阀门、管道小设备、仪表和控制点和管道支（吊）架的编（序、代）号、平面位置尺寸和标高，设备位号，建（构）筑物轴线号、轴线间及其他相关尺寸。

③ 管口表　表示图中设备管口。

④ 方位标　在绘有平面图的图纸右上角，管口表的左边，应画出与设备布置图的设计北向一致的方向标。

⑤ 标题栏　填写图名、图号、设计阶段、设计单位和责任人等信息。

8.6.2.1 一般规定

① 图幅 管道布置图图幅应尽量采用 A1，较简单的可以采用 A2，较复杂的可采用 A0，图幅不宜加长或加宽，同区的图应采用同一图幅。

② 比例 常用比例为 1∶50，也可采用 1∶25 或 1∶30，但同区或各分层的平面图，应采用同一比例。

③ 尺寸单位 管道布置图中标注的标高、坐标以米（m）为单位，小数点后取三位数，至毫米（mm）为止；其余的尺寸一律以毫米（mm）为单位，只注数字，不注单位。管道公称直径一律用毫米（mm）表示。

④ 尺寸的表示 尺寸线始末应标绘箭头（或斜杠）。不按比例画图的尺寸应在其下面画一道横线。

⑤ 标高 地面设计标高为 EL±0.000。

⑥ 图名 标题栏中的图名一般分成两行书写，上行写"×××管道布置图"，下行写"EL××.×××平面"或"A—A 剖视"、"B—B 剖视"等。

8.6.2.2 视图

(1) 区域划分

管道布置图应按照设备布置图或分区索引图所划分的区域绘制。区域分界线用粗双点画线表示，在区域分界线的外侧标注分界线的代号、坐标、与该图标高相同的相邻部分的管道布置图图号，见图 8-34。

(2) 视图表示方式

管道布置图以平面图为主。当平面图中局部表示不够清楚时，可绘制剖视图或轴测图。剖视图或轴测图可画在管道平面布置图边界线以外的空白处，也可以绘制在单独的图纸上，但不允许在管道平面布置图内的空白处再画小的剖视图或轴测图。剖视图要按比例绘制，根据需要标注尺寸。轴测图可不按比例，但应标注尺寸，且相对尺寸正确。在平面图上要表示所剖截面的剖切位置、方向及编号。

图 8-34 区域分界线及标注
B.L—装置的边界；M.L—接续线；
COD—接续图；E—东向；N—北向

多层建（构）筑物的管道平面布置图应按层绘制。在图面空间足够的情况下，可在同一张图纸上绘制几层平面的图形。绘制时，应从最低层起，在图纸上由下至上或由左至右依次排列，并于各平面图下注明"EL ±0.000 平面"或"EL ××.××× 平面"。也可以每层平面绘制在一张图纸上。每幅平面图所绘制的内容，为掀掉上一层楼板向下俯视所看到的管道布置，即本层内的管道布置情况。例如某车间二层平面为 EL 6.000 平面，三层为 EL 12.000，则二层的管道布置图仅表示 EL 6.000 与 EL 12.000 之间的管道布置，不向下或向上透视，以免造成重复或混乱。

(3) 建（构）筑物和设备的表示

在化工装置中，设备安装在建（构）筑物上，管道连接在设备之间，因此，建（构）筑物和设备虽不是管道布置图要表示的主体，但却是管道布置的参照物，是视图的重要组成部分。

建（构）筑物应按比例，根据设备布置图画出柱、梁、楼板、门、窗、楼梯、操作平台、预留孔、通道、管沟和管廊等。标注建（构）筑物轴线号和轴线之间的尺寸，标注地面、楼面、平台面、吊车、梁顶面的标高。生活间、辅助间等应标注其组成和名称。

用细实线按比例在设备布置图所确定的位置画出设备的简略外形和基础、平台、梯子等。在设备中心线上标注设备位号，下方标注支承点的标高（如 POS EL ××.×××）或主轴中心线的标高（如¢EL ××.×××）。剖视图上的设备位号注在设备近侧或设备内。标注设备的定位尺寸。

(4) 管道的表示

① 管道的基本表示　在管道布置图中，公称直径（DN）小于或等于350mm 或 14in 的管道用单线表示，大于或等于 400mm 或 16in 的生产关系用双线表示。如大口径管道不多时，公称直径（DN）小于或等于 200mm 或 8in 的管道可用单线表示，大于或等于 250mm 或 10in 者用双线表示。在适当的位置用箭头表示物料流向，双线管道箭头画在中心线上。由于管道布置图需要表示的内容很多，为了保持图面清晰，在不影响表示的情况下，管道的连接方式可省略。表 8-17 为常见管道的表示方式。

表 8-17　常见管道的表示方式

名称	单线	双线
一般管道		
伴热管道		
地下管道 （与地上管道合画一张图时）		
对焊连接		
法兰连接		
螺纹或承插连接		

② 管道弯折　管道布置图以平面图的形式表示三维空间的管道布置情况，还要表示出建（构）筑物的结构、设备，必然出现重叠、遮挡等现象，这给管道布置图的表示造成了相当大的困难。因此，无论是绘图还是读图人员，都必须熟练掌握管道布置图的各种表示方法，并从平面图中还原出三维立体的装置。

管道布置图是以绘图区域的俯视角度所绘制的平面图，因此，如管道在同一标高内水平弯折，则直接按比例在图面上绘制即可。同理，对局部剖视图（立面图），如果管道在同一垂直平面内弯折，也可以直接绘制。否则，管道弯折需要特殊的表示方式，图 8-35 为管道

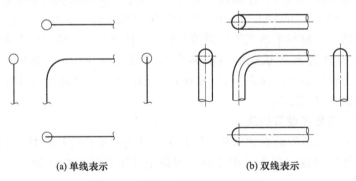

(a) 单线表示　　　　　　　　(b) 双线表示

图 8-35　管道 90°弯折的表示方法

90°弯折时四个向视图表示方法。当管道大于 90°弯折时，其表示方法如图 8-36 所示。管道 T 形分支（三通）时，其表示方法如图 8-37 所示。

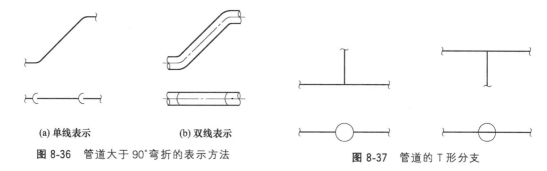

(a) 单线表示　　　　(b) 双线表示

图 8-36　管道大于 90°弯折的表示方法

图 8-37　管道的 T 形分支

管道弯折是管道布置图最基础的表示方法，要熟练掌握并应用于复杂的实际管道的表示。

③ 管道交叉与重叠　当管道交叉时，通常将下方或后方被遮挡的管道断开，并画出断裂符号，如图 8-38 所示。也可以将上方或前方的管道断开，或统一断开某一方向的管道。

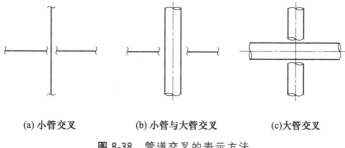

(a) 小管交叉　　　　(b) 小管与大管交叉　　　　(c) 大管交叉

图 8-38　管道交叉的表示方法

将若干条管道布置在同一平面或立面上，既节省空间、方便维护，又十分美观，是化工管路常用的布置方案。但是某一角度视图上会出现管道投影的重叠，影响管道布置图的表示。如沿车间墙壁或柱子成组垂直布置的管道，在管道布置图上是重叠的，俯视角度只能看到最上面的管道。管道越多，投影重叠的现象就越严重。工程上采用将上面或前面管道的投影断裂的表示方法处理重叠问题。当重叠的管道少于四条时，可以采用不同数量的断裂符号表示同一条管道，如图 8-39（a）所示。重叠管道较多时，可以用小写的英文字母标注在同一条管道的两个断裂处，以示区别，如图 8-39（b）所示。也可以直接标注管道组合号。如果管道弯折后投影重合，可将下面或后面的管道画至重叠处，并保留一定间隙，如图 8-39（c）所示。

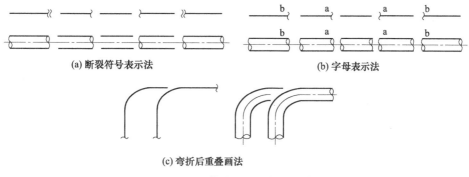

(a) 断裂符号表示法　　　　　　　(b) 字母表示法

(c) 弯折后重叠画法

图 8-39　管道重叠的表示方法

(5) 阀门的表示

按照化工行业标准 HG/T 20549《化工装置管道布置设计规定》，常用阀门在管道布置图及管道轴测图上的表示方法如表 8-18 所示。

表 8-18　常用阀门的表示方法

名称	管道布置图			轴测图
	主视图	俯视图	左视图	
截止阀	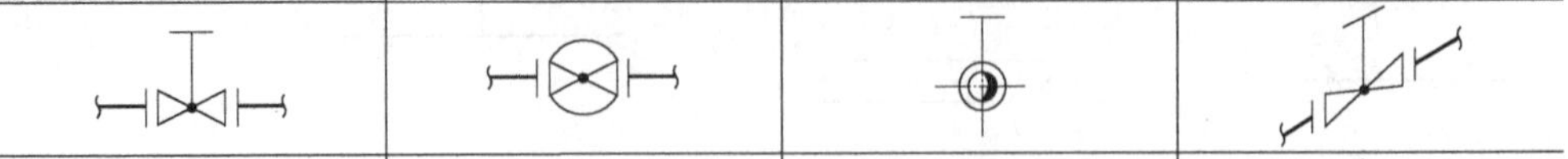			
闸阀	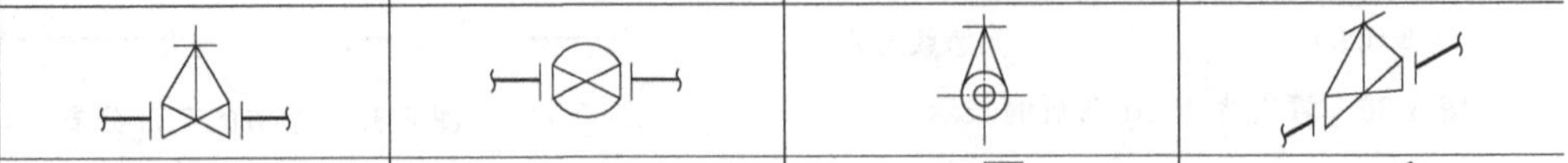			
蝶阀	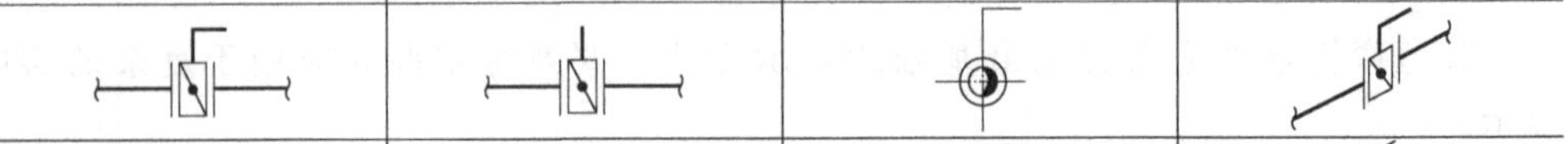			
球阀	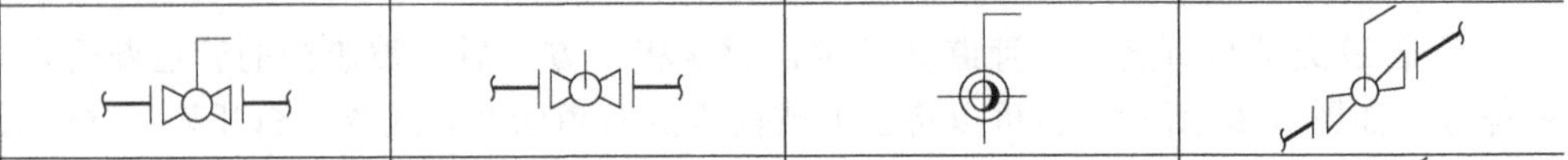			
角阀	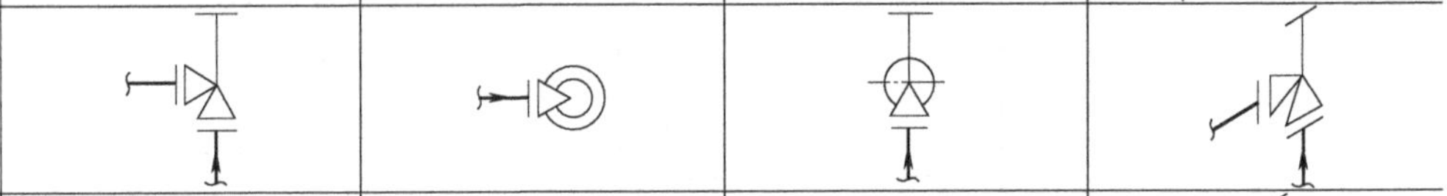			
旋塞阀	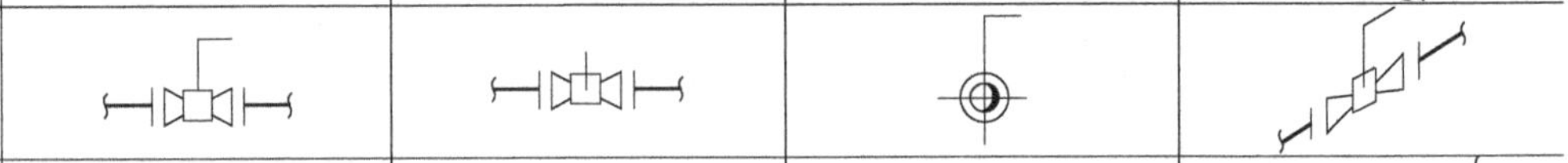			
止回阀	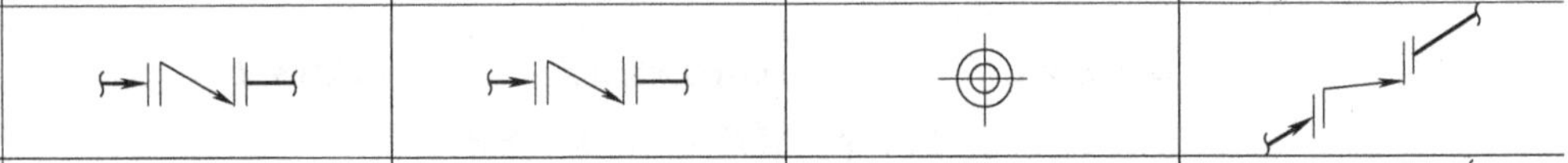			
疏水阀	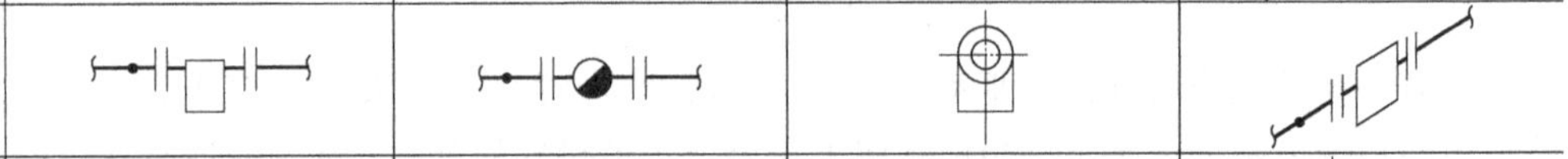			
弹簧式安全阀	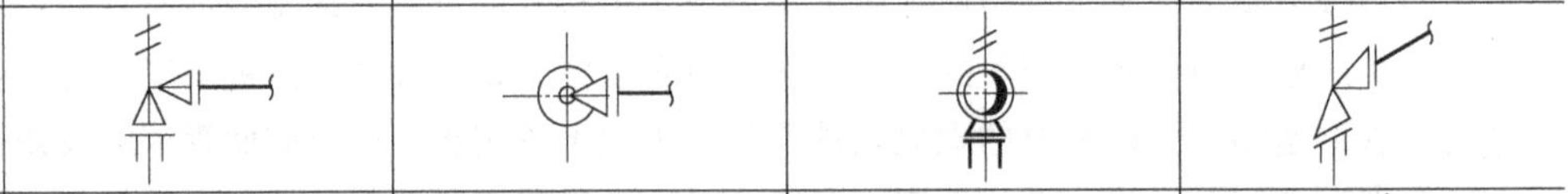			
节流阀	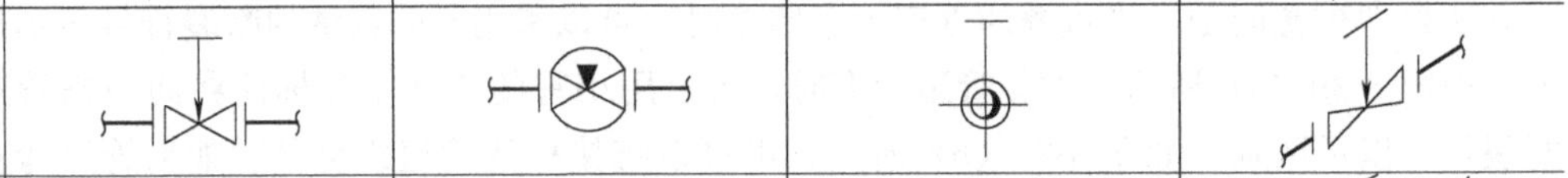			
隔膜阀	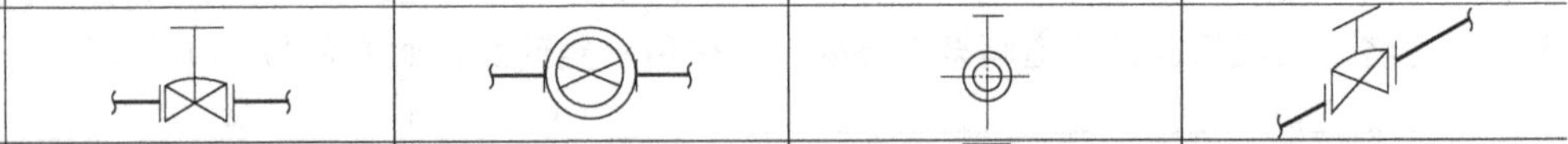			
普通手动阀门延伸杆	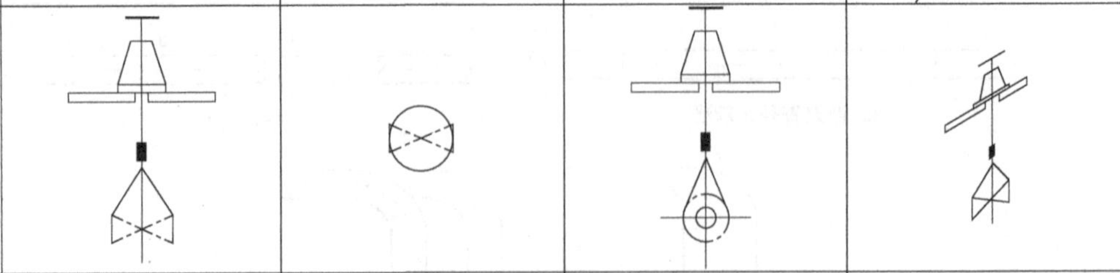			
链轮阀	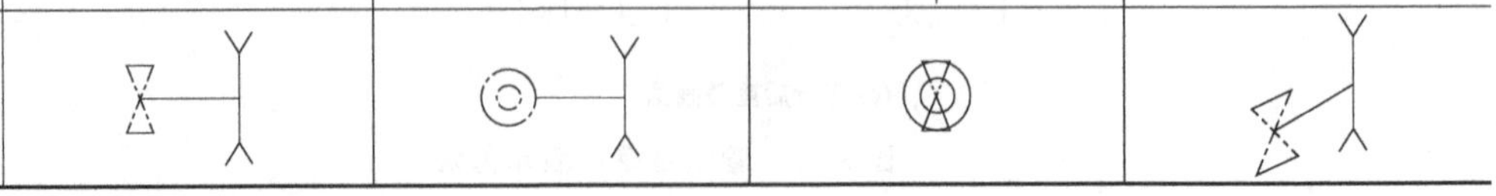			

名称	管道布置图			轴测图
	主视图	俯视图	左视图	
电动式传动结构				
气动式传动结构				

注：点划线表示可变部分；传动结构形式适合于各种类型的阀门。

【例 8-4】 图 8-40 为 EL6.000 平面上某 $DN80$ 管段的实际走向，试按管道布置图的表示方式将其绘出。只标注标高，可不按比例。

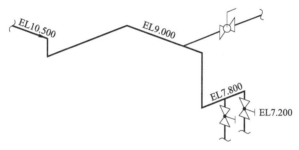

图 8-40 ［例 8-4］附图

解： 分析图 8-40 可知，主管道由标高 EL 10.500 进入本区域后，先向下弯折至 EL 9.000，然后向左弯折，再向右弯折。在这段直管中，同一水平面左侧有一 T 形分支管道，上面有一手柄朝上的球阀。主管道在分支后向下弯折至 EL 7.800，然后向左弯折，在出现一个向下的 T 形分支后向下弯折，两条向下的管道在 EL 7.200 分别设有手轮向外的截止阀。

$DN80$ 的管道可用单线绘制，结果如图 8-41 所示。

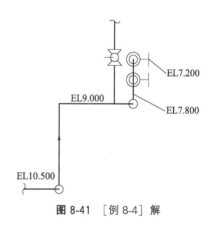

图 8-41 ［例 8-4］解

8.6.2.3 标注

(1) 管号及尺寸

在管道布置图中，每一管段均需标注与 PID 相同的管道组合号（管号），标注位置为单线表示的管道上方或左侧，双线表示的管道中心线上方或左侧。

管道的定位尺寸以建（构）筑物的轴线、设备中心线、设备管口中心线和区域界线等作为基准进行标注。管道的每一个水平段均应标注其标高。标高以管道中心线为基准时，只需标注 EL ××.×××；以管底为基准时，标注 BOP EL ××.×××。当标高与管道组合号同时标注时，应与其对齐并位于管道或管道中心线的下方，如图 8-42 所示。除管道外，

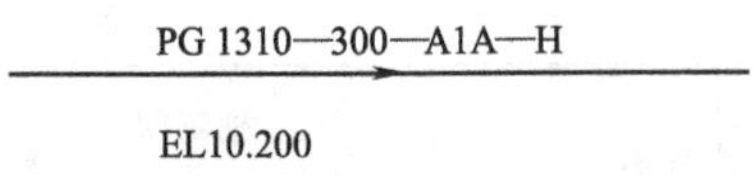

PG 1310—300—A1A—H

EL10.200

图 8-42　管号与标高的标注

所有有安装高度要求的管件、阀门、管道小型设备和管道支（吊）架等也要标注高度。有坡度要求的管道，应标注坡度（代号用 i）和坡向，并标注管道两端工作点的高度（WP EL ××.×××）。如因图面内容较多等原因，上述内容无法在管道上下或左右两侧标注时，可用引线引出至管道附近的空白处标注。

（2）管口及管口表

管道布置图上的设备管口，应使用 5mm×5mm 正方形标注设备管口代号，包括需要表示的仪表接口及备用接口代号。管口代号应与设备装配图一致。同时，应标注管口的定位尺寸，即由设备中心至管口端面的距离。如图 8-43 所示。管道布置图的右上角为管口表，表 8-19 为管口表的格式和填写示例。每个设备均须按顺序写入。表中"长度"一般为设备中心至管口端面的距离，"方位"为以方向标为基准的管口水平角度。对于在管口表中已注明方位的管口，在平面图上可不再标注管口方位。

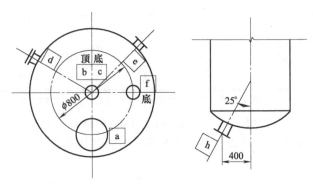

图 8-43　设备管口的标注

表 8-19　管口表

管口表								
设备位号	管口符号	公称直径 DN /mm	公称压力 PN /MPa	密封面形式	连接法兰标准编号	长度 /mm	标高 /m	方位/(°) 水平角
T1306	a	80	1.0	RF	HG/T 20592		4.100	
	b	150	1.0	RF	HG/T 20592	400	3.800	180
	c	50	1.0	RF	HG/T 20592	400	1.700	
	d	65	1.0	RF	HG/T 20592		2.650	120
V1302								

（3）管道支（吊）架编号及表示方法

在管道布置图中，每个管架均编一个独立的编号。管架编号由五部分组成，如图 8-44 所示。

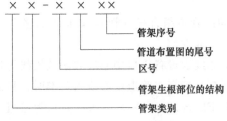

图 8-44　管架编号的编排规则

其中，管架类别符号为：A—固定架；G—导向架；R—滑动架；H—吊架；S—弹吊；P—弹簧支座；E—特殊架；T—轴向限位架（停止架）。

管架生根部位的结构符号为：C—混凝土结构；F—地面基础；S—钢结构；V—设备；W—墙。

区号和管道布置图尾号各以一位数字表示。管架序号按管架类别和生根部位的结构分别编写，用两位数字表示，从 01 开始。

如 HC-3605，表示生根于混凝土结构（如楼板或梁等）上的吊架，区号 3，管道布置图尾号 6，管架序号 05。

水平方向管道的支架标注定位尺寸，垂直方向管道的支架标注支架顶面或支承面（如平台面、楼板面、梁顶面）的标高。

在管道布置图中管架的表示方式如图 8-45 所示。

8.6.2.4 管道布置图例

图 8-46 为某化工装置 EL 24.000 平面管道布置图（局部），供参考。

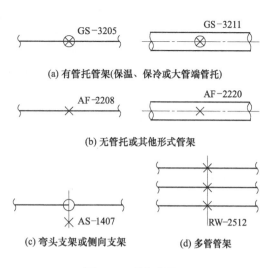

(a) 有管托管架(保温、保冷或大管端管托)

(b) 无管托或其他形式管架

(c) 弯头支架或侧向支架 （d) 多管管架

图 8-45 管架的图示

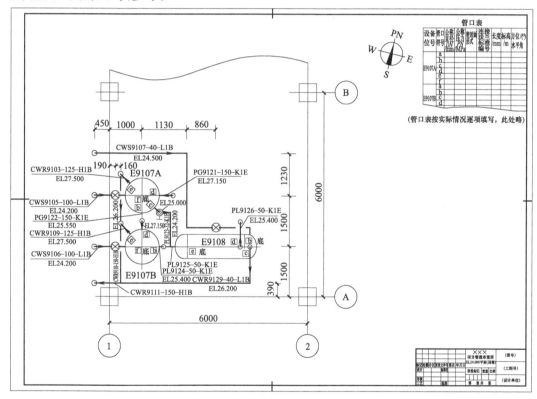

图 8-46 管道布置图例图

8.7 管道轴测图

管道轴测图又称为管段图、空视图，它以三维立体的视角表达某一管段的空间走向，以及管道上所有管件、阀门、仪表或自动控制点的安装位置和方向。通常一幅图只画一个管段，因此可以用更加接近实物的比例来绘图，图面上有足够空间将管段上的各个细节表示清楚。管道轴测图立体感强，即使是非专业人员也容易识读。对于专业设计人员，可通过该图发现在设计中可能出现的误差，避免发生在管道布置图中不易发现的管道与管道相碰、管道与建（构）筑物或设备相碰等问题，同时也可能较准确地统计各类材料的用量；对于管道施工人员，则可根据该图进行管道的预制和安装。当然，管道轴测图不能表示出整套装置，或整个车间，或某一区域内设备与管道安装布置的全貌，也不能表示出设备、管道、建（构）筑物之间的相互关系，这些内容需要由管道布置图表示。管道布置图是从大的视角，用平面（或局部立面）图样表示装置中各要素的相互关系，表示的内容多，但相对粗糙；而管道轴测图则聚焦在一个管段上，从三维立体的视角对其进行精细描述。两类图样虽然都是对管道进行描述，但绘图的目的、要求及所要表达内容均不相同，它们各有特点，可以相互补充，但不能相互取代。

8.7.1 管道轴测图的内容

管道轴测图包括以下内容。

① 图形　按正等轴测投影绘制出管段及其附属的管件、阀门、仪表及自动控制点。

② 标注和尺寸　标注出管道组合号（如组成管段的管道有多个管道组合号，必须全部标出）、与管段相连接的设备位号、管口符号等，标注出管段的所有标高、所有组成部分的尺寸和安装尺寸。

③ 方向标　如图 8-47 所示。管道轴测图按正等轴测投影绘制，管道走向应符合方向标所示方向。

④ 技术要求　填写有关焊接、试压等方面的技术要求。

⑤ 材料表　填写管段上所有材料的名称、尺寸、规格、数量等。材料表应置于管道轴测图的顶端或标题栏上方。

⑥ 标题栏。

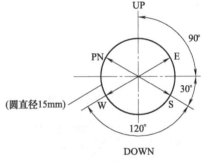

图 8-47　轴测图方向标

8.7.2 管道轴测图的表示方法

(1) 对象

管道轴测图的绘制对象为一个管段，以保证能清晰地将其每个细节表示出来。通常以设备与设备之间，或设备与区域边界之间的管道组合作为管段，因此，管段可能是一条带弯折的、附有管件、阀门或自控点的管道，也可能是带分支的若干条管道的组合。每一管段应该包括什么内容，需要设计者根据实际情况进行权衡：管段包含的内容多，其相互关系能够表示出来，但可能某些细节会被忽略；包含的内容少则相反，还会造成图量增加。对于长度长、弯折多、分支多、管件阀门多的复杂管段，可以将其分在两张或多张轴测图上表示，划分点可以是支管连接点、法兰、焊缝等。而对于比较简单、管道材质和管内流体均相同的管段，可以将其合在同一张图样上，但应分别标注管道组合号。

小于和等于 $DN50$ 的中、低压碳钢管道，小于和等于 $DN20$ 的中、低压不锈钢管道，小于和等于 $DN6$ 的高压管道，一般可不绘制轴测图。但同一管道有两种管径的（如控制阀组、排液管、放空管等），可随大管相连接的小管。对于不绘轴测图的管道，仍应编写管道材料表。

(2) 管段的表示

① 管段采用正等测投影、按图 8-47 所示方向标绘制。

② 管道一律用粗实线单线绘制，管件（弯头、三通除外）、阀门、控制点用细实线按规定的图形符号绘制。在管道上适当的位置标示流向箭头。

③ 轴测图可不按比例绘制，但各种阀门、管件之间的比例要协调，它们在管段中的位置的相对比例也要协调。如图 8-48（a）所示，表示阀门紧接弯头而离三通较远；图 8-48（b）则表示阀门紧接三通而离弯头较远。

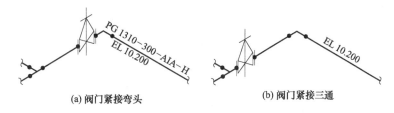

图 8-48　轴测图中相对位置的表示

④ 当管段与设备相接时，设备一般只画出管口与中心线。管段与其他管道相接时，其他管道也应画中心线。

⑤ 需表示出管道与管件、阀门的连接方式。

⑥ 弯管应画成圆角，并标注弯曲半径。标准弯头、$R \leqslant 1.5D$ 的无缝或冲压弯头可画成直角。

⑦ 管段穿越楼板、平台、屋顶和墙壁时，应画出一小段建（构）筑物的示意剖面，并标注相应名称、标高或与管道的关系尺寸，见图 8-49。

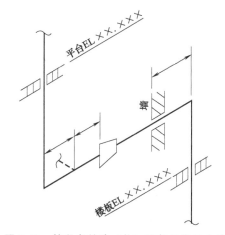

图 8-49　管段穿越建（构）筑物的表示方法

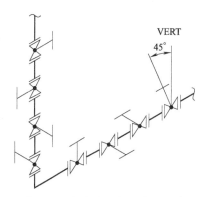

图 8-50　阀门和阀杆的表示方法

(3) 阀门与管件的表示

阀门与管件的表示应遵从 HG/T 20549《化工装置管道布置设计规定》、HG/T 20519《化工工艺设计施工图内容和深度统一规定》和 SH/T 3012《石油化工金属管道布置设计规范》。常用阀门在轴测图上的表示方法见表 8-18。阀杆中心线或手轮方向应按设计的方向绘出，如图 8-50 所示为不同方向阀门和阀杆的表示方法。

(4) 轴测图的标注

① 管道组合号标注在管道的上方，水平管道的标高标注在管道下方，并与管道组合号对齐，见图 8-48（a）；当仅需要标注标高时，标高可标注在管道的上方或下方，见图 8-48（b）。

② 标高尺寸单位为米（m），其余所有尺寸单位均为毫米（mm），只注数字，不注单位。

③ 标注管道、管件、阀门和自控点等为满足加工预制及安装所需的全部尺寸。

④ 水平管道要标注的尺寸有：从所定基准点到等径支管、管道改变走向处、图形的接续分界线的尺寸，如图 8-51 中的尺寸 A、B、C。基准点应尽可能与管道布置图上的一致，以便于校对。要标注的尺寸还有：从最邻近的主要基准点到各个独立管道元件（如孔板法兰、异径管、拆卸用的法兰、仪表接口、不等径支管等）的尺寸，如图 8-51 中的尺寸 D、E、F。

⑤ 标注水平管道的有关尺寸的尺寸线应与管道平行。尺寸界线从法兰面、管件中心线引出并与管道垂直。

⑥ 垂直管道不标注长度尺寸，而以水平管道的标高 EL ××.×××表示，见图 8-51。

⑦ 管段尺寸是预制的依据，必须十分准确，否则安装时会出现问题。因此在标注尺寸时要特别留意不要遗漏细小的、在图中没有明确表示的部件的尺寸，如法兰间垫片的厚度。

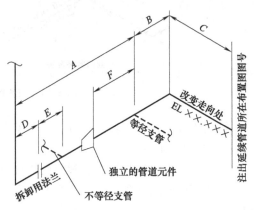

图 8-51 水平管道的尺寸标注

⑧ 对于不能准确计算，或有待施工时实测修正的尺寸，应在尺寸数字前加注符号"～"，以便与其他尺寸区别，仅用作参考尺寸。

⑨ 标注管段所连接的设备位号及管口代号，见图 8-52。

⑩ 设备管口法兰螺栓孔的方位有特殊要求（如不是跨中布置）时，应在轴测图上表示清楚，见图 8-52。

⑪ 在垂直管道上的阀门应标注其中心线的标高 EL ××.×××，见图 8-52。

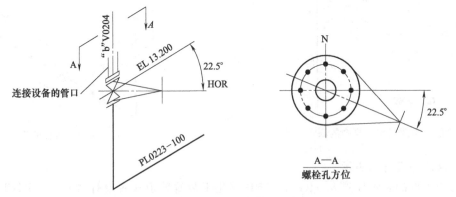

图 8-52 阀门及设备位号的标注

管道轴测图一般采用计算机绘制，常用软件有 AutoCAD、PDS、PDMS、SP3D 和 GD-CAD 等。有些软件可自动计算管段各种材料的用量，甚至自动生成材料表，大大减轻了设计人员的劳动强度，提高了工作效率，减少了人工计算所产生的误差。但应注意软件自动生成的内容应符合标准的要求，如有必要，须进行人工干预及修正。

● 思考及练习

8-1 管道设计和管道布置设计各自的任务是什么，它们之间有什么关系？

8-2 管道有哪些分类方法？

8-3 管道公称尺寸与管道外径、内径有什么关系？

8-4 管道有哪几种连接方式，各有什么特点？

8-5 管法兰、设备法兰有什么区别？

8-6 同一 DN 的管法兰，为什么会出现平面尺寸、厚度和螺栓数量及尺寸不同的现象，主要影响因素是什么？

8-7 熟练掌握常用阀门的特点和用途。

8-8 复习化工原理课程中关于管路计算的内容。

8-9 熟练掌握管道布置图视图的基本表示和标注方法。

8-10 试利用图 8-46 所示的管道布置图，绘出其立面剖视图。

8-11 试利用图 8-46 所示的管道布置图，还原出其 PID。

8-12 了解管道轴测图的内容及表示方法。

主要参考文献

[1] 张德姜，王怀义，丘平. 石油化工装置工艺管道安装设计手册：第二篇 管道器材 [M]. 第 5 版. 北京：中国石化出版社，2014.

[2] 张德姜，王怀义，丘平. 石油化工装置工艺管道安装设计手册：第三篇 阀门 [M]. 第 5 版. 北京：中国石化出版社，2014.

[3] 张德姜，王怀义，丘平. 石油化工装置工艺管道安装设计手册：第五篇 设计施工图册 [M]. 第 2 版. 北京：中国石化出版社，2014.

[4] 陈声宗. 化工设计 [M]. 第 3 版. 北京：化学工业出版社，2012.

[5] 李国庭等. 化工设计概论 [M]. 第 2 版. 北京：化学工业出版社，2015.

[6] 王红林，陈砺. 化工设计 [M]. 广州：华南理工大学出版社，2001.

[7] 周大军，揭嘉，张亚涛. 化工工艺制图 [M]. 第 2 版. 北京：化学工业出版社，2012.

[8] 吕安吉，郝坤孝. 化工制图 [M]. 北京：化学工业出版社，2011.

[9] 林大钧，于传浩，杨静. 化工制图 [M]. 北京：高等教育出版社，2007.

[10] 黄少烈，邹华生. 化工原理 [M]. 北京：高等教育出版社，2002.

第9章

工艺专业与非工艺专业的数据交换

9.1 工艺专业与非工艺专业的关系

　　化工厂设计是一个多专业配合的复杂系统工程，在整个设计过程中，工艺专业是核心和龙头，非工艺专业根据工艺专业提出的要求完成配套工作。无论是主角还是配角，都是设计工作的重要组成部分，缺一不可。在一些规模较大的设计院或一些复杂的工程的设计过程中，又将工艺设计细分为工艺系统设计和工艺流程设计两个部分，因其所承担的工作有相近之处，故本书不再区分，统称为工艺设计专业，简称工艺专业。在设计过程中，随着设计、采购和建设进程的不断加深和完善，工艺专业根据不同用途的内容和深度要求发布不同版次的工艺管道及仪表流程图、设计文件和设计参数，向其他专业提出设计指引和要求。其他专业应按工艺专业的要求，并结合本专业的设计规范进行设计，向工艺专业反馈本专业设计的相关条件、数据和结果，以完成下一版次的设计。通过各专业设计人员不断反复进行的数据交换和协同配合，最终完成化工厂的设计和建设任务。

9.2 土建设计条件

　　由工艺专业向土建专业提出整个厂区分布，各个装置界区、功能界区的分布，不同规格道路的走向等涉及土建的基础信息。向土建专业发送基础设计 PID 和工程设计 PID "A" 版、设备布置建议图、设备表、设备数据表和全厂总平面图等有关资料，供土建专业开展基础工程设计工作。

　　这些资料包含以下内容：

　　① 装置的界区范围，功能界区的范围。

　　② 装置界区内建、构筑物的型式、主要尺寸和结构。装置界区内建、构筑物楼层标高。

　　③ 根据设备表所列出的全部设备按比例表示出它们的初步位置和高度并标上设备位号。

　　④ 装置界区内管廊的初步走向和进出界区的管道方位、物流的方向；管廊构架的顶面标高和走向。必要时还需提出管廊、管沟布置和主要断面草图，并提供初步的推力数据及荷

载条件。

　　⑤ 埋地冷却水管道进出界区的初步方位和走向。

　　⑥ 埋地排污管道或明、暗排污沟的初步方位和走向。

　　⑦ 电气、仪表电缆进出界区的方位（埋地或架空）和走向。

　　⑧ 装置界区的控制室、配电室、生活间及辅助间，应表示出各自的占地面积、位置、尺寸和结构形式，并注明其组成和名称。

　　⑨ 主要设备的检修空间、换热器抽芯的预留空间。

　　⑩ 关键设备的定位尺寸。

　　⑪ 主要的操作平台与维修平台和梯子的位置和走向。

　　⑫ 大型设备吊装方案，大型设备吊装的预留场地和空间。

　　⑬ 关键或大型设备的支承方式和初步的支承点标高。

　　⑭ 装置界区内主要道路、通道的等级和走向，装置界区内铺砌地面的范围和类型。

　　⑮ 装置界区的坐标基准点（以确定本装置与其他装置的相对位置）以及装置设计北向的标志。

　　在详细设计阶段，还需向土建专业提供：

　　① 设备的最大载荷，包括设备试水压时的载荷。

　　② 机泵等设备的地脚螺栓孔距尺寸。

　　③ 管道开孔条件、管（廊）架、管沟布置及结构尺寸、管架荷载、预埋件的条件。

　　④ 操作平台、爬梯、管沟检查井等条件。

9.3　公用工程设计条件

　　由工艺专业向公用工程专业发送化工工艺装置界区内的工艺物料、辅助物料和公用物料界区条件。化工工艺装置外的工艺、辅助物料和公用物料管道的工程设计，由管道设计专业负责。

　　提供化工工艺装置内的生产用给排水的设计条件和PID。提出生产用给排水的界区条件，由给排水专业进行工程设计。

　　提出化工工艺装置内的蒸汽和冷凝水界区条件，由热工专业进行全厂蒸汽平衡、蒸汽冷凝水回收和工艺冷凝水回收设计。

　　提出化工工艺装置内的压缩空气、保护氮气的界区条件，由管道专业负责设计。

　　公用工程专业根据工艺专业的要求完成设计，提出界区条件表、装置内公用物料条件表，包括：

　　① 生产用水条件表。

　　② 排水（含污水）条件表。

　　③ 软水、除盐水、除氧水条件表。

　　④ 蒸汽及冷凝水条件表。

　　⑤ 压缩空气、氮气条件表。

　　⑥ 冷冻负荷条件表。

　　⑦ 采暖通风条件表。

　　在详细设计阶段，由管道专业配合完成公用工程管路设计。

9.4 仪表控制设计条件

工艺专业向自动控制及仪表专业发送工艺控制图（简称 PCD），装置内工艺控制要求（包括集中检测、就地检测、指示和控制等）；并随着设计的深入进行，提供各版的 PID，包括：

① 提出机泵工艺数据表。

② 提出塔器、容器、换热器、特殊设备、工业炉等各类设备上的仪表接口、检测指标、检测范围和测量精度。

③ 提出成套（配套）设备，有限定供货范围的随机仪表、配套仪表和仪表的特殊要求等。

④ 提出公用物料系统的控制要求。

⑤ 提出装置内公用物料系统的设备条件（工艺数据表及简图）。

⑥ 提出流量计、压力计、温度计位置等条件。

仪表控制专业按照工艺专业对工艺操作原则的要求，把仪表符号表示在 PID 上，并配合工艺系统专业完成各版 PID。

此外，仪表控制专业应配合工艺专业补充检测、显示、控制及报警系统。根据管道系统压力降的计算和设备设计压力的确定，维持系统安全压力，应增添有关控制、检测点及报警系统。

根据泵或压缩机的类型和泵及压缩机压差的计算，确定是否增设某些检测、显示和控制点。

在公用物料系统，如蒸汽、氮气、压缩空气、水等主管上，应设置必要的控制、测量点、计量仪表及报警系统。

对某些公用物料辅助设备（如装置内的安全用氮储罐等），增设必要的控制、检测点及报警系统。

9.5 电气设计条件

向电气设计专业发送基础设计 PID 和工程设计 PID "A"版、提出装置内主要机泵驱动机的功率要求；对于大型驱动设备（如压缩机、鼓风机等）需提供特殊的功率要求。

协助公用工程专业提出锅炉、加热炉、供水泵等的功率容量要求。

提出装置界区内的机泵等电力设备的布置图。

提出装置界区内电缆沟的基本走向。

电气专业根据工艺专业的要求，综合全厂的用电负荷进行电力设计，在详细工程设计的管道布置图阶段提出局部照明条件，开展照明设计。提出局部照明、静电接地以及泵站等条件。

9.6 设备设计条件

由工艺专业向设备设计专业发送各版设备简图和数据表，包括：

① 提出工艺设备表。

② 提出容器、塔器的工艺数据表及简图。

③ 提出特殊设备工艺数据表及简图。

④ 提出泵工艺数据表。

⑤ 提出压缩机、鼓风机类工艺数据表。

⑥ 提出换热器工艺数据表。

⑦ 提出工业炉工艺数据表（包括工业用焚烧炉）及简图。

⑧ 提出各类设备（如塔、容器、换热器、反应器、工业炉、特殊设备等）的压力降。

⑨ 提出容器接管汇总表、换热器接管汇总表、工业炉接管汇总表、特殊设备接管汇总表。

⑩ 提出设备绝热保温条件汇总表。

设备设计专业根据工艺专业的要求，进行设备设计。并协助工艺专业进行初步的设备布置。

9.7 配管设计条件

工艺专业应向配管专业发送：

① 各版 PID 和管道命名表。

② 提出设备、塔器、容器、换热器、特殊设备、工业炉等各类设备上的接管汇总表。

③ 提出管壁厚度数据表；必要时向管道专业提出需要管道应力计算的草图。管道荷载应包括管道重量、流体重量、隔热层重量、集中荷载及其他荷载（如雪荷载）的总和。

④ 安全阀、爆破片等管件的采购数据表。

⑤ 装置内公用物料系统的设备条件以及机泵工艺数据表。

配管专业依据上述条件进行设计，完成如下文件：

① 管道材料设计规定（管道等级代号说明、管道材料分类索引、管道材料等级表及管道壁厚表等）。

② 绝热保温设计规定（绝热保温等级、绝热层厚度选用表）。

③ 防腐涂漆设计规定。

④ 特殊管件汇总表。

⑤ 计算的管壁厚度数据表。

⑥ 安全阀、爆破片、控制阀的汇总表，限流孔板、疏水阀、特殊管件汇总表。

⑦ 设备绝热保温标志图。

⑧ 管道绝热保温汇总表等。

⑨ 管道布置图。

● **思考及练习**

9-1 阐述工艺设计专业在化工厂设计过程中的作用。

9-2 深刻领会"工艺专业与其他专业设计人员协同合作是完成化工厂设计的保障"的意义。

9-3 土建专业需要工艺专业提供哪些资料？

9-4 公用工程专业与工艺专业有哪些分工?

9-5 仪表控制专业与工艺专业如何协调设计工作?

9-6 电气专业需要工艺专业提供哪些资料?

9-7 设备专业需要工艺专业提供哪些资料?

9-8 配管专业的设计需要工艺专业的哪些支持?

主要参考文献

[1] HG/T 20557.1—1993 工艺系统设计管理规定 工艺系统专业的职责范围与工程设计阶段的任务 [S].

[2] HG/T 20557.2—1993 工艺系统设计管理规定 工艺系统专业在工程设计各阶段与其它专业的关系 [S].

[3] HG/T 20557.3—1993 工艺系统设计管理规定 工艺系统专业工程设计质量保证程序 [S].

[4] HG/T 20557.4—1993 工艺系统设计管理规定 工艺系统专业工程设计文件校审细则 [S].

[5] HG/T 20557.5—1993 工艺系统设计管理规定 工艺系统专业工程设计资料管理办法 [S].

[6] HG/T 20557.6—1993 工艺系统设计管理规定 工艺系统专业在工程设计有关重要会议中的职责和任务 [S].

[7] HG/T 20519—2009 化工工艺设计施工图内容和深度统一规定 [S].

[8] HG/T 20546—2009 化工装置设备布置设计规定 [S].

[9] HG/T 20549.1—1998 化工装置管道布置设计规定 化工装置管道布置设计内容和深度规定 [S].

第10章

安全与环保

10.1 安全与环保概述

工业是现代社会经济系统的核心，是社会发展不可缺少的动力。工业支撑着人类社会的发展，其提供的产品和服务构成了现代文明的物质基础。但是，工业又是人类社会与自然生态系统相互作用最为强烈的系统。在人类各种活动中，工业活动对自然环境冲击最大，由此造成对自然环境的损害也最为严重。工业系统与自然环境之间的协调发展对人类社会的可持续发展举足轻重。

化学工业是国民经济的支柱产业，其产品极大地满足了人类生存和发展的需求，同时也对各类高新技术产业形成了强有力的支撑。化学工业通过化学反应将原料加工成人类所需的各种产品，产业的特点决定了其必须处理各类化学品，其中有些还是易燃易爆或具有不同程度的毒性，有些过程需要在远离常态的条件下进行。因此，化学工业是工业系统中与环境冲突最为剧烈的子系统之一，安全和环境风险均较大，这是不能忽视和回避的问题。科学地分析化学工业的特点，正确地判断可能出现的问题，从源头上消除安全和环境隐患，是每一位化学工程师特别是化工设计从业人员所必须承担的社会责任和必须掌握的专业技能。

我国已经建立了一套比较完善的安全生产法律法规和标准体系。如《中华人民共和国安全生产法》《中华人民共和国消防法》《安全生产许可证条例》《危险化学品安全管理条例》《危险化学品生产企业安全生产许可证实施办法》《危险化学品建设项目安全监督管理办法》《压力容器安全技术监察规程》等，以及涉及危险化学品重大危险源辨识、生产过程及设备安全卫生设计要求、防火防雷防静电设计、总图布置设计、厂房设计、设备布置等方面的国家和行业标准，在进行化工厂设计时，必须严格遵照执行。

化工建设项目应按照国家标准 GB 50483《化工建设项目环境保护设计规范》进行设计和建设。现行标准为 GB 50483—2009，为国家强制性标准。在标准的第三章中，对项目建议书、可行性研究报告、项目申请报告、初步设计的环境保护篇章和施工图设计等不同设计阶段涉及环境保护的内容及深度进行了规范。标准的第四章对厂址选择和总布置的原则和具体要求做出了规定。标准的第五至八章分别对气、液、固和噪声污染的防治进行了具体的规定。标准还对环境监测、环境保护管理机构等进行了规定。化工建设项目中企业环境监测站或监测组的设置，应按 HG/T 20501《化工建设项目环境保护监测站设计规定》中的有关规定执行。

我国从 1972 年起在项目建设过程中实施"三同时"制度。该制度最初仅针对环境问题，在四十余年的实施过程中，收到了良好的效果，其内容也从环境保护逐步扩展到安全、职业卫生等领域。目前，"三同时"制度已上升至法律层面，在《中华人民共和国劳动法》第五十三条、《中华人民共和国环境保护法》第四十一条、《中华人民共和国安全生产法》第二十八条和《中华人民共和国职业病防治法》第十八条中均有明确的表述。简单归纳起来，就是在新、改、扩建设项目中的安全生产、职业卫生、环境保护设施，应与主体工程同时设计、同时施工、同时投入生产和使用。国家在保障化工企业安全生产、职业卫生和环境保护方面有严格的法律、法规、标准和规范，文件较多，涉及的领域较广，更新较快，设计人员必须认真学习、深入领会、严格遵照国家现行制度执行。

10.2 化工建设项目安全评价

化工生产过程不安全的职业危险及危害因素主要包括以下六个部分：①火灾及爆炸；②毒性；③腐蚀性；④噪声；⑤雷击、电击、放射性物质、物料泄漏等灾害因素；⑥贮存及输运过程的危险性。此外，还要关注"三废"对大气、水体、土壤及对生态系统的危害性等。2012 年 4 月 1 日起施行的《危险化学品建设项目安全监督管理办法》规定，在我国境内新建、改建、扩建危险化学品生产、储存的建设项目以及伴有危险化学品产生的化工建设项目，应纳入安全审查及监督管理。其中安全审查包括安全条件审查、安全设施的设计审查和竣工验收。未经安全审查的，不得开工建设或者投入生产或使用。建设单位应当在建设项目的可行性研究阶段，委托具备相应资质的安全评价机构对建设项目进行安全评价。安全评价已成为危险化学品建设项目审查的重要内容。

10.2.1 安全评价的目的和内容

随着科学技术的发展，在安全科学与工程领域，工作重心已经从过去以研究、处理已发生或必将发生的事故为主，发展为研究、预测、预防和处理还没有发生、但有可能发生的事故。通过科学的技术和手段，可以将可能的事故进行量化分析，计算出事故发生的概率、划分危险等级、制定对策和措施，并对各种处理方案进行综合比较和评价，以筛选出最佳方案，有效地预防事故的发生。安全评价（safety assessment）就是一种被广泛应用的有效方法。

安全评价是以实现安全为目的，运用安全系统工程的原理和方法，辨识与分析工程、系统、生产经营活动中存在的危险、有害因素，预测发生事故或造成职业危害的可能性及其严重程度，以便在设计、施工、运行、管理中向有关人员提供必要的安全信息，提出科学、合理、可行的安全对策措施建议，做出评价结论。

安全评价应达到以下四个目的：

① 实现本质安全化生产。通过安全评价，科学分析和研判事故发生的可能原因和条件，从设计上采取措施予以应对，确保系统即使在发生人为误操作或设备故障等非正常状况时，也不会导致重大事故发生，实现本质安全化生产。

② 实现全过程安全监管。在项目设计前进行安全评估，可避免采用不安全的工艺、材

料、设备和设施，或在必须采用时，提出降低或消除危险的有效方法。设计后建设前进行安全评价，可发现设计不足导致的安全隐患，及早采取改进和预防措施。项目建成投入运营后，可通过安全评估发现系统存在的现实危险，以便采用补救措施。

③ 建立系统安全优化方案。通过安全评价，对系统存在的危险源及其位置、数量进行确认，预测事故发生的概率和严重程度，提出应采取的对策和措施，供业主和管理层决策。

④ 实现安全技术和管理的标准化和科学化。在安全评价过程中，将系统的安全性与相关技术标准、规范、规定进行对照，找出存在问题和不足，提出改进方案，为实现安全技术和管理的标准化、科学化创造条件。

安全评价通过危险性识别及危险度评价，客观地描述系统的危险程度，指导人们预先采取相应措施，来降低系统的危险性。

10.2.2　安全评价的分类

安全评价按照实施阶段不同分为安全预评价、安全验收评价和安全现状评价三类。

(1) 安全预评价（safety assessment prior to start）

安全预评价在建设项目可行性研究阶段、工业园区规划阶段或生产经营活动组织实施之前，根据相关的基础资料，辨识与分析建设项目、工业园区、生产经营活动潜在的危险、有害因素，确定其与安全生产法律法规、规章、标准、规范的符合性、发生事故的可能性及其严重程度，提出科学、合理、可行的安全对策措施建议，做出安全评价。

(2) 安全验收评价（safety assessment upon completion）

安全验收评价在建设项目竣工后、正式生产运行前，或工业园区建设完成后，通过检查建设项目安全设施与主体工程同时设计、同时施工、同时投入生产和使用的情况或工业园区内的安全设施、设备、装置投入生产和使用的情况，检查安全生产管理措施到位情况，检查安全生产规章制度健全情况，检查事故应急救援预案建立情况，审查确定建设项目、工业园区建设满足安全生产法律、法规、规章、标准、规范要求的符合性，从整体上确定建设项目、工业园区的运行状况和安全管理情况，做出安全验收评价结论。

(3) 安全现状评价（safety assessment in operation）

安全现状评价针对生产经营活动中、工业园区内的事故风险、安全管理等情况，辨识与分析其存在的危险、有害因素，审查确定其与安全生产法律、法规、规章、标准、规范要求的符合性，预测发生事故或造成职业危害的可能性及其严重程度，提出科学、合理、可行的安全对策措施建议，做出安全现状评价结论。

10.2.3　安全评价的依据

安全评价的客观、公正、准确性直接关系到被评价项目的安全运行和员工的安全与健康，是一项政策性很强的工作，必须严格依照国家现行法律、法规和技术标准开展工作。同时，随着形势的变化和技术的进步，所依据的文件会进行动态调整、补充及更新，安全评价必须按照现行文件的要求执行。以下为化工建设项目安全评价主要依据。

(1) 主要法律、法规

①《中华人民共和国劳动法》；

②《中华人民共和国安全生产法》；

③《中华人民共和国消防法》；

④《安全生产许可证条例》；

⑤《危险化学品安全管理条例》；

⑥《危险化学品生产企业安全生产许可证实施办法》；

⑦《危险化学品建设项目安全监督管理办法》；

⑧《压力容器安全技术监察规程》；

⑨ 建设项目所在地区、所在行业的相关法规。

（2）标准

① AQ 8001《安全评价通则》；

② AQ 8002《安全预评价导则》；

③ AQ 8003《安全验收评价导则》；

④ GB 18218《危险化学品重大危险源辨识》；

⑤ GB/T 12801《生产过程安全卫生要求总则》；

⑥ GB 5083《生产设备安全卫生设计总则》；

⑦ SH 3047《石油化工企业职业安全卫生设计规范》；

⑧ SH/T 3017《石油化工生产建筑设计规范》；

⑨ SH/T 3053《石油化工企业厂区总平面布置设计规范》；

⑩ SH 3093《石油化工企业卫生防护距离》；

⑪ GB 50016《建筑设计防火规范》；

⑫ GB 50160《石油化工企业设计防火规范》；

⑬ SH/T 3007《石油化工储运系统罐区设计规范》；

⑭ GB 50058《爆炸危险环境电力装置设计规范》；

⑮ GB 50140《建筑灭火器配置设计规范》；

⑯ GB 50116《火灾自动报警系统设计规范》；

⑰ TSG R0001《非金属压力容器安全技术监察规程》；

⑱ TSG R0003《简单压力容器安全技术监察规程》；

⑲ TSG R0004《固定式压力容器安全技术监察规程》；

⑳ TSG R0005《移动式压力容器安全技术监察规程》；

㉑ GB 50057《建筑物防雷设计规范》；

㉒ GB 12158《防止静电事故通用导则》；

㉓ SH 3097《石油化工静电接地设计规范》；

㉔ GB 50011《建筑抗震设计规范》；

㉕ SH/T 3004《石油化工采暖通风与空气调节设计规范》；

㉖ GB 50034《建筑照明设计标准》；

㉗ GBZ 1《工业企业设计卫生标准》；

㉘ SHB-Z06《石油化工紧急停车及安全联锁系统设计导则》；

㉙ GB 50493《石油化工可燃气体和有毒气体检测报警设计规范》；

㉚ HG 20660《压力容器中化学介质毒性危害和爆炸危险程度分类》；

㉛ GB 5044《职业性接触毒物危害程度分级》；

㉜ GB/T 50087《工业企业噪声控制设计规范》；

㉝ GB/T 4200《高温作业分级》；

㉞ GB/T 3608《高处作业分级》；

㉟ GB 4053.1～3《固定式钢梯及平台安全要求》；

㊱ GBZ 2.1～2《工作场所有害因素职业接触限值》；

㊲ 其他与安全评价相关的技术标准；

㊳ 建设项目所在地区、所在行业的相关地方、行业标准。

10.2.4 对安全评价机构和人员的要求

安全评价工作应委托安全评价机构开展，具体工作由安全评价人员实施。

安全评价机构应依法取得安全评价相应的资质，并按照资质证书规定的业务范围开展安全评价活动。

安全评价人员应为取得《安全评价人员资格证书》，并经从业登记的专业技术人员。其中，与所登记服务的机构建立法定劳动关系，专职从事安全评价活动的安全评价人员，称为专职安全评价人员。

10.2.5 安全预评价

安全预评价按图 10-1 所示程序进行。

在前期准备阶段，须明确评价对象和评价范围，组建评价组，收集国内外相关法律法规、标准、行政规章、规范，收集并分析评价对象的基础资料、相关事故安全，对类比工程进行实地调查等。在辨识与分析危险阶段，要辨识和分析评价对象可能存在的各种危险、有害因素，分析危险、有害因素发生作用的途径及其变化规律。在进行评价单元划分时，应考虑安全预评价的特点，以自然条件、基本工艺条件，危险、有害因素分布及状况，便于实施评价原则进行。根据评价的目的、要求和评价对象的特点、工艺、功能或活动分布，选择科学、合理、适用的定性、定量评价方法对危险、有害因素导致事故发生的可能性及其严重程度进行评价。对于不同的评价单元，可根据评价的需要和单元选择不同的评价方法。为了保障评价对象建成或实施后能安全运行，应从评价对象的总图布置、功能分布、工艺流程、设施、设备、装置等方面提出安全管理对策措施不力的因素，从保证评价对象安全运行的需要提出其他安全对策措施。评价结论应概括评价结果，给出危险、有害因素引发各类事故的可能性及其严重程度的预测性结论，明确评价对象建成或实施后能否安全运行的结论。

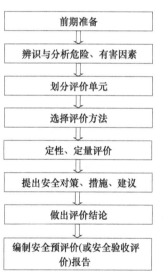

前期准备

↓

辨识与分析危险、有害因素

↓

划分评价单元

↓

选择评价方法

↓

定性、定量评价

↓

提出安全对策、措施、建议

↓

做出评价结论

↓

编制安全预评价(或安全验收评价)报告

图 10-1 安全预评价及安全验收评价程序框图

安全预评价报告是安全预评价工作过程的具体体现，是评价对象在建设过程中或实施过程中的安全技术性指导文件，应包括以下内容：①结合评价对象的特点，阐述编制安全预评价报告的目的。②列出有关的法律法规、标准、行政规章、规范、评价对象被批准设立的相关文件及其有关参考资料等安全预评价依据。③介绍评价对象的选址、总图及平面布置、水文情况、地质条件、工业园区规划、生产规模、工艺流程、功能分布、主要设施、设备、装置、主要原材料、产品（中间产品）、经济技术指标、公用工程及辅助设施、人流、物流等概况。④列出辨识与分析危险、有害因素的依据，阐述辨识与分析危险、有害因素的过程。⑤阐述划分评价单元的原则、分析过程等。⑥列出选定的评价方法，并做简单介绍。阐述选定此方法的原因。详细列出定性、定量评价过程。明确重大危险源的分布、监控情况以及预防事故的应急预案的建立内容。相关的评价结果，并对得出的评价结果进行分析。⑦列出安全对策措施建议的依据、原则、内容。⑧做出评价结论。结论中应简要列出主要危险、有害因素评价结果，指出评价对象应重点防范的重大危险有害因素，明确应重视的安全对策措施建议，明确评价对象潜在的危险、有害因素在采取安全对策措施后，能否得到控制以及受控的程度如何。给出评价对象从安全生产角度是否符合国家有关法律法规、标准、规章、规范的要求。安全预评价报告的格式应符合 AQ 8001《安全评价通则》中规定的要求。

安全预评价所需资料主要由设计和建设单位向评价机构提供，主要有：

① 综合性资料。包括概况，总平面图、工业园区规划图，气象条件、与周边环境关系位置图，工艺流程，人员分布等。

② 设立依据。包括项目申请书、项目建议书、立项批准文件，地质、水文资料、其他有关资料等。

③ 设施、设备、装置。包括工艺过程描述与说明、工业园区规划说明、活动过程介绍，安全设施、设备、装置描述与说明等。

④ 安全管理机构设置及人员配置。

⑤ 安全投入。

⑥ 相关安全生产法律、法规及标准。

⑦ 相关类比资料。包括类比工程资料，相关事故案例等。

⑧ 其他可用于安全预评价的资料。

10.2.6　安全验收评价

安全验收评价包括：危险、有害因素的辨识与分析；符合性评价和危险危害程度的评价；安全对策措施建议；安全验收评价结论等内容，按图 10-1 所示程序进行。主要从以下四个方面进行评价：①评价对象前期（安全预评价、可行性研究报告、初步设计中安全卫生专篇等）对安全生产保障等内容的实施情况和相关对策措施建议的落实情况；②评价对象的安全对策措施的具体设计、安装施工情况有效保障程度；③评价对象的安全对策措施在试投产中的合理有效性和安全措施的实际运行情况；④评价对象的安全管理制度和事故应急预案的建立与实际开展和演练有效性。最后通过安全验收评价报告将评价结果反馈给评价对象。

安全验收评价所需参考资料主要有：

① 概况。包括隶属关系、职工人数、所在地区及其交通情况等基本情况。生产经营活动合法证明材料，包括：企业法人证明、营业执照、矿产资源开采证、工业园区规划批准文件等。

② 设计依据。立项批准文件、可行性研究报告、初步设计批准文件、安全预评价报告等。

③ 设计文件。包括可行性研究报告、初步设计，工艺、功能设计文件，生产系统和辅助系统设计文件，各类设计图纸等。

④ 生产系统及辅助系统生产及安全说明。

⑤ 危险、有害因素分析所需资料。

⑥ 安全技术与安全管理措施资料。

⑦ 安全机构设置及人员配置。

⑧ 安全专项投资及其使用情况。

⑨ 安全检验、检测和测定的数据资料。

⑩ 特种设备使用、特种作业、从业许可证明、新技术鉴定证明。

⑪ 安全验收评价最近以来所需的其他资料和数据。

上述资料主要由设计和建设单位向评价机构提供。

10.3 化工建设项目环境影响评价

10.3.1 环境影响评价的目的

环境影响评价是指对规划和建设项目实施后可能造成的环境影响进行分析、预测和评估，提出预防或者减轻不良环境影响的对策和措施，进行跟踪监测的方法与制度。通过环境影响评价，可以预防因规划和建设项目实施后对环境造成不良影响，促进经济、社会和环境的协调可持续发展。在中华人民共和国领域和中华人民共和国管辖的其他海域内建设对环境有影响的项目，均应进行环境影响评价。

我国的环境影响评价制度从 20 世纪 70 年代初开始形成，逐步发展成一项重要的环境保护管理制度。环评是在项目开始前就项目实施后对环境的影响进行评价，并提出控制污染的措施。实践证明，该制度是在保护生态环境、实现可持续发展方面发挥了不可替代的重要作用。2003 年 9 月 1 日起施行的《中华人民共和国环境影响评价法》，将环境影响评价上升到法律层面，具有不可违抗的法律强制性。环境影响评价工作应按照相关法律的要求，遵循相关标准实施。

10.3.2 环境影响评价的工作程序

环境影响评价工作通常可分为三个阶段进行，即：①前期准备、调研和工作方案阶段；②分析论证和预测评价阶段；③环境影响评价文件编制阶段。具体工作内容和流程如图10-2所示。

接受委托为建设项目环境影响评价提供技术服务的机构，应当通过国务院环境保护行政主管部门考核审查并持有所颁发的资质证书，按照资质证书规定的等级和评价范围，从事环境影响评价服务，并对评价结论负责。我国从 2004 年起实施环境影响评价工程师职业资格制度，从事环境影响评价的机构应配备环境影响评价工程师。

10.3.3 建设项目环境影响评价的分类

环评法将环境影响评价工作按被评价对象的特点划分为"规划"和"建设项目"两大类。在"建设项目"大类中，根据项目对环境的影响程度，对其环境影响评价实行分类管理，共分为三类。第一类，可能造成重大环境影响的，应当编制环境影响报告书，对产生的环境影响进行全面评价；第二类，可能造成轻度环境影响的，应当编制环境影响报告表，对产生的环境影响进行分析或者专项评价；第三类，对环境影响很小、不需要进行环境影响评价的，应当填报环境影响登记表。由环境保护部修订、2015 年 6 月 1 日起施行的《建设项目环境影响评价分类管理名录》对具体建设项目适用的环境评价类型进行了详细的划分，表10-1摘录了石化和化工类建设项目的适用类型。

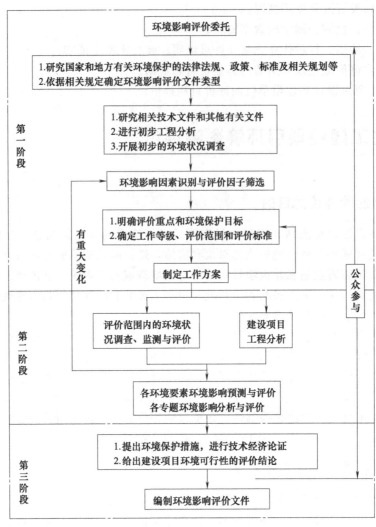

图 10-2　环境影响评价工作程序

表 10-1　石化、化工类建设项目适用环境评价类型

项目类别＼环评类别	报告书	报告表	登记表
L 石化、化工			
84. 原油加工、天然气加工、油母页岩提炼原油、煤制油、生物制油及其他石油制品	全部	—	—
85. 基本化学原料制造；化学肥料制造；农药制造；涂料、染料、颜料、油墨及其类似产品制造；合成材料制造；专用化学品制造；炸药、火工及焰火产品制造；饲料添加剂、食品添加剂及水处理剂等制造	除单纯混合和分装外的	单纯混合或分装的	—
86. 日用化学品制造	除单纯混合和分装外的	单纯混合或分装的	—
87. 焦化、电石	全部	—	—
88. 煤炭液化、气化	全部	—	—
89. 化学品输送管线	全部	—	—

10.3.4 化工建设项目环境影响评价依据

化工建设项目环境影响评价的主要依据以下文件组织实施：

①《中华人民共和国环境保护法》；

②《中华人民共和国环境影响评价法》；

③《建设项目环境保护管理条例》；

④《建设项目环境影响评价分类管理名录》；

⑤ GB 50483—2009《化工建设项目环境保护设计规范》；

⑥ HJ 2.1—2011《环境影响评价技术导则　总纲》；

⑦ HJ 2.2—2008《环境影响评价技术导则　大气环境》；

⑧ HJ/T 2.3—1993《环境影响评价技术导则　地表水环境》；

⑨ HJ 2.4—2009《环境影响评价技术导则　声环境》；

⑩ HJ 19—2011《环境影响评价技术导则　生态影响》；

⑪ HJ/T 89—2003《环境影响评价技术导则　石油化工建设项目》；

⑫ 与环境影响评价相关的其他文件和技术标准。

10.3.5 设计与建设单位应提供的资料

化工项目建设单位应按照国家有关规定，委托有资质的环境影响评价机构进行环境影响评价，并会同设计单位，提供项目的主要技术文件和资料，配合环评单位开展工作。主要有：

① 工程简介。包括工程名称、建设性质、建设地点、建设规模、项目组成、产品方案、年运行时间、占地面积、职工人数、建设投资等，并应附区域位置图和总平面布置图。建设项目组成中应同时考虑相关装置、储运工程、公用工程、辅助设施等内容。

② 工艺路线与原料。根据原料和产品方案，用方块流程图表示并说明总流程方案。如有几个方案比较时，应对各方案的特点进行分析说明，但对推荐方案应进行详细论述。

③ 物料、产品、能源及资源消耗。包括主要物料的物化性质、数量、产地、储运方式及其他说明。能源及资源消耗包括水源、水量、水质、用电负荷及其来源、蒸汽用量及来源、全厂燃料种类、物化性质、消耗量、辅助原材料的种类、性质、用途及消耗量等。

④ 主要经济指标。包括建设投资、建设期、年销售收入、投资利税率、投资回收期、内部收益率等。

⑤ 进行污染影响因素分析时所必需的资料。

⑥ 进行清洁生产分析时必需的资料。

⑦ 进行给排水方案合理性分析时必需的资料。

⑧ 进行厂址及总图布置方案分析时必需的资料。

⑨ 进行环境影响评价所必需的其他资料。

10.3.6 环境影响报告书

环境影响评价机构最终应出具《建设项目的环境影响报告书》，包括下列内容：

① 建设项目概况；

② 建设项目周围环境现状；

③ 建设项目对环境可能造成影响的分析、预测和评估；

④ 建设项目环境保护措施及其技术、经济论证；

⑤ 建设项目对环境影响的经济损益分析；

⑥ 对建设项目实施环境监测的建议；

⑦ 环境影响评价的结论。

● 思考及练习

10-1　什么是项目建设的"三同时"制度，有哪些主要内容？

10-2　安全评价是一种什么样的评价方法，通过安全评价可以达到什么目的？

10-3　安全评价如何进行分类？

10-4　应委托什么机构和人员从事化工建设项目的安全评价？

10-5　在安全预评价过程中，设计和建设单位需向评价机构提供哪些技术资料？

10-6　环境影响评价是什么样的方法与制度，可以起何种作用？

10-7　在什么范围内的何种建设项目需要进行环境影响评价？

10-8　建设项目环境影响评价分为多少类？划分的依据是什么？

10-9　应委托什么机构和人员从事化工建设项目的环境影响评价？

10-10　在环境影响评价过程中，设计和建设单位需向评价机构提供哪些技术资料？

主要参考文献

[1]　中华人民共和国环境保护法 [Z].

[2]　中华人民共和国环境影响评价法 [Z].

[3]　中华人民共和国安全生产法 [Z].

[4]　AQ 8001—2007 安全评价通则 [S].

[5]　AQ 8002—2007 安全预评价导则 [S].

[6]　AQ 8003—2007 安全验收评价导则 [S].

[7]　危险化学品建设项目安全监督管理办法（国家安全生产监督管理总局令第 45 号）[Z].

[8]　GB 50483—2009 化工建设项目环境保护设计规范 [S].

[9]　HJ 2.1—2011 环境影响评价技术导则 总纲 [S].

[10]　HJ/T 89—2003 环境影响评价技术导则 石油化工建设项目 [S].

[11]　建设项目环境影响评价分类管理名录（2015）[Z].

[12]　国家环境保护总局监督管理司. 化工、石化及医药行业建设项目环境影响评价 [M]. 北京：中国环境科学出版社，2003.

[13]　徐新阳. 环境评价教程 [M]. 第 2 版. 北京：化学工业出版社，2010.

[14]　李淑芹，孟宪林. 环境影响评价 [M]. 北京：化学工业出版社，2011.

[15]　陆书玉. 环境影响评价 [M]. 北京：高等教育出版社，2001.

[16]　钱瑜. 环境影响评价 [M]. 南京：南京大学出版社，2009.

[17]　赵一姝，范小花. 化工企业安全评价技术 [M]. 北京：中国劳动社会保障出版社，2011.

[18]　易俊，鲁宁. 化工生产过程安全技术 [M]. 北京：中国劳动社会保障出版社，2010.

[19]　王凯全，邵辉，袁雄军. 危险化学品安全评价方法 [M]. 北京：中国石化出版社，2005.

[20]　（美）丹尼尔 A. 克劳尔，约瑟夫 F. 卢瓦尔著. 化工过程安全理论及应用（原著第二版）[M]. 蒋军成，潘旭海译. 北京：化学工业出版社，2006.

第11章

项 目 概 算

11.1 工程项目的估算与概算

化工项目概算根据实施前和实施后有两种计算方法，项目实施前称为可行性研究投资估算，项目实施后称为工程设计概算。

11.1.1 可行性研究投资估算

在化工建设项目的可行性研究阶段，由于这一阶段处于项目实际施行之前，一切财务上的数据都以参考其他类似的建设项目而获得，所以将可行性研究阶段的投资方面的计算称为投资估算。

投资估算又包括建设投资估算和流动资金估算，两者相加为总投资估算。

建设投资的构成如下：

(1) 基本建设费用

① 工程费用

a. 主要生产项目费用，含设备购置费、安装工程费、建筑工程费以及其他费用；

b. 辅助生产项目费用；

c. 公用工程费用；

d. 服务性工程费用；

e. 生活福利工程费用；

f. 三废处理工程费用；

g. 厂外工程建设费用。

② 可行性研究费、设计费。

③ 预备费，包括不可预见费，设备材料价差等。

④ 开工费。

(2) 流动资金

① 储备资金：包括原材料、辅助材料、备品备件资金。

② 生产资金。

③ 成品资金。

（3）建设期利息

以上三项构成了基本建设的总投资。

11.1.2　工程设计概算

项目概算是按照国家有关规定，对设计建设的厂房建筑、设备装置、安装工程所需要的人工、材料和施工机械的台班耗量，以货币方式表示出来。工程概算指标是在化工建筑或设备安装工程概算定额的基础上，以主体项目为主，合并相关部分进行综合扩大而形成。

化工建设项目概算的编制要严格执行国家的建设方针和经济政策原则，要完整、准确地反映设计内容，并坚持结合拟建工程的实际，反映工程当时、当地的价格水平。

11.2　经济评价的技术经济基础

一个投资建设项目，除了需要投入一定数量的资金外，还需要消耗国家其他的资源，如土地、原料、人力等，并对自然环境和社会环境产生影响，而投资项目所产生的后果或影响都是在项目建成以后才会发生和显现出来。为了避免项目建成后出现不良的结果，必须在项目实施前进行客观的评价。而项目的经济评价是其中最主要的评价。

11.2.1　资金的时间价值

在基本建设的投资过程中，资金的投入并不是一次发生的，而是一笔笔地在不同的时间点上进行。因此在分析对比不同投资方案时，必然会遇到不同时间点、不同数量货币的价值对比问题。要对这些问题进行分析和评价，必须考虑资金与时间的关系，并进行等效值计算。

将一笔货币投入使用，如存入银行，可以得到利息，用于投资生产，可以得到利润。总之，资金在生产和流通过程的运动中经过一定的时间，其价值会增加。这种资金在运动过程中随着时间推移而发生的增值，称为资金的时间价值。存款得到的利息或投资得到的利润，便是资金时间价值最常见的表现形式。

11.2.2　资金的等效值计算

一笔资金在运动中，随着时间的推移，在不同时刻其绝对量是会改变的，但它们的实际经济价值是相等的。不同时间点的绝对量不等的资金，在特定的时间价值（或利率）的条件下，可能具有相等的实际经济效用，这就是资金的等效值的概念。

资金等效值计算是以复利计算公式为基础。在等效值计算中，首先要选择时间基准点，一般把计算期的起点（往往是最初投资或存款、贷款的时刻）作基准点。在基准点发生的一笔款项的价值称为期初值或现值，以 P 表示。按一定利率 i 计算，经过一定的时间间隔，即经过 n 个计息周期，把将来某一时刻的价值称为将来值或终值，以 F 表示。资金的等效值计算有以下几种。

（1）复利终值公式

$$F = P(1+i)^n \tag{11-1}$$

式中　P——资金的现值（期初值）；

　　　F——资金的终值（将来值）；

i——等值计算的折现率；

n——折现周期数。

折现率的取值可以取银行利率，也可以取投资利润率或社会平均利润率。

式（11-1）可以写成 $P(F/P, i, n)$，称为该公式的符号，以下各式符号相同。

式中的 $(1+i)^n$ 称为复利终值系数。由于 P、F 是一次支付的，又称一次支付（或整付）复利终值系数。

复利终值公式用于已知 P，求 F。画成现金流量图，以时间为横坐标，令现金流入系统为正（用向上的箭头表示），现金流出为负（用向下的箭头表示），如图 11-1 所示。

图 11-1　复利终值公式现金流量图

图 11-2　复利现值公式现金流量图

（2）复利现值公式

当已知 F，欲求 P 时，可将式（11-1）移项，即得

$$P = F(1+i)^{-n} \tag{11-2}$$

式（11-2）用于把将来某时刻的资金价值折算成现值，故称折现。复利现值公式的符号为 $F(P/F, i, n)$，$(1+i)^{-n}$ 称为现值系数。其现金流量图如图 11-2 所示。

在经济生活中，企业或个人手中拥有的将来某个时刻才能兑现的期票，当现在需要现款时，可以拿到银行去兑换，银行按一定的利率折成现值付现，这种操作又称为贴现，故折现率又称贴现率。

（3）等额系列终值公式

银行储蓄有一种业务称为零存整取，每次存入一定数额款项，到期一次提取，其现金流量图如图 11-3 所示。

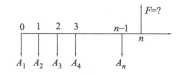

图 11-3　零存整取的现金流量图

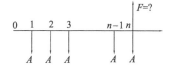

图 11-4　等额系列终值公式流量图

由图 11-3 和式（11-3）可知，整取时的将来值 F 为每一笔存款 A_i 的将来值的总和，即

$$F = A_1(1+i)^n + A_2(1+i)^{n-1} + \cdots + A_{n-1}(1+i)^2 + A_n(1+i)$$

$$= \sum_{t=1}^{n} A_t (1+i)^t \tag{11-3}$$

如果上述零存整取改为资金等额系列发生方式，每次等额取款，或任何其他逐期等额收入或支出，第一次发生在第一个计息周期末尾，最后一次与终值同时发生（图 11-4），求其将来值时，因 $A_1 = A_2 = \cdots = A_t = A_n = A$，所以

$$F = A(1+i)^{n-1} + A(1+i)^{n-2} + \cdots + A(1+i)^2 + A(1+i) + A$$

两边同乘以 $(1+i)$

$$F(1+i) = A(1+i)^n + A(1+i)^{n-1} + \cdots + A(1+i)^2 + A(1+i)$$

以上两式相减得

$$F(1+i)-F=A(1+i)^n-A$$
$$F[(1+i)-1]=A[(1+i)^n-1]$$

得

$$F=A\left(\frac{(1+i)^n-1}{i}\right) \tag{11-4}$$

式（11-4）称为等额系列终值公式，符号为 $A(F/A，i，n)$，$\left(\frac{(1+i)^n-1}{i}\right)$ 称为等额系列终值系数，用于已知 A，求 F。等额系列支付 A，在间隔周期为一年的情况下，一般称为年金。

值得注意的是，等额系列终值计算，与通常零存整取计算办法不同，即 A 发生在每个计息周期之末，最后一个 A 与 F 同时发生。

【例 11-1】 某人连续 6 年于每年年末存入银行 1000 元，年复利 5%，问到第 10 年年末本利和共达多少？

解：到第 6 年末的将来值

$$F_6=1000\left[\frac{(1+0.05)^6-1}{0.05}\right]=6802 \text{元}$$

到第 10 年末的将来值

$$F_{10}=6802(1+0.05)^4=8268\text{元}$$

(4) 等额系列储金公式

如果已知 F，欲求 A，由式（11-4）移项可得

$$A=F\left[\frac{i}{(1+i)^n-1}\right] \tag{11-5}$$

本式常用于为了积累一笔给定数额的基金，求每期应储金数额，故称为等额系列储金公式。符号为：$F(A/F，i，n)$，$i/[(1+i)^n-1]$ 称为等额系列储金系数。

(5) 等额系列资金回收公式

如果已知 P，欲求 A，可利用式（11-1），将 $F=P(1+i)^n$ 代入，则

$$A=P\left[\frac{i(1+i)^n}{(1+i)^n-1}\right] \tag{11-6}$$

本式常用于现在一笔投资 P，在今后若干年年末等额回收，求每笔回收资金 A 的数额，故称为等额系列资金回收公式，符号为：$P(A/P，i，n)$，$\frac{i(1+i)^n}{(1+i)^n-1}$ 称为等额系列资金回收系数。

(6) 等额系列现值公式

已知 A，求 P，可将（11-6）式移项即得

$$P=A\left[\frac{(1+i)^n-1}{i(1+i)^n}\right] \tag{11-7}$$

此式用于求分期付（收）款的现值，符号：$A(P/A，i，n)$，$\frac{(1+i)^n-1}{(1+i)^n}$ 称为等额系列现值系数。

【例 11-2】 某房产公司有房屋出售，实行 20 年分期付款，第一年初首付 500000 元，第一年年末及以后每年末付 50000 元。设银行利率为 10%，问该房屋的现值是多少？

解：
$$P = 500000 + 50000 \left[\frac{(1+0.1)^{20} - 1}{0.1(1+0.1)^{20}} \right]$$
$$= 500000 + 50000 \times 8.5136$$
$$= 925680 \text{ 元}$$

11.2.3 项目评价指标

投资项目的建设是为了获得经济利益，全面而准确地评价投资项目的投资效益，必须设置一套完整的、能正确反映项目通过生产经营而获得经济效益的指标。这些指标互相结合，互相补充，构成一系列的指标体系。企业通过经济技术指标体系，从各个不同侧面反映企业物资运动、资金运动的过程及其效果，分析企业的经济活动，认识和总结经济活动的规律，做好各项管理工作。

企业的技术经济指标根据企业经济管理的目的和适用范围可以分为多种，涉及项目投资评价方面的指标有投资收益率、投资回收期、固定资产净值率、固定资产周转率、差额投资收益率、项目净现值、内部收益率等。

11.2.3.1 投资利润率

一个投资项目，在其达到设计生产能力后的一个正常生产年份的年利润总额或年平均利润额与项目投资总额之比，称为投资利润率。它反映单位投资每年获得利润的能力，即

$$\text{投资利润率（}ROI\text{）} = \frac{R}{I} \times 100\% \tag{11-8}$$

式中　R——年利润总额；

I——项目投资总额。

这里假定项目每年所获得利润相等。对生产期内各年利润变化较大的项目，应计算生产期内年平均利润总额。这里要注意对利润和投资的不同理解，利润既可以是税前利润，也可指税后利润。投资既可指固定资产投资，也可指包括流动资金在内的总投资。

年销售利润＝年产品销售收入－年总成本－年销售税金－年技术转让费

　　　　　－年资源税－年营业外净支出

年销售税金＝年增值税＋年营业税＋年城市维护建设税＋年教育费附加

总投资＝固定资产投资＋建设期利息＋流动资金

11.2.3.2 投资回收期

投资回收期又称还本期，是以项目的净收益（或利润）抵偿投资额所需要的时间，以年表示。当各年利润相同或接近时可以取平均值

$$P_t = \frac{I}{R} \tag{11-9}$$

式中　P_t——投资回收期；

I——投资额；

R——年净收益。

与投资利润率一样，对年净收益（或利润）和投资额可以有不同的理解。另外还存在投资回收期从何时起算的问题，是从项目投资开始之日算起，还是从建成投产开始有收益之时算起？

我国有关部门规定，投资回收期一般从项目投资开始时算起，即包括建设期在内，但同时还要写明自投产开始算起的投资回收期。

当各年的净收益不同时，其计算式为

$$\sum_{t=0}^{P_t} R_t - I = 0 \tag{11-10}$$

式中 R_t——第 t 年的净收益。

投资回收期是反映项目财务清偿能力（如投资全部为贷款）的重要指标。当投资者十分关心投资回收的速度时，还本期易于给人以深刻印象，其优点是简单、直观、易于理解，因此得到广泛的应用。但其主要缺点是没有考虑项目寿命的长短和还本期以后的收益情况，从而可能导致错误的结论。

11.2.3.3 净现值法

(1) 净现值的意义

把一个投资项目在其寿命期内各年所发生的净现金流量 R_t 按规定的折现率（或基准投资利润率）折算为基准时刻（一般为项目开始时即为 0 年）的现值。其总和称为该项目的净现值（简写为 NPV）。计算公式为

$$NPV = \sum_{t=0}^{n} [C_i - C_o)_t \left[\frac{1}{(1+i)^t} \right] \tag{11-11}$$

式中 n——项目的建设和生产服务年限；

i——设定的折现率或基准投资利润率；

t——年份；

$(C_i - C_o)_t$——第 t 年发生的年净现金流量。

净现值是将项目的整个运营期间发生的资金全部换算到初始投资那一时刻，其意义可以理解为一旦投资该项目，就能立即得出从该项目获得的净收益。折现的意义在于从现时的立场看，扣除掉由于资金的时间价值所带来的那一部分收益，剩余部分才是真正反映投资该项目的收益。因此，净现值的大小，可以作为判别一个项目经济上是否可行的依据。计算结果，如果净现值为 0，表明在时间价值等效的意义上，项目的现金流入刚够抵偿项目的现金流出，也就是项目的累计折现现金流量等于 0，即不盈不亏。如果净现值大于 0，意味着在给定的折现率下，投资于该项目，就能使投资者立即增加该数量的收益，净现值越大，获利越多。反之，净现值小于 0，则意味着投资者不仅不会盈利，反而会立即损失该数量的财富，项目显然不可取。用基准折现率取值，则当

当 $NPV > 0$ 时，方案可取；

当 $NPV \leqslant 0$ 时，方案不可取。

净现值的计算方法是：①列出逐年现金流入和现金流出，两者均取正值，两者之差即为年净现金流量；②按一定的折现率将各年的净现金流量乘以对应年份的折现因子，得出逐年的折现现金流量；③把各年的折现现金流量加和，即得该项目的净现值。

【例 11-3】 设某项目初始投资 100 万元，逐年现金流量见表 11-1，折现率为银行贷款利率 10%，试求该项目的净现值。

表 11-1　逐年现金流量　　　　　　　　　　　　单位：万元

项　目	年　份					
	0	1	2	3	4	5
现金流入		160	160	160	160	110
现金流出	100	150	150	150	150	
净现金流量	−100	10	10	10	10	110

解：作逐年的净现金流量。

$$NPV = \frac{10}{(1+0.1)} + \frac{10}{(1+0.1)^2} + \frac{10}{(1+0.1)^3} + \frac{10}{(1+0.1)^4} + \frac{110}{(1+0.1)^5} - 100 = 0$$

NPV 等于零，意味着投资 100 万元在该项目上将一无所得。各年的净现金流量完全等同于这 100 万元按银行贷款利率计算的资金的时间价值。即相当于从银行贷款 100 万元，每年支付利息，最后一年连本带利一并支付，刚好相等。

若将逐年的净现金流量改为 −100，15，15，15，15，120，则有

$$NPV = -100 + \frac{15}{1.1} + \frac{15}{1.1^2} + \frac{15}{1.1^3} + \frac{15}{1.1^4} + \frac{120}{1.1^5} = 22.06 \text{ 万元}$$

22.06 万元即为投资者投资 100 万元后，在扣除了由于资金产生的时间价值以外所获得的净收益。

实际上，上式可分解为两部分，即

$$NPV = \left(-100 + \frac{10}{1.1} + \frac{10}{1.1^2} + \frac{10}{1.1^3} + \frac{10}{1.1^4} + \frac{110}{1.1^5}\right)$$
$$+ \left(\frac{5}{1.1} + \frac{5}{1.1^2} + \frac{5}{1.1^3} + \frac{5}{1.1^4} + \frac{10}{1.1^5}\right) = 0 + 22.06 = 22.06 \text{ 万元}$$

前一个括号内的数据可以理解为 100 万元的投资在 5 年中产生的时间价值，故它对投资者而言经济上不会带来任何收益。而后一个括号内的数据可以理解为投资该项目所带来的真正的收益。也即意味着投资者一旦决定将资金投入该项目，其资金就会立刻获得 22.06 万元的增值。

(2) 费用净现值

在工程项目的经济评价中，经常遇到一些不知其收益、没有收益或收益基本相同但难以计算的情况。为了简化计算，可采用费用净现值的指标进行评价，以费用净现值较低者为优。

【例 11-4】 有两种压缩机，功能、寿命相同，但投资、操作费用不同（参见表 11-2），若基准折现率为 12%，应选择哪种？

表 11-2　[例 11-4] 附表

压缩机	A	B
初始投资	30000 元	40000 元
寿　命	6 年	6 年
残　值	2000 元	3000 元
年操作费用	3600 元	2000 元

解：分别计算两种压缩机的费用净现值。因为全部为费用，所以计算时用正值。

$$NPV_{(A)} = 30000 + 3600(P/A, 0.12, 6) - 2000(P/F, 0.12, 6) = 43787.8$$
$$NPV_{(B)} = 40000 + 2000(P/A, 0.12, 6) - 3000(P/F, 0.12, 6) = 46703.0$$

根据费用最低原则，应选择压缩机 A。

(3) 折现率的确定

折现率的取值大小对项目的净现值影响很大，同一个项目，折现率越低，净现值越大，反之，折现率越高，净现值越小。

【例 11-5】 有一个项目初始投资 10 万元，3 年后开始有收益，连续 4 年每年收益 4 万元。问当折现率 i 分别为：$i=0$，$i=0.05$，$i=0.10$，$i=0.15$ 时项目的净现值各为多少？

解：作项目的现金流量图

$$
\begin{array}{ll}
\text{当 } i=0 & NPV=-10+4+4+4+4=6 \text{ 万元} \\[2mm]
i=0.05 & NPV=-10+\dfrac{4}{(1.05)^{3}}+\dfrac{4}{(1.05)^{4}}+\dfrac{4}{(1.05)^{5}}+\dfrac{4}{(1.05)^{6}}=2.87 \text{ 万元} \\[4mm]
i=0.10 & NPV=-10+\dfrac{4}{(1.1)^{3}}+\dfrac{4}{(1.1)^{4}}+\dfrac{4}{(1.1)^{5}}+\dfrac{4}{(1.1)^{6}}=0.48 \text{ 万元} \\[4mm]
i=0.15 & NPV=-10+\dfrac{4}{(1.15)^{3}}+\dfrac{4}{(1.15)^{4}}+\dfrac{4}{(1.15)^{5}}+\dfrac{4}{(1.15)^{6}}=-1.36 \text{ 万元}
\end{array}
$$

由［例 11-5］可见，折现率越高，净现值越小，甚至变为负值。在投资全部为贷款的情况下，折现率如果按贷款利率取值，净现值实际上是偿还贷款全部本息后剩余部分。折现率越高，表示贷款利息或投资成本越高，净盈利当然越小。因此，用净现值法评价投资方案时必须正确确定基准折现率，否则会导致错误的结论。确定基准折现率的基本原则是：

① 如果投资来源是贷款时，基准折现率应高于贷款的利率，其差额的大小取决于项目的风险程度的大小及投资者的要求，一般为 5％。

② 如果投资来源是自有资金，一般以基准投资收益率作基准折现率。

③ 如果投资来源兼有自有资金和贷款时，应按照两者所占比例及其利率求取加权值，作为基准折现率。

11.2.3.4　内部收益率

(1) 内部收益率的含义

项目的净现值随折现率的取值不同而变化，折现率越大，净现值越小。当折现率达到某一数值时，即 $i=i^{*}$ 时，净现值 $NPV=0$，折现率继续增加，净现值变为负值。净现值与折现率的关系见图 11-5。

定义：投资项目在其寿命期（包括建设期和生产服务期）内各年净现金流量的现值累计等于零时的折现率（i^{*}），或者简单一点说，使投资项目的净现值等于零时的折现率（i^{*}），就称内部收益率。用 IRR 表示。从内部收益率的定义出发，为使 NPV 等于零，就必然存在 $IRR>$ 基准收益率（简写为 $MARR$）；反之，若 NPV 小于零，则必然存在 $IRR<MARR$；因此，IRR 也能作为项目经济性的判别指标，即：

若 $NPV\geqslant0$，则有 $IRR\geqslant MARR$，方案可行。

若 $NPV<0$，则有 $IRR<MARR$，方案不可行。

内部收益率的实质可以理解为资金在项目内部的特殊增长速率，从资金的时间价值来看，项目在这样的利率下产生资金的增值运动，直至项目结束。因此，在以内部收益率作为折现率的计算中，逐年净收益恰好将总投资回收过来，这表明内部收益率是一种特殊的折现率，它反映了项目对总投资的偿还能力或项目对贷款利息的最大承受能力。这样，在求出项目的内部收益率后，就可以用此与部门或行业的基准收益率相比较，确定投资行为的可行性。

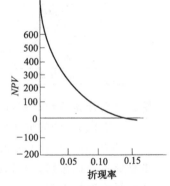

图 11-5　净现值与折现率的关系

(2) 内部收益率的计算

由定义，内部收益率是满足下式的 i^*

$$\sum_{t=0}^{n} \frac{(C_i - C_o)_t}{(1 + i^*)^t} = 0 \tag{11-12}$$

式中各符号的含义与式 (11-11) 相同。

内部收益率的计算方法有两种，即试差内插法和迭代法。

① 试差内插法。

首先设定一个初值 i，代入式 (11-12)，如果净现值为正，则增加 i 的值，如果净现值为负，则减小 i 的值。每给出一个 i，计算相应的净现值，直至净现值出现负值为止。这时减小 i 值，使净现值为正。令最后两次给出的 i 为 i_1 和 i_2，其对应的净现值为 NPV_1 和 NPV_2，分别为正值和负值。这时采用内插法迅速求解。因为此时的 i_1、i_2、NPV_1、NPV_2 和 i^* 的关系如图 11-6 所示。

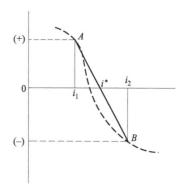

图 11-6　内插法求 i^*

当 i_1 与 i_2 值很接近（一般不超过 2%，最多不超过 5%）时，连线可近似地视为直线。故有

$$\frac{|NPV_1|}{|NPV_2|} = \frac{i^* - i_1}{i_2 - i^*}$$

或

$$\frac{|NPV_1|}{|NPV_1| + |NPV_2|} = \frac{i^* - i_1}{i_2 - i_1}$$

所以

$$i^* = i_1 + \frac{|NPV_1|}{|NPV_1| + |NPV_2|}(i_2 - i_1) \tag{11-13}$$

【例 11-6】　有一投资项目，各年现金流量见表 11-3。求其内部收益率。

表 11-3　各年现金流量

时间/年	0	1	2	3	4	5
现金流量/万元	-100	47.5	40	33	27	20

解： 内部收益率 i^* 必须满足下式

$$NPV = -100 + \frac{47.5}{(1+i^*)} + \frac{40}{(1+i^*)^2} + \frac{33}{(1+i^*)^3} + \frac{27}{(1+i^*)^4} + \frac{20}{(1+i^*)^5}$$

(1) 先分别设 $i = 0$、0.1、0.15、0.2、0.25，计算其净现值

$i = 0$　　$NPV = 310.5$ 万元

$i = 0.1$　$NPV = 31.9$ 万元

$i = 0.15$　$NPV = 18.6$ 万元

$i = 0.2$　$NPV = 7.5$ 万元

$i = 0.25$　$NPV = -1.89$ 万元

(2) 用试差法求解

令 $i_1 = 0.2$，$i_2 = 0.25$，则

$$i^* = 0.20 + \frac{7.5}{7.5 + 1.89}(0.25 - 0.2) = 0.24$$

将 $i^* = 0.24$ 代入原式，得

$$NPV = -0.128$$

由以上可以看出，NPV 已经接近于零，且为负值。为了获得更接近于零的 i 值，应在 $i = 0.2$ 和 0.24 之间再选新的 i 值，请读者自己练习。

② 迭代法。

从上例可以看出，试差内插法的计算比较繁琐。在实际工作中，工程项目寿命达 15 年以上，各年现金流量的折现计算工作量将比上例繁重得多。此时有必要采用计算机，通过迭代法进行求解。迭代法求解在许多教材中均有介绍，这里不再赘述。

11.2.3.5 敏感性分析

敏感性分析是指通过预测建设项目主要影响因素发生变化时对经济评价指标的影响，从中找出敏感因素，并确定其影响程度的方法。应根据项目特点和实际需要确定，通常情况下分析产品产量（或销售量）、产品价格、主要原材料或动力价格，固定资产投资、建设工期等影响因素的对项目内部收益率指标的敏感程度。敏感性分析侧重于各因素向不利方向变化的影响。根据每次分析同时考察的变动因素的数目不同，敏感性分析可以分为单因素敏感性分析和多因素敏感性分析。各个因素变化对经济效益影响的程度，即经济效益对各个因素变化的敏感性是不同的，影响程度大的称为敏感因素。敏感因素的不确定性会给项目带来较大的风险，甚至使原来盈利的项目变为亏损的项目。敏感性分析的目的，就是找出敏感性因素，发现项目经济效益发生逆转，即由盈利变为亏损的界限，以便采取有效的控制措施，并在方案比较中作出正确的选择。

项目经济评价敏感性分析一般做单因素敏感性分析。单因素敏感性分析是指每次只变动一个因素，而其他因素保持不变时所进行的敏感性分析。各因素的变化可以用相对值或绝对值表示。相对值是使每个因素都从原始取值变动一个幅度如 $+5\%$ 或 -5%，计算每次变动对经济评价指标的影响，根据不同因素相对变化对经济评价指标影响的大小，由可行变为不可行的不确定性因素变化的临界值，即求出最大允许变化的幅度。

敏感性分析结果可以用不同的方式来表示。可以列表，也可以绘图。敏感性分析图是一种直观地表示各种不确定性因素对目标影响程度的分析方法。通过绘制敏感性分析图可以直观地表示各种不确定性因素对项目的影响程度，找到其变化的临界点。不确定因素的变化超过了这个极限，项目由可行变为不可行。将不确定因素允许变动的最大幅度与估计可能发生的变化幅度比较，若前者大于后者，则表明项目经济效益对该因素不敏感、项目承担的风险不大。

绘制敏感性分析图的具体做法是，将不确定因素变化率作为横坐标，以某个评价指标为纵坐标，根据敏感性分析表所示数据绘制指标随不确定因素变化的曲线，标出财务基准收益率线或社会折现率线。

【例 11-7】 有一个化工项目的投资方案，其现金流量表见表 11-4，其中的数据均为预测估算值，估计产品产量、产品价格和固定资产投资额这三个因素可能在 20% 的范围内变化。试对上述三个不确定因素分别进行敏感性分析。基准投资收益率为 15%。

解： 敏感性分析最常用的指标是内部收益率。本题分别以内部收益率和净现值作为分析指标。

$$NPV = -1000(P/F, 15\%, 1) + 200(P/A, 15\%, 9)(P/F, 15\%, 1) + 232(P/F, 15\%, 10)$$

表 11-4 　某化工项目财务现金流量表（全部投资）　　单位：万元

项 目		年 份		
		1	2～9	10
现金流入	1. 产品销售收入		1000	1000
	2. 回收固定资产余值			32
	3. 回收流动资金			200
现金流出	1. 固定资产投资	800		
	2. 流动资金	200		
	3. 经营成本		600	600
	其中：固定成本		130	130
	可变成本		470	470
	4. 销售税金		110	110
	净现金流量	－1000	290	290＋232

设产品价格变化百分数为 X，产品产量变化百分数为 Y，固定资产投资变化百分数为 Z，则有：

$$NPV=[-800(1+Z)-200](P/F,15\%,1)+[(1000-110)(1+X)(1+Y)$$
$$-130-470(1+Y)](P/A,15\%,9)(P/F,15\%,1)+232(P/F,15\%,10) \qquad (1)$$

式中，当产品价格变动时，会导致销售收入和销售税金的同比例变动；当产品产量变动时，会导致销售收入、销售税金和可变成本的同比例变动；固定资产投资变动的直接影响比较单一。

当产品价格先变化，产量和固定资产投资均为零。将变化百分数±5％、±10％、±15％、±20％分别代入式（1），求出在不同变化时的净现值，就可得知产品价格变化对净现值的影响。同理，运用式（1），可以求出其他两个因素分别变动时对净现值的影响。计算结果见表 11-5。

表 11-5 　不确定因素变化对净现值的影响　　单位：万元

不确定因素	变 动 率								
	－20％	－15％	－10％	－5％	0	＋5％	＋10％	＋15％	＋20％
产品价格	－347.5	－162.9	－21.8	206.4	391.1	575.7	760.3	945.0	1129.6
产品产量	42.5	129.7	216.8	303.9	391.1	478.2	565.3	652.5	739.6
固定资产投资	530.2	495.4	460.6	425.8	391.1	356.3	321.5	286.1	251.9

令式（1）等于零，可得

$$[-800(1+Z)-200](P/F,IRR,1)+[(1000-110)(1+X)(1+Y)-130$$
$$-470(1+Y)](P/A,IRR,9)(P/F,IRR,1)+232(P/F,IRR,10)=0 \qquad (2)$$

参照求不确定因素变化对净现值影响的办法，让 X、Y、Z 三个因素逐个分别变化，将变化百分数分别代入式（2），可以求出三个不确定因素分别变化时内部收益率的值。计算结果见表 11-6。

表 11-6 　不确定因素变化对内部收益率的影响　　单位:％

不确定因素	变 动 率								
	－20	－15	－10	－5	0	＋5	＋10	＋15	＋20
产品价格	3.9	10.0	15.6	21.0	26.2	31.2	36.1	40.8	45.6
产品产量	16.3	18.8	21.3	23.8	26.2	28.5	30.9	33.2	35.5
固定资产投资	32.5	30.7	29.1	27.6	26.2	24.9	23.6	22.5	21.4

根据表 11-5 和表 11-6 中数据，可分别绘出敏感性分析图。见图 11-7 和图 11-8。

从表 11-5、表 11-6、图 11-7 和图 11-8 可以看出，当产品价格下降 15％时，净现值变为负值，内部收益率也已小于基准投资收益率（15％），方案已不可行。所以，产品价格是绝对敏感因素。据此，应当对未来产品价格的变动情况作进一步分析，如果产品价格低于 10％的概率比较大，这个方案就有较大的风险，应慎重考虑。

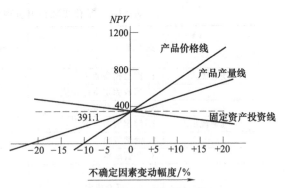

图 11-7　以净现值为指标的敏感性分析图

其次，对产品产量和固定资产投资进行相对敏感性比较，在同一变动率下，如产品产量减少 20％，固定资产投资增加 20％，则净现值和内部收益率受前者变动率的影响要比后者大得多。所以，产品产量是相对敏感因素。据此，应加强营销工作，努力做到满负荷生产，以取得较好的经济效果。固定资产投资在本方案中不太敏感，即使增加 20％，内部收益率仍有 21.4％，比基准投资收益率高出不少。

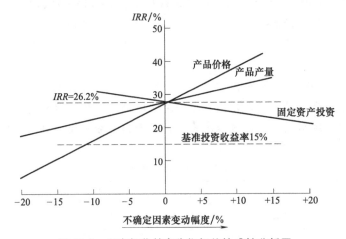

图 11-8　以内部收益率为指标的敏感性分析图

11.3　项目概算编制

化工基本建设工程概算主要指设计概算，是设计文件的重要组成部分，是编制基本建设计划，实行基本建设投资额度，控制基本建设拨款和贷款的依据，也是考核设计方案和建设成本是否经济合理的依据。

11.3.1　项目概算编制的原则和依据

① 根据国家、行业和地方政府有关建设和造价管理的法律、法规、规定。
② 根据批准建设项目的设计任务书（或批准的可行性研究文件）和主管部门的有关规定。
③ 根据初步设计项目一览表以及项目各专业设计图纸、文字说明。

④ 根据当地和主管部门的现行建筑工程和专业安装工程的概算定额（或预算定额、综合预算定额）、单位估价表、材料及构配件预算价格、工程费用定额和有关费用规定的文件等资料。

初步设计概算结果可成为以下五类依据：

① 作为建设项目投资计划、成为确定和控制建设项目投资的依据。

② 签订建设工程合同和贷款合同的依据。

③ 控制施工图设计和施工图预算的依据。

④ 衡量设计方案技术经济合理性和选择最佳设计方案的依据。

⑤ 考核建设项目投资效果的依据。

11.3.2 项目概算的编制方法

设计概算的编制取决于设计深度、资料完备程度和对概算精确程度的要求。

初步设计概算的编制工作相对简略，无需达到施工图预算的准确程度。经过批准的设计概算是控制工程建设投资的最高限额，建设单位据以编制投资计划，进行设备订货和委托施工；设计单位用于对设计方案的经济合理性进行评价，并控制施工图预算。

当设计资料不足，只能提供建设地点、建设规模、单项工程组成、工艺流程和主要设备选型，以及厂房建筑结构方案等概略依据时，可以类似工程的预算或决算为基础，经分析、研究和调整系数后进行编制。如无类似工程的资料，则采用概算指标编制。当设计能提供详细设备清单、管道走向线路简图、厂房建筑和结构形式及施工技术要求等资料时，则按概算定额和费用指标进行编制。

项目概算分为单位工程编制和单项工程编制。

单位工程概算内容是单一业务内容的工程概算，包括机械设备及安装工程概算、电气设备及安装工程概算、热力设备及安装工程概算、自动控制系统设备及安装工程概算、化验及分析设备概算、土建工程概算、给排水工程概算、暖通空调工程概算等。

单项工程是指在一个建设项目中，具有独立的设计文件，建成后可以独立发挥生产能力或工程效益的项目，如某一工艺装置、生产车间、工段、单项公用工程（如循环冷却水工程、净水工程、锅炉工程、管网建设工程）等。单项工程是一个复杂的综合体，是具有独立存在意义的一个完整工程。单项工程综合概算由各单位工程概算汇总编制而成，是建设项目总概算的组成部分，其内容包括各功能单元的综合概算。

11.3.2.1 单位工程编制

(1) 概算定额法

① 列出单位工程中分项工程或扩大分项工程的项目名称，并计算其工程量。

② 确定各分部、分项工程项目的概算定额单价。

③ 计算各分部、分项的直接工程费，合计得到单位直接工程费总和。

④ 按照一定的取费标准和计算基础计算间接费和税金。

⑤ 计算单位工程概算造价。

⑥ 计算单位工程的经济技术指标。

(2) 概算指标法

当设计深度不够，不能准确地计算出工程量，而工程设计技术比较成熟而又有类似工程概算指标可以利用时，可以采用概算指标法。

由于拟建工程（设计对象）往往与类似工程的概算指标的技术条件不尽相同，而且类似工程的概算指标编制年份的设备、材料、人工等价格与拟建工程当时当地的价格也不会一样，因此需进行调整。

① 当设计对象的结构特征与概算指标有局部差异时需调整。

② 依据物价指数调整设备、人工、材料、机械台班费用。

③ 利用技术条件与设计对象相类似的已完工程或在建工程的工程造价资料来编制拟建工程设计概算方法。

(3) 设备及安装工程概算法

当没有类似工程可以参考时，则要通过逐台（套）设备进行计算。

① 设备购置费概算

设备购置费＝设备原价＋设备运杂费

② 设备安装工程费概算　设备安装工程费用的概算依据设计程度的深浅采用不同的计算方法。

a. 预算单价法。当初步设计较深，有详细的设备清单时，可直接按安装工程预算定额单价编制安装工程概算，精确性较高。

b. 扩大单价法。当初步设计深度不够，设备清单不完备，只有主体设备或仅有成套设备重量时，可采用综合扩大安装单价来编制概算。分为设备价值百分比和设备综合吨位两种计价方法。

设备价值百分比法：只有设备出厂价而无详细规格重量时，安装费可按占设备费的百分比计算。常用于价格波动不大的定型产品和通用设备产品。

$$设备安装费＝设备原价×安装费率（％）$$

设备综合吨位指标法：

$$设备安装费＝设备重量（吨）×每吨设备安装费指标（元/吨）$$

11.3.2.2　单项工程编制

其内容包括：

(1) 编制说明

① 工程概况（建设项目性质、特点、生产规模、建设周期、建设地点等）；

② 编制依据，包括国家和有关部门的规定设计文件；

③ 编制方法；

④ 其他必要说明。

(2) 综合概算表

① 综合概算表的项目组成；

② 综合概算表的费用组成。

11.3.3　工程概算书的内容

完整的工程概算书应包含以下内容：

(1) 编制说明

包括工程概况、编制依据、编制方法、其他必要说明事项、材料用量表等。

(2) 概算表

包括工程费用、其他费用、预备费、建设期贷款利息、铺底流动资金等。

(3) 单位工程概算书

包括建筑工程概算书、设备安装工程概算书等。

例如，利用概算定额编制设备概算的具体步骤：

① 熟悉设计图纸，了解设计意图、施工条件和施工方法。

② 列出单位工程设计图中各分部、分项工程项目，计算出相应的工程量。

③ 确定各分部、分项工程项目的概算定额单价（或基价）。

④ 计算单位工程各分部、分项工程项目的直接费用和总直接费用。

⑤ 计算各项取费和税金。

⑥ 计算不可预见费。

⑦ 计算单位工程概算总造价。

⑧ 计算技术经济指标。

⑨ 进行核算工料分析。

⑩ 编写概算编制说明。

思考及练习

11-1 项目概算的主要内容是什么？为什么要做项目概算？

11-2 项目概算的依据是什么？

11-3 简述项目可行性估算和项目概算的区别？

11-4 为什么可行性研究中要进行项目估算？

11-5 什么是现金流量图？绘制现金流量图有哪些规定？

11-6 什么是资金的时间价值？任何资金都具有时间价值吗？为什么？

11-7 为什么要进行资金的等效值计算？影响资金等效值的因素有哪些？

主要参考文献

［1］ 王红林、陈砺. 化工设计 ［M］. 广州：华南理工大学出版社，2001.

［2］ 苏建民. 化工技术经济 ［M］. 第 2 版. 北京：化学工业出版社，2004.

［3］ 马春江. 概算工程师实用技术手册 ［M］. 北京：中国建筑工业出版社，1997.

［4］ 葛维寰等. 化工过程设计与经济 ［M］. 上海：上海科学技术出版社，1989.